infinite powers

How CALCULUS Reveals
the Secrets of the Universe

無限的力量

這個世界表面上看似混亂且不講理，
但其最深處卻是合乎邏輯，
並且確實遵守著一條條的數學定律。

infinite
powers

旗標官方網站

從做中學 AI 粉絲團

● FB 官方粉絲專頁：旗標知識講堂、從做中學 AI

● 旗標「線上購買」專區：您不用出門就可選購旗標書!

● 如您對本書內容有不明瞭或建議改進之處，請連上旗標網站，點選首頁的 聯絡我們 專區。

若需線上即時詢問問題，可點選旗標官方粉絲專頁留言詢問，小編客服隨時待命，盡速回覆。

若是寄信聯絡旗標客服email，我們收到您的訊息後，將由專業客服人員為您解答。

我們所提供的售後服務範圍僅限於書籍本身或內容表達不清楚的地方，至於軟硬體的問題，請直接連絡廠商。

學生團體	訂購專線：(02)2396-3257 轉 362
	傳真專線：(02)2321-2545
經銷商	服務專線：(02)2396-3257 轉 331
	將派專人拜訪
	傳真專線：(02)2321-2545

國家圖書館出版品預行編目資料

無限的力量 /
Steven Strogatz 作；黃駿 譯，施威銘研究室 監修；
-- 第一版 .-- 臺北市：旗標，2020.09　面；　公分

譯自：Infinite powers

ISBN 978-986-312-634-8(平裝)

1. 自然科普、數學

314.1　　　　　　　　　　　　109008165

作　　者／Steven Strogatz

插　　畫／Margaret C. Nelson

翻譯著作人／旗標科技股份有限公司

發行所／旗標科技股份有限公司

　　　　台北市杭州南路一段 15-1 號 19 樓

電　　話／(02)2396-3257(代表號)

傳　　真／(02)2321-2545

劃撥帳號／1332727-9

帳　　戶／旗標科技股份有限公司

監　　督／陳彥發

執行編輯／孫立德

美術編輯／陳慧如

封面設計／陳慧如

校　　對／施威銘研究室

新台幣售價：480 元

西元 2022 年 4 月初版 2 刷

行政院新聞局核准登記 - 局版台業字第 4512 號

ISBN　978-986-312-634-8

目錄

4 初露曙光的微分　　　　93

5 微積分發展的交叉點　　　129

前言

　　如果沒有微積分，手機、電腦以及微波爐將不復存在。收音機、電視、產檢用的超音波、以及全球衛星定位系統（*GPS*）也都會消失。我們將無法分裂原子、或是揭開人類基因組的奧秘，亦無法送太空人上月球。事實上，就連獨立宣言都有可能因此而被抹去。

　　一支神秘的數學分支竟然永久改變了這個世界。這實在是歷史上的一大謎題：一個本來只和形狀有關的理論，究竟是如何形塑了我們的文明呢？

　　關於這個問題，物理學家<u>理查・費曼</u>（*Richard Feynman*）在某次與小說家<u>赫爾曼・沃克</u>（*Herman Wouk*）討論曼哈頓計劃（*Manhattan Project*）時，巧妙地提供了解答。當時，<u>沃克</u>正在搜集資料，準備寫一本以第二次世界大戰為背景的小說。他來到加州理工學院，並採訪了一些曾經參與過核彈研究的物理學家，而<u>費曼</u>就是其中之一。就在採訪即將結束

的時候，費曼詢問沃克是否熟悉微積分，沃克承認他並沒有學過。於是，費曼勸他：「你最好去學學微積分，那可是上帝的語言！」

因為某些沒有人知曉的原因，宇宙中充斥著數學。也許，這正是上帝的傑作，又或者，智慧生物所在的宇宙必須如此。少了數學，宇宙將無法產生足夠聰明的生命體去思考宇宙為何充滿數學的原因。無論如何，自然定律似乎總是能被寫成一種稱為微分方程（*differential equations*）的微積分語言，這種方程式能描述事物在極短時間內或極短距離內的變化。雖然具體的細節因我們所描述的現象而異，然而這些自然定律的結構卻出奇地一致。用一種更酷的方式來說，宇宙似乎是由某種程式碼所寫成的，其中一切物體的活動都被一個作業系統驅動著，而微積分便是描述這一切運行規則的程式語言。

艾薩克・牛頓（*Isaac Newton*）是第一位察覺到這項祕密的人。他發現無論是行星的軌道、朝夕的週期、還是砲彈的彈道，全都可以用微分方程來描述、解釋和預測。如今，我們將他的發現稱為牛頓運動學與重力定律。而從那以後，人們便逐漸認識到微分方程存在於自然界中的每個角落，從遠古的風、火、水、土四大元素到近代的電子（*electrons*）、夸克（*quarks*）、黑洞（*black holes*）與超弦理論（*superstrings*），宇宙中所有的行為全都被它的規則所支配。事實上，我打賭這就是為什麼費曼認為微積分就是上帝所說的語言。如果有什麼東西可以被稱為是操控宇宙的幕後黑手，那一定就是微積分了。

自從不經意地發現了這個奇怪的語言以來，我們對它的認知已經從一門幾何學知識轉變為編寫整個宇宙的密碼。而藉由逐步熟悉這門語言、破解它的用法與細節、進而獲得它那預測未來的力量，人們已成功地用微積分改造了整個世界。

這就是本書的中心論點。

　　如果上面這樣的說法是正確的，那麼關於生命、宇宙與萬事萬物的終極答案就不是 42 了（抱歉，所有道格拉斯・亞當斯與《銀河便車指南》的粉絲們）。然而，大方向還是沒錯的：宇宙的奧祕和數學脫不了關係。（編註：42 是個神奇的數字，可查閱 42 *wiki* 看看！）

讓人人皆懂微積分

　　費曼那則關於上帝之語的評論引發了許多更深入的問題。什麼是微積分？人們如何發現上帝正在使用這門語言（或者說人們如何知道宇宙的運行是建立在它之上）？微分方程是什麼？它們又為這個世界貢獻了什麼？最後，我們該如何用一種清楚且有趣的方式，向如赫爾曼・沃克那樣具有求知欲但不具備高等數學知識的人，傳達各種與之相關的故事與概念呢？

　　在一則描述與費曼見面的故事中，沃克於結尾時寫道：他在接下來的十四年間都沒有嘗試去學習微積分。他的小說已經膨脹成兩本一千多頁的巨作 ─《戰爭之風》和《戰爭與紀念》。一直到兩本小說都完成了，他才開始閱讀一些標題如《讓微積分變簡單》的書來嘗試自學，然而一切進展得並不順利。

　　這段期間沃克翻閱了許多教科書，用他自己的話來說，他希望『至少能從中找到一本教材，可以幫助像他這種大學都在學習文學與哲學以追尋存在意義、完全不曉得微積分就是上帝之語的數學白痴』。當這項嘗試失敗之後，他聘請了一位來自以色列的數學家教，希望能藉此習得一點微積分，順便還可以增進希伯來文口語能力，然而這兩個目標卻又再次落空了。最後，迫不得已的沃克只好去修習一門高中微積分課程。然而，由於他的程度實在落後太多，幾個月之後便放棄了。在他離開的時候，教室內的學生們還為他鼓掌。據沃克自己的說法，那就像是觀眾給予一位表演失利演員的安慰一樣。

我寫本書的目的，是想讓所有人都能夠瞭解和微積分有關的各種故事與觀念。學習這門里程碑級別的重要學問，並不需要像赫爾曼·沃克那樣辛苦。由於微積分是人類最具影響力的共同成就之一，享受它的美妙之處並不代表必須先學會如何進行積分或微分，就如同享受美食不一定要先學會做菜一樣。我將會透過各種圖片、譬喻和奇聞軼事的輔助來進行；也會帶著大家看一些史上最漂亮的公式與證明，因為既然來到了畫廊，那就勢必得看一下其中幾幅代表性作品對吧？至於赫爾曼·沃克，我寫這本書的時候他已經 103 歲了。我不曉得他到底學會微積分了沒？如果還沒，那麼這本書你或許可以試試，沃克先生！

充斥著微積分的世界

到此大家應該已經知道了，我將站在應用數學家的觀點來向大家說明微積分的重要性。一名數學歷史學家或許會說出完全不同的故事，而一名純數學家可能又會產生另一套看法。身為一名應用數學家，最讓我感到有趣的事情是現實與想像之間的相互影響。有時，發生於真實世界中的現象會告訴我們哪些數學問題值得探究。而在另一些時候，我們憑空想出來的數學卻會反過來指出自然界是如何運作的；而每當這種事情發生時，產生的震撼都會讓人起雞皮疙瘩。

想成為一名應用數學家，你必須外向且保持對知識的饑渴。對於身處於這個領域的人而言，數學並不是一門孤高、只在一個封閉圈子中自圓其說的學問。相反地，我們和哲學、政治學、科學、歷史、醫學、以及其它各式各樣的學科打交道，而這正是我想訴說的故事 —— 一個充斥著微積分的世界。

和一般對微積分的看法比起來，我所採取的觀點更加廣闊。它包含了由微積分衍生出來的各種變形與副產品，且可能不只與數學有關，和其它相近的領域也有所連繫。正因為這種無所不包的觀點實在太不正統了，我

必須保證讀者不會產生任何誤解。舉例而言，當我在開頭寫下『如果沒有微積分，電腦、手機等物品將不復存在時』時，我並不是說只用微積分就能產生這些神奇的產品。事實上，真實狀況與此大相逕庭，科學和科技才是這裡最大的幕後功臣。我想表達的只是在世界進展的道路上，微積分雖然在很多時候只是個配角，卻也在其中發揮了至關重要的作用。

讓我們用無線通訊來舉例吧！它始於由麥可・法拉第（*Michael Faraday*）和安德烈 - 馬里・安培（*André-Marie Ampère*）發現的電磁定律。如果沒有他們的觀察與研究，人們直到今天也不會瞭解磁鐵、電流、以及它們所產生的 隱形力場。就這一點而言，實驗物理學很明顯是必要的。

然而，微積分也是必不可少的一環。在 1860 年代，一位蘇格蘭的數學物理學家詹姆斯・克拉克・馬克士威（*James Clerk Maxwell*）將那些從實驗中得到的電磁定律寫成了代數符號，使它們能用微積分來進行計算。在經過一系列運算處理後，他得到了一條不符合邏輯的方程式。很顯然地，這其中有某些關鍵的物理細節被忽略了，而馬克士威認為安培定律（*Ampère's law*）就是問題的元兇。於是，他試著在式子中加入一個新的變量項目 ── 一種能夠化解矛盾的假設性電流，並用微積分重新計算。而這一次，他得到了一組合理且簡約優雅的波動方程式，就好像描述水波紋如何在池塘中傳播的式子。

除此之外，馬克士威得到的結果還預測了一種由電場與磁場共舞所產生的波：一個變動的電場將產生一個變動的磁場，而該變動磁場又將重新產生一個變動的電場，如此循環往復，彼此驅策著前進，最後形成一股向前傳遞的能量波動。而當馬克士威去計算這個波的前進速度時，他發現它正是以光速進行傳播（這大概是歷史上最具代表性的一次『我發現了！』時刻）。也就是說，憑藉著微積分，馬克士威不但預言了電磁波（*electromagnetic waves*）的存在，還解決了一個千古之謎：光的本質究竟為何？他發現光其實正是電磁波。

馬克士威關於電磁波的預測促使海因里希‧赫茲（*Heinrich Hertz*）於 1887 年進行了一場能夠證明電磁波存在的實驗。十年之後，尼古拉‧特斯拉（*Nikola Tesla*）建造了第一座無線電通訊系統，並由古列爾莫‧馬可尼（*Guglielmo Marconi*）於五年後傳遞了史上第一則橫跨大西洋的無線電訊息。接著，電視、手機等各種發明也隨之而來。

顯然，單靠微積分是不可能達成這一切的。但是，沒有微積分，這一切也都不會發生。

微積分不僅僅是一種語言，更是高層次的論證邏輯

馬克士威的故事向我們訴說了一個道理，而這個道理我們往後還會不斷看到。數學往往被當成是科學的語言，這並沒有錯。在電磁波的例子中，馬克士威便是透過它才得以將實驗中發現的定律改寫成微積分可以處理的方程式。

但是，這個語言的譬喻其實並不完整。正如其它許多數學領域一般，微積分可不僅僅是一種語言，它同時也是協助我們進行邏輯思考的有力工具。透過它所賦予的符號運算規則，我們能對某條方程式進行轉換。而且由於這些規則中蘊藏了許多深入的邏輯關係，即便整個轉換的過程看起來只是在簡單地操弄符號，我們實際上已經進行了一連串的推理。像這種針對符號的操作是一種相當有用的捷徑，它能協助處理許多對於我們的腦袋而言太過複雜的論證。

創意在此處也很必要，因為我們往往不知道該進行哪一種操作比較好。在馬克士威的例子中，他的方程式實際上有無數種看似合理的轉換方式，然而其中只有少數幾種具有科學意義，因此有很大的機會只會得到一堆無意義的符號組合。然而相當幸運地，他的方程式向他開口了。經過妥善的處理，這些數學式揭露了它們波動方程式的本質。這是一種

由電與磁合成並以光速傳遞的能量波。在接下來的十幾年中，這項發現改變了全世界。

不合理地有效

微積分是人類利用符號與邏輯建構出來的虛構理論，而自然界則是由真實的力與物質所構成，兩者之間存在著巨大的差異，前者竟能夠如此精準地描述後者實在是一件非常詭異的事情。然而，由於某種未知的原因，如果現實能被有技巧地轉譯成符號（如同馬克士威對電與磁定律所做的事一樣），再套用適當的邏輯操作，我們就有可能得到一個全新的、從來沒有人發現過的宇宙真理（例如電磁波的存在）。透過這種方式，微積分賦予了我們窺探未來與預測未知的能力，而這正是它在科學與科技領域如此強大、有用的原因。

不過，其實並沒有人規定宇宙必須遵照某種邏輯來運行。事實上，愛因斯坦（*Albert Einstein*）正是驚訝於此，於是寫道：『這個世界的可理解性是一個永恆之謎』。而尤金・維格納（*Eugene Wigner*）在他的文章《數學在自然科學中不合理的有效性》中也表達了同樣的想法：『數學能夠妥善描述物理現象的這一奇蹟，是我們既無法理解也不配擁有的恩賜』。

這種對數學的敬畏可以追溯到更早以前。根據傳說，畢達哥拉斯（*Pythagoras*）早在公元前 550 年便對此深有體會。當時，他與門徒們發現音樂是被非負整數的比例所支配的。舉例而言，想像你正在撥動一根吉他弦。當弦震動的時候，它便會釋放某一特定音高。現在，用手指壓住琴弦一半的地方然後再撥一次。如此一來，弦可震動的長度（弦長）比起之前少了一半（即原來的二分之一），而它釋放出來的聲音聽起來便會剛好比原來高一個八度（即從一個 *do* 到下一個 *do* 的距離，中間包含了 *do-re-mi-fa-sol-la-ti-do*）。如果震動的弦長剛好是原來長度的三分之二，它

所發出的音會上升五度（從 *do* 到 *sol*；讀者可以想一下《星際大戰》電影開頭音效的前兩個音）。而若琴弦震動的長度改為原來的四分之三，發出的聲音則會上升四度（即歌曲《新娘到來》，又名《結婚進行曲》，頭兩個音符間的距離）。古希臘的音樂家們已經有了八度、四度與五度音程的概念，並且認為它們是動聽的。音樂（真實世界中的和諧）與數字（虛構世界中的和諧）二者之間的關係使得畢達哥拉斯學派的人開始信奉一個神祕的信念：世間萬物皆數字。據說，他們相信行星在軌道中運行也會產生音樂——一首球形之歌。

從那以後，許許多多歷史上著名的數學家與科學家也染上了與畢達哥拉斯學派相同的狂熱。天文學家約翰尼斯·克卜勒（*Johannes Kepler*）便是其中一名深度中毒者，量子物理學家保羅·狄拉克（*Paul Dirac*）也是。我們將會看到，這樣的狂熱信念驅使著他們去尋找、幻想、並渴求整個宇宙的和諧，而這最終促使他們各自提出了改變世界的發現。

無限原理

為了使你更清楚我們未來討論的方向，容我先簡單介紹一下什麼是微積分、它所追求的是什麼、以及它與其它數學分支的不同。很幸運地，一個關鍵且漂亮的觀念貫穿了這整個討論。一旦察覺到它，我們便會發現整個微積分的架構都是由該觀念所組成的。

不過，非常遺憾地，大多數的微積分課程都用有如雪崩一般大量的公式、推導過程與計算技巧，掩埋了這個重要觀念。再仔細一想，即便所有專家對此觀念都心知肚明，但好像從來沒有人把它化為文字說明過。在此，我們將這個觀念稱為『無限原理（*Infinity Principle*）』。它將在整本書中引導著我們，正如同它引導了整個微積分的發展一般，無論是在概念上還是歷史上。

　　總的來說，微積分追求的是將困難的問題簡化。簡單性是我們在微積分領域中的一大堅持。我想你應該對此感到很驚訝，因為微積分一向是以複雜著稱的。也的確，坊間一些有名的微積分教科書都有一千多頁的篇幅，並且和磚塊一樣笨重。微積分有著如此笨重的外表實在不是它的錯。事實上，是因為它曾幫助過我們征服了許多人類歷史上最為困難且重要的問題，而把解決這些問題的理論及技巧累積起來，就變成厚厚一本了！

　　微積分運作的方式是將一個困難的問題拆解成多個簡單的小問題。當然，使用這種策略的並不只有微積分，所有優秀的解題者都知道，將一個難題拆分成多個小問題有助於降低難度。真正讓微積分從根本上與眾不同的地方在於，它將這種『分而治之（*divide and conquer*）』的策略發揮到了極致 — 已經跨入了無限的領域。換句話說，比起單純地將一個問題切成數個部分，微積分會將問題無止盡地分割下去，直到這些問題變成了無限多個最小單元。一旦這個程序完成了，我們便能透過解決這些小單元來攻克原本的大問題，而這往往比一次性解決整個問題要來得簡單許多。在這之後，我們還必須面對把所有小問題的答案重新組合起來的挑戰。這一步確實也不容易，但至少它不會比原本的問題困難。

　　由此可見，微積分的運作可分為兩個階段：切割與重組。用數學的語言來說，切割的程序需要無限細微的減法，好求得兩個項目之間的差異。因此，這部分程序叫做微分（*differential calculus*）。而重組的程序則需要無限的累積加總，將所有的項目重新合併為一個整體。所以，這部分程序便被稱為積分（*integral calculus*）。

　　只要一個事物在我們的想像中能被無止境地切割，那麼上述的策略就可以套用於其上。像這種能被無限分割的東西我們稱之為連續體（*continua*），並且說它們是連續的（*continuous*）。這個英文單字源自於拉丁文的字根 *con*（在一起）與 *tenere*（維持），合在一起的意思即是『一直在一起』或者『不間斷』。

在微積分中，幾乎所有我們能夠想到的東西，都可以被當作連續體來處理。也因為如此，微積分被用來描述一顆球滾下斜坡的連續過程、一道陽光如何在水中行進、蜂鳥翅膀周圍不間斷的空氣流如何幫助它停留在空中、以及經過雞尾酒療法後愛滋病毒數量在病患血液中持續下降的趨勢。在以上所有例子中，我們使用的策略都是相同的：將一個複雜但連續的問題拆解成無限多個簡單的小問題，將它們一一擊破，然後再把個別的答案重新組合在一起。

名為『無限』的怪物

在前面提到的策略中，最麻煩的部分是『無限』這個概念。『無限』是微積分致勝的祕密武器，卻也是最讓人頭痛的部分。正如法蘭克斯坦的怪物或者猶太傳說中的泥人，『無限』這頭猛獸總是試圖擺脫控制，並且找機會反噬它的創造者，就如同許多寓言故事中所說的一樣。

微積分的創造者很清楚使用『無限』的危險性，但卻無法抗拒它的魅力。沒錯，有時候這頭野獸會暴走，並留下一堆悖論、疑惑與哲學災難。但是，在每次瘋狂過後，數學家似乎總能找到方法將其壓制，並讓它重新回到正軌。可以這麼說，人們企圖駕馭並利用『無限』的欲望，貫穿了橫跨兩千五百年的微積分歷史。

弧、運動與變化

無限原理說明了微積分在方法學上的種種。但是，這門學問可不只與方法學有關，它也與各式各樣的謎題脫不了關係。而其中關於弧、運動與變化等三大謎題的研究，更是大大驅動了微積分的發展。

我們在這三大問題上所取得的成果，證明了探討純理論問題也是很有價值的。關於弧、運動與變化的研究乍看之下好像一點兒也不重要，頂多

是特定領域的人才會關心的事。然而，正因為這些問題觸及到了眾多數學上的議題，它們是如此深刻地存在於宇宙之中，因此對於我們的文明與生活都產生了極為深遠的影響。稍後我們將看到，無論是利用手機聽音樂、用雷射條碼掃描器結帳、還是藉由 *GPS* 導航尋找回家的路，它們都從對上述三個問題的探究中得到了不少好處。

我們的故事得從『弧』開始講起。注意，我在此處所說的『弧』包含了所有的曲線、曲面與非平面實體（如：橡皮筋、結婚戒指、漂浮的氣泡、花瓶的輪廓、或一根義大利香腸）。在遠古時代，幾何學家為了盡量簡化問題，習慣忽視物體的厚度、表面起伏與質地等資訊，好將弧抽象化、理想化。以一個數學上的球體表面為例，它總是被假設為一張無限薄、平滑、且絕對正圓的薄膜，而它的厚度、凹凸、以及其它表面特徵就被忽略不計。不過，就算是在這種理想化的假設之下，弧面還是在概念上給我們帶來了不少麻煩，因為它們並不是由平坦的小單元所組成的。

處理三角形和正方形是簡單的，立方體也是，它們都是直線與平面透過幾個端點結合而成，因此要求得它們的周長、面積或體積等並不困難，全世界（包括古巴比倫、埃及、中國、印度、希臘與日本）的幾何學家都知道該怎麼做。然而，球形的物體就是一場惡夢了。在那個遙遠的年代，沒有人知道該如何求得它們的表面積或體積，就連想要得到一個圓的周長或面積都像是不可能的任務。人們完全不曉得該從何下手，也無法用平面的觀點理解它們。任何具有曲度的東西都讓人束手無策。

而這就是微積分的起點。在幾何學家對圓形物體的興趣與挫折中，它漸漸地成長茁壯。在過去，圓、球、與其它具有弧度的物體就像是喜馬拉雅山脈。它們本身並沒有對現實生活造成多少困擾（至少一開始沒有），人們只是想滿足戰勝未知的渴望。如同那些嘗試攀登聖母峰的冒險家一樣，幾何學家想要征服弧面，只因他們想要挑戰。

這個難題的突破口在於：假設弧實際上就是由許多平坦的小單元所組

成的。注意，這並不是事實，然而我們卻可以假裝它是。唯一的條件是這些小單元必須要無限小並且有無限多個。而基於這個令人匪夷所思的概念，積分就這麼誕生了。

關於積分如何從對曲面的研究中被發展出來，需要幾個章節的篇幅來說明，但是我們已經可以見到它的雛形了，而這全都源自於一個簡單且符合直覺的洞見：只要我們將一個圓（或任何其它具有曲度且平滑的東西）放得夠大，那些本來有弧度的地方看上去就變得平坦了。也因為如此，至少在理論上，我們完全有可能透過加總這些平坦的小單元來計算任何形狀的曲面。至於這個過程該如何進行，全世界最聰明的數學家們也花費了數個世紀來尋找答案。然而，結合了他們的力量，再加上時不時會發生的競爭角力，他們總算在弧形問題上取得了進展。而從此探索中也衍生出許多今天我們所使用的技術，包括用來在電腦動畫中畫出逼真頭髮、衣服與臉所需要的數學，以及醫生在進行模擬面部手術時用到的計算。這些我們在第 2 章會再提到。

在意識到與弧相關的問題其實不只和幾何學有關，更是揭開大自然奧祕的關鍵後，人們對該問題的探討便上升到了狂熱的程度。在球被丟出的拋物線中，你可以找到它的身影，在火星繞日的橢圓軌道中也有它的蹤跡。它在凸透鏡屈光與聚光中發揮重要作用，同時也在文藝復興時期的歐洲，顯微鏡與望遠鏡快速發展的時期扮演了關鍵性的角色。

也就是在那個時候，人們開始對另一個議題感到著迷：那些發生在太陽系中與地球上的物體運動。藉由觀察與一些設計巧妙的實驗，科學家們已經從一些最簡單的運動物體中找到了可量化的有趣模式。他們測量了搖晃的鐘擺、對從斜坡上加速滾下的球進行計時、還將天空中的行星位置畫了下來。他們發現了令人狂喜的模式，比如克卜勒，在他發現了行星運動定律後，便陷入了一種被他描述為『神聖狂熱』的狀態之中，因為那些模式看起來就像是上帝創造宇宙的證明。

　　而從非宗教的觀點來講，這些模式則加深了我們對於『數學支配著自然』的信念，正如同畢達哥拉斯學派所聲稱的那樣。唯一美中不足的地方是，沒有人可以用那時已知的數學來解釋這些神奇的現象。算術與幾何全都無法勝任這項任務，即使是在最厲害的數學家手上也不行。

　　此處的困難點是：運動並不是一種穩定的狀態。一顆從坡道上滾落的球會不斷地改變速度。而一顆繞日而行的行星則不斷的在改變它的運動方向；更糟糕的是，在接近太陽時，行星的運行還會被加速，遠離太陽時又會減速。在當時，並沒有任何已知的方法可以處理不停以各種方式變化的運動。之前，數學家只研究出了最微不足道的一種運動模式，即等速運動物體行走的距離等於速度乘上它的行走時間。但對於速度不斷在變化的狀況，他們就不知道該怎麼辦了。因此，運動和弧的問題一樣，成了在當時難以克服的聖母峰。

　　在本書中我們會看到，對於運動問題的研究促使微積分又往前邁進了重要的一步。如同在弧形問題中所遇到的一樣，我們的無限原理再次救援。而這一次，我們所需的假設是：不斷改變速度的運動其實是由許多無限短暫的等速運動所構成。

　　為了讓以上的敘述更有畫面感，請想像一下你正坐在一輛轎車裡，而車子的駕駛是個開車忽快忽慢的人。現在，若你仔細觀察儀表板，便會發現指示速度的指針隨著車速的快慢而不斷地上下跳動。然而，要是我們從毫秒的基準來測量，就會發現指針跳動的速度大幅度地慢下來了。以此類推，不難想像要是我們將時間間隔從毫秒縮至某個瞬間，那麼無論駕駛的油門踩得有多不平穩，指針看起都會像是靜止的一樣，因為在那麼短的瞬間，速度的變化就很有限了。

　　以上描述的想法與微積分的前半部分，也就是微分，一致。它正是我們處理無限短的時間與距離變化時所需要的工具。與此同時，從解析幾何（*analytic geometry*）中誕生的，關於曲線上的直線問題（譯註：這邊所談

的應該是數學上的切線問題；當曲線上的兩個點無限靠近時，穿過該兩點的那條直線便稱為曲線的切線）也與它有關。

解析幾何是一項用代數公式研究曲線問題的新方法，在 1600 年代風靡一時。是的，如同我們之後會看到的，代數學（*algebra*）曾經是一波時尚潮流。這項技術的普及對於所有數學領域而言都是一項恩惠，其中包括幾何學；不過，它也留下了一堆難以駕馭的新曲線等待人們去研究。至此，關於弧與運動的問題便交會了。在 1600 年代中期，它們是微積分領域中最受觀注的兩個搗蛋鬼，並攜手製造了許多騷動與混亂。而就在這陣喧囂當中，微分開始展露頭角；但與此同時，卻也引來了不少的非議。一些數學家批評這只是一場玩弄『無限』的遊戲，而另一些人則將代數譏諷為符號疙瘩。也正是因為這些爭議，這個領域的進展曲折而緩慢。

然後，就在某個聖誕節的前後，一個名為艾薩克・牛頓的嬰兒出生了。很難想像，這名微積分界的年輕救世主其實有個悲慘的童年。出生時早產且沒有父親，三歲時更是被母親遺棄，這個孤獨的男孩最終長成了一位內向且多疑的青年。但是，就是這樣的一個人卻在日後登上了巔峰，並到達了任何人都未曾企及的高度。

首先，他找到了微積分的聖杯：將弧的無限多個小單元重新組合起來的方法，並且指出要如何簡單、快速且有系統地進行這一過程。藉由將代數符號與無限巧妙地結合，他發現任意曲線都可以表示為無限個簡單曲線的總合，並且指出這些簡單版本的曲線可以由變數 x 的次方來表示，例如：x^2、x^3、x^4 等等。藉由這些原料，牛頓就能像一位同時掌握了所有食譜、香料、肉鋪與菜園的廚師一樣，透過這裡灑一點 x、那裡放一點 x^2、這邊再加一匙 x^3 的方式，產生所有我們能想到的曲線。而有了這項技術，他就能處理所有關於形狀與運動的問題。

緊接著，牛頓又破解了宇宙的密碼。他發現無論是何種運動都能被展開成一系列無限小的步驟，而這些步驟會遵循著由微積分所寫的數學定律，

一步步地在時間軸上推進。因此，只需要幾條微分方程(也就是牛頓的運動與重力定律)，他就能解釋從鉛球的拋物線軌跡到行星軌道等的所有東西。

他那令人吃驚的『宇宙法則』將天堂帶到了人間，開啟了啟蒙時代，並且徹底改變了西方文明。在當時，牛頓的理論對哲學和文學所帶來的衝擊巨大，甚至還影響了湯馬斯・傑弗遜(*Thomas Jefferson*)以及由他所起草的美國獨立宣言，這點容我們之後再說明。而今日，非裔美籍的數學家凱薩琳・強森(*Katherine Johnson*，電影與小說《關鍵少數》中的女主角)以及她在美國太空總署(*NASA*)的同事則利用了牛頓的理論及數學工具來設計航天軌道。

既然弧和運動的謎題解開了，微積分關注的議題便轉移到了第三個未解之謎上：改變。沒有什麼東西是永恆不變的，這雖然是老生常談，卻也萬分真實。今天還下著雨的天空明天可能就放晴了，還有股票市場也是每天都在起起落落中度過。由於受到了牛頓理論成功的鼓舞，後來的人開始思考一個大膽的問題：我們是否能找到如同牛頓定律那樣的法則，可以用來描述各式各樣的變化呢？人口成長是否遵循某種規則？流行病的傳播與動脈血流的變化呢？微積分是否也能用來描述電訊號如何在神經內傳遞、或是預測高速公路上的車流狀況？

就這樣藉著不斷地探索這些頗具野心的主題，並保持與各個科學與科技領域的高度合作，微積分帶來了一個現代化的新世界。靠著觀察與實驗，科學家們不斷發現與各種變化有關的定理，並且用微積分加以解釋與進行預測。舉例來說，在 1917 年，亞伯特・愛因斯坦便是將微積分套用在一個簡單的原子躍遷模型上，成功預言了雷射現象。*laser* 這個單字是『受激輻射光放大器：*Light Amplification by Stimulated Emission of Radiation*』之英文首字母的縮寫。

他預測，在某些特定的情況下，光通過物質時會激發產生更多相同波長與行進方向的光，最終這個有如連鎖反應一樣的過程將生成一道強

烈且凝聚的光束，而這個預測在幾十年之後被證明是正確的。世界上第一道雷射光是在 1960 年代早期被製造出來的。在那之後，它就被廣泛運用在如光碟播放機、雷射制導武器、超商的雷射條碼掃瞄器與醫療等各種場合中。

與變化相關的理論在醫學中的應用不若它們在物理領域中有名。但是，即使是最基本的模型，微積分都能為拯救性命做出貢獻。例如，在第 8 章中我們將會看到，何大一博士如何用一個微分方程模型，發明了治療人類免疫缺陷病毒（HIV）的三藥聯合療法（俗稱雞尾酒療法）。這個模型帶來的洞見幫助我們推翻了病毒會在體內潛伏休眠的主流觀點，並且告訴了我們，實際上這些病毒每分每秒都在和免疫系統進行拉鋸戰。而就是藉著這個微積分所帶來的新觀念，至少對於使用聯合療法的病人而言，愛滋病已從原本的不治之症變成了可控制的慢性疾病。

當然，無可否認地，總有一部分的世界不能被無限原理中那種理想化的逼近法描述出來。例如在次原子領域，物理學家就無法將電子的軌道比照鉛球或行星所走的路徑來處理。根據量子力學，在該尺度下的所有運動軌跡都不再明確而且難以被定義，也因此我們必須使用機率波來描述電子的行為，而不是用牛頓運動學中的傳統軌道。然而，就算是這樣，微積分還是立於不敗之地，因為描述機率波變化的方程式，即薛丁格方程式（Schrödinger equation），也同樣受到微積分的支配。

一項難以置信但卻千真萬確的事情是：就算是在次原子尺度，那個古典物理學不再有效的領域，牛頓發明的微積分仍然管用。我們稍後就會談到，透過與量子力學聯手，微積分預測了許多卓越的現象，而它們也成為了許多醫療成像技術（如：磁振造影、電腦斷層掃描、以及正子造影技術）的基礎。

好了，該是我們仔細探討微積分這門宇宙共通語言的時候了。理所當然地，我們得從無限開始談起。

無限
Infinity

　　數學是為了解決日常問題而出現的。在古代，牧羊人需要管理羊群數量、農夫得為收割下來的穀物秤重、而徵稅官則必須衡量每位農民必須上繳多少頭牲畜給國王；像這樣的實際需求導致了數字的發明。起先，這些帳是透過手指與腳指記錄的。之後，則是被刻在動物的骨頭上。而當記錄數字的記號慢慢從塗鴉轉變為符號後，稅收、交易、會計與人口普查等領域，便因為數字的恩惠而開始蓬勃發展。以上所說的這些，在擁有五千多年歷史的美索不達米亞泥板上都可以找到證據：一列列的帳用楔形文字（*cuneiform*）符號被記錄了下來。

　　除了數量以外，形狀也是關鍵。在古埃及，對直線與角度的測量是最重要的兩件事。每年夏季尼羅河氾濫之後，考察員都必須重新丈量每位農民持有的農田面積。而這項活動也變成了『幾何（*geometry*）』這個名詞的由來（它是由兩個希臘字根組成的：*gē* 代表『土地』，*metrēs* 則代表『測量』）。

幾何學剛開始時，處理的都是筆直的邊與角。這種對於直線、平面、與角度的偏好，源自於這些形狀在日常生活中的實用價值：例如三角形是產生斜坡的基礎，錐體被用於建造紀念碑與墳墓，四邊形則可以用在桌面、聖壇、與土地的規劃。工人與木匠利用直角做為鉛垂線；而對於水手、建築師與祭司而言，直線幾何的知識在測量、導航、制定曆法、預測日蝕和建造神廟上皆不可或缺。

然而，即便幾何學的重點都擺在平直的事物上，還是有一種具有弧度的形狀是不容忽視的，那就是最完美的形狀：圓形。

我們能夠在諸如樹木的年輪、池中的漣漪、以及太陽與月亮的形狀中找到圓形的身影。實際上，圓在自然界中無所不在，以至於當我們凝視著它時，它也正凝視著我們，因為我們愛人眼中的瞳孔也是圓形的。圓既可以現實（例如車輪），又可以浪漫（例如結婚戒指），甚至還有一種神祕感。它那無限循環的輪廓象徵了四季更替、輪迴、永生、與永恆之愛，這也難怪在整個人類探討形狀的歷史中，圓一直都是重點關注對象。

在數學上，圓結合了變與不變兩種特徵。一個繞著圓周移動的點，不斷地在變換運動方向，但它與圓心的距離卻始終保持恆定。另外，顯而易見『圓是對稱的』。當以圓心為轉軸轉動時，圓的形狀並不會改變。這種旋轉對稱性也許就是圓隨處可見的原因。每當大自然不在乎方向性的時候，圓形就會自然而然地浮現。想像一滴雨水落入水窪的情況：一陣陣漣漪從雨滴墜落處向四周擴散。注意，正是由於這些漣漪在所有方向上的傳播速度皆相同，而它們又是始於相同的一個點上，因此根據對稱性的規則，漣漪的形狀必須是圓的。

圓還可以被用來產生其它具有弧度的形狀。如果我們將一個軸黏到一個圓的直徑上，並且以該軸為中心，在三維空間中旋轉這個圓，那麼我們便會得到一個球體。若是這個圓延著一個與其平面垂直的路徑運動，則會產生一個圓柱體（即罐頭的形狀）。要是該圓一邊上升還一邊縮小半徑，

那就變成了一個圓錐柱（即燈罩的形狀）。

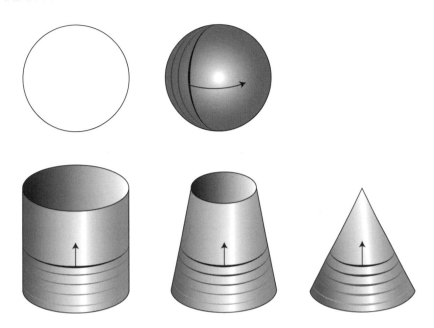

　　圓形、球體、圓柱體與圓錐讓早期的幾何學家感到好奇。但是，他們發現這些形狀，遠比三角形、四邊形、正方形、立方體等以直線與平面為基礎的形狀還要難以掌握得多。他們想要計算曲面的面積以及彎曲物體的體積，卻被弧度所擊敗，完全不知道該怎麼做才好。

1.1 無限(infinity)是一座橋

　　微積分一開始是做為幾何學的副產品而被發明的，在公元前 250 年的古希臘，微積分是一個專門探討弧度的新興數學分支。對於在這個領域中的人而言，他們最大的野心是以無限（*infinity*）這個概念為橋樑，將平面與曲面連結起來。他們的期望是：一旦建立起這樣的連結，那麼一些適用於直線幾何的方法與技術，便可以過渡到彎曲的領域來，進而解開與弧度相關的問題。那時候的研究者宣稱：藉由無限的幫助，所有問題都可以迎刃而解。

我想在當時，這樣的計劃一定被許多人認為是異想天開。事實上，無限的名聲一直不太好，總被認為是可怕且無用的東西。更糟糕的是，它的定義相當模糊且令人困惑。到底無限是個什麼東西？一個數字嗎？還是一個地方？又或者純粹只是一個觀念？

不過，如同我們在本章稍後會看到的，無限最終被證明是天賜之物。光是所有因微積分而起的發現與發明，利用無限來解決幾何問題就應該被列為史上最聰明的點子之一。

當然，公元前 250 年的人並無法預見這一切。就算如此，無限還是造就了許多豐功偉業。而其中最早且最經典的例子就是它解決了一個長久以來的問題：如何求得圓面積。

1.2 利用披薩進行證明

在進入細節之前，讓我先說明一下本節中要做的事情。首先，在心中描繪一個圓形的物體，比如說一塊披薩。然後，藉由將這個披薩切成無限多塊並重新排列後，可以神奇地重新組合成一個長方形。因為重組排列切片並不會改變披薩的面積，同時我們也曉得如何求長方形的面積（只要將它的長與寬相乘即可），因此藉助這個策略，就能得到我們想要的答案：一個可以計算圓面積的公式。

為了使上述步驟得以順利進行，我們以英文字母 C 代表圓的周長（披薩最外緣的長度），我們可以用捲尺繞行披薩一圈來測得 C 的值。

　　另一個我們需要知道的數據是披薩的半徑長度，記做 r，它的定義是從披薩中心到邊緣上任意一點的長度。另外，假如所有的披薩切片都一樣大，且切法都是從中心往邊緣切，那麼 r 就是一塊披薩切片的側邊長度。

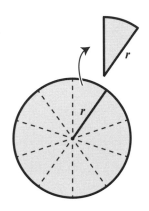

　　我們先將披薩平分成四小片，並把切片重新排列成以下圖形。很顯然地，結果不盡如人意。

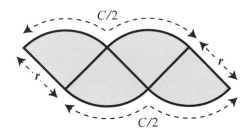

　　這個新形狀的頂部與底部都是波浪狀的，整體看上去就奇形怪狀。總而言之，這絕對不是一個長方形，因此我們也無法輕易猜到它的面積。這樣看起來，似乎沒有什麼用啊！不過正如所有的電影一樣，英雄在成功之前總是要經歷一些麻煩，此處的失敗也只是在為我們的探索過程增加一些戲劇張力罷了。

　　然而，在我們進到下一步之前，有兩個事實應該特別指出來，因為在我們的證明裡，它們自始至終都正確。這第一項事實是：新圖形頂邊與底

邊的長度都恰好是周長的一半，也就是 $\frac{C}{2}$（如上圖所示），而我們所求四方形的長邊長度最後就會等於這個值。第二項事實是，圖形中那兩條傾斜的側邊剛好是一片披薩切片的側邊，因此長度就是 r，且這個長度最後會變成所求四方形的短邊長度。

在上面的操作中，我們之所以看不到任何四方形的影子，是因為這塊披薩還沒被切成足夠多片。如果這一次我們將它平分成八等分，並以相同的方式將切片重排，得到的新圖形就會離四方形的樣子更接近一些。

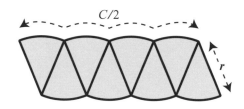

事實上，重排過後的披薩開始看起來就像是一個平行四邊形（*parallelogram*）。這結果還不賴，至少圖形頂部與底部那類似波浪的結構也不像之前那麼凹凹凸凸。如此可見，隨著切片數量增加，整個圖形看起來也會越平坦。要注意的是，圖形頂部與底部波浪狀的地方長度仍然是 $\frac{C}{2}$，而兩端傾斜側邊的長度也依舊是 r。

為了讓我們的圖形看起來更工整，還可以把最左邊或最右邊的披薩切片再切成一半，並把切下來的半片拼到另一邊去。

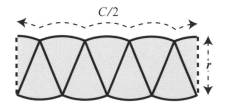

現在，整個圖形看上去就更像一個長方形了。當然我們得承認，目前的結果還不夠完美，因為圖形的上下方還是波浪狀的，但至少已經有些進展。

　　既然增加切片的數目看似對解題有幫助，那就讓我們繼續切下去吧！這一次新圖形是由十六片披薩切片所組成，同時，我們再次對它的側邊進行類似上面的切半搬移處理。最後的結果看起來如下：

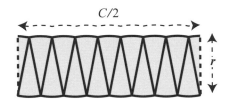

　　總的來說，將披薩平分成越多片，原本波浪狀的部分就變得越平坦。我們可以看到，經過處理後，一系列新的形狀誕生了！而且很神奇地，這些形狀看起來越來越接近方方正正的四方形（即長方形）。由於此四方形是將披薩平分無數次之後的結果，我們就把這個四方形稱做「極限（*limiting*）」四方形吧！

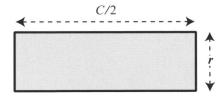

> 編註：我們前面談過很多的『無限（*infinity*）』是一種趨近的過程，而『極限（*limiting*）』則是指此趨近過程最終所達到的狀態。比如說：『無論你到天涯海角，我都要追上你』其中，永無休止追的過程是無限的概念，而追到天涯海角時就是那個最終的極限狀態。

　　前面所做的這一切，就是為了得到這個極限四方形，好讓我們能簡單地透過長乘以寬來算出面積，而剩下來的任務就是找出這個極限四方形的長寬和原本的圓之間存在什麼關係了。

　　首先，由於組成極限四方形的每一片披薩切片都是由披薩中心切出來的，因此四方形的短邊長度就是原本的圓半徑 r。至於四方形的長邊長度則等於圓周長的一半，這是因為有一半的周長被分配到了四方形的頂邊，

另一半則被分配到了底邊。也就是說，長邊的長度等於 $\frac{C}{2}$。結合以上兩點，我們便可透過將長邊乘以短邊來得到極限四邊形的面積（以 A 表示），即 $A = r \times \frac{C}{2} = r\frac{C}{2}$。最後，因為搬動披薩切片並不會改變它的面積，所以此極限四邊形的面積一定等於原始的圓面積！

以上所得的圓面積公式 $A = r\frac{C}{2}$ 是由古希臘數學家阿基米德（*Archimedes*，公元前 287 – 212 年）在他的文章《圓的測量》中首次證明的（他用了類似但更加嚴謹的論證）。

這個證明最創新的部分在於如何運用無限這個概念來協助我們得到答案。當我們只有四片、八片、或十六片披薩時，只能將它們重排成一個波浪狀的不完美圖形。然而，儘管開頭並不順利，隨著切片數不斷增加，我們所得到的圖形也越來越接近長方形。不過這裡必須注意，只有當切片數量達到無限多片時，重組之後的圖形才會完全變成長方形。而這就是微積分背後的關鍵想法：當到達無限以後，所有事情都會變得簡單！

1.3 極限與牆之謎

『極限（*limit*）狀態』是一個無論如何也達不到的目標。你可以不斷的趨近於該目標，但卻永遠也無法真的達成。

例如在披薩的例子中，我們可以藉由不斷增加切片數量，使得最終重新排列出來的圖形與長方形越來越相似。但卻永遠也不會變成一個真正的長方形，頂多就是讓它盡可能接近理想。

幸運的是，在微積分中，極限狀況無法達成的這一特性通常不會造成什麼影響。我們往往可以假設「如果真的達到極限狀態」，然後探討在此狀態下會發生什麼事，進而解決我們的問題。事實上，許多該領域的先驅都是使用這種方法得到重大發現。他們拋棄了邏輯並轉而擁抱想像力，且最終也獲得了巨大的成功。

在微積分中，極限是一個非常微妙但也非常關鍵的概念。它在日常生活中並不常見，也因此難以理解。也許，我們能夠找到與之最為相關的就是『牆之謎』的問題。試問：如果你的前方有一堵牆，你先走與牆之間的一半距離；接著，再走剩下距離的一半，然後再走一半，以此類推，那麼你最終是否會碰到牆呢？

答案很明顯是不行！因為在牆之謎中，每次只能走一半距離，而不是把剩下的距離全部走完。不管你已經走了十個一半距離、一百萬個一半距離、或甚至更多，你與牆之間永遠有「最後還剩一半」的間隔。然而，明顯的是你可以無限地接近那堵牆。也就是說，你可以將與牆的距離縮短至一公分，或是一毫米，甚至是一奈米或更小，而這個距離只會無限縮短，但不會是零。

在這個例子中，牆的位置就是極限所在。人們花了大約兩千年的時間，才最終嚴格定義了極限的概念。然而在這之前，微積分的先驅們似乎也沒有碰上太大的問題。所以，如果你對極限的概念還不是很清楚，那也沒關係。相信在看過後文以後，你就會對它有更深的了解。而從現代的觀點來說，極限的概念很重要，因為微積分正是以它為基石建立的。

1.4 .333⋯ 的寓言

前面說過『無限能讓所有事情變得簡單』以及『極限狀態是一個無法被達成的目標』，讓我們看看底下這個算術問題：如何把一個分數（如 1/3）轉換成相應的小數（在 1/3 的例子中，答案是 0.333⋯）。我仍清楚記得我的八年級數學老師斯坦頓女士，解釋這個問題時的場景，因為她提到了無限這個觀念。

在那之前，我從來沒有聽過哪個大人談到無限這個詞，當然我的父母也不曾提過。反倒是小孩子們鬥嘴時經常會用到它，彷彿無限是小朋友才懂的黑話。

「你是笨蛋！」

「哼！那你是笨蛋乘以二！」

「你是笨蛋乘以無限大！」

「你才是笨蛋乘以無限大加一！」

「那還是等於無限大啊，笨蛋！」

這些爭吵的經驗使我相信無限大並不是一個尋常的數字。無限大加一並不會變得更大，甚至將兩個無限大相加也一樣。無限這種所向無敵的特性，使得它經常在小朋友的爭論中出現，因為誰先說出來，誰就無敵了。

即使如此，在斯坦頓女士提到無限之前，從來沒有任何一個老師曾經談及這個概念。班上同學對於有限小數都已經相當熟悉，因為標示商品價格就會用到，例如 10.28 美元。相反的，小數點後有無限個數字的無限小數，剛看到時會覺得奇怪，但是在開始討論分數（*fractions*）之後就會習慣了。

我們知道分數 1/3 可以寫成 0.333…，其中的『點點點』代表 3 重複了無限次。這個結果對我而言是很合理的，因為用長除法試圖計算 1 除以 3 等於多少時，都會陷入一個無窮迴圈內：由於 3 無法整除 1，因此在 1 的後面補一個零使其變成 10，並用 3 乘 3 去除它，最後得到餘數 1，然後一切又回到了原點，再次面對 1 除以 3 的問題。以上這個迴圈是無法避免的，這也是為什麼在 0.333…中，數字 3 會不斷重複的原因。

0.333…後面的三個點有兩種不同的詮釋方式。其中較簡單的詮釋是小數點後面真的存在無限多個 3，理想上只要持續寫下去，就能讓 0.333…剛好等於 1/3，但現實中是寫不完的，因此我們就在小數的後面加上三個點對這件事做個了結，稱之為『**實無限**』或『**完成了的無限（completed infinity）**』。它的好處是容易理解，只要別太糾結於此處的無限到底是什麼。

另一種較為複雜的詮釋是 0.333…代表 1 除以 3 時，小數點後面源源不絕產生的 3。只要持續除下去，就能產生一個無限趨近（但不等於） 1/3 的『過程』，而且這個過程永無止境。這樣的解釋方式稱為『**潛無限（potential infinity）**』。

對於像 1/3 = 0.333…這樣的式子而言，我們採取以上哪一種看法其實並不重要，它們只是觀點不同，但計算後的結果相同。然而，在某些情況中，『實無限』的解釋方式會造成邏輯災難，而這也是我在本書中將無限稱為怪物的原因。

1.5 無限多邊形的寓言

現在讓我們來看一個頗具教育意義的例子。想像以下的操作：首先在一個圓的圓周上畫幾個間隔距離一樣的點，最後再用直線把這些點給連起來。假如我們畫了三個點，連接後的圖形便會是一個正三角形；若是畫了

四個點，則可以產生一個正方形；畫五個點，就有一個正五邊形，以此類推。透過這個方法，我們就能得到一系列以直線為基礎的圖形，統稱為正多邊形（*polygons*）。

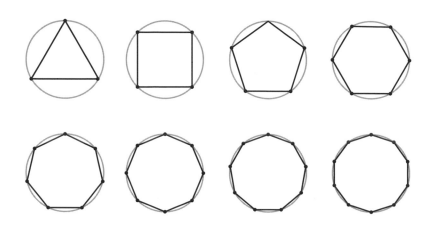

我們會發現畫的點越多，圖形就越來越圓鼓鼓；同時，它的邊長也越短，但邊數則更多。若是我們繼續進行下去，多邊形就會越來越趨近於原本的圓形。也就是說，該圓即是此多邊形的極限狀態。

藉由這種方式，無限再次橋接了兩個截然不同的領域。只是在披薩證明的例子中，無限是將我們從圓帶往直線的世界（將圓形變成四方形），而這一次則是從直線帶到圓的世界（將許多稜角的多邊形變成圓形）。

當然，在『有限』的狀況中，多邊形永遠都只是個多邊形。它的形狀可以非常接近圓形，但卻無法到達真正的圓。在此我們使用的是『潛無限』的觀點，而非『實無限』，所以在邏輯上是正確而穩當的。

不過，要是我們真的能夠畫出一個擁有無限條邊的多邊形呢？這個邊長無限短的形狀是否完全等於圓形呢？這樣的想法是很吸引人的，如此一來，這個多邊形就會非常平滑，所有的稜角都會消失，使得一切看起來像一個完美無瑕的圓形。

1.6 無限的致命誘惑

前面的例子給了我們一個啟示：極限的最終情況，看起來總是比趨近極限的過渡情況來得簡約。一個圓絕對比一個接近圓的多邊形要優雅得多。而在披薩證明中，與具有怪異突起與尖角的過渡圖形相比，極限長方形看上去顯然更為單純平直。1/3 的狀況也一樣，跟趨近過程中的 3/10、33/100、333/1000、3333/10000 比起來，1/3 顯然要單純且好看很多。在以上的所有例子中，到達極限的形狀或數字都比它們的『有限趨近版本』要來得簡單且對稱。

這就是無限帶給我們的誘惑，它能美化一切。

有了上述的啟示，讓我們再回到對無限多邊形的探討。此處我們是否應該接受無限的引誘，將一個邊長無限短的無限多邊形視為一個真正的圓形呢？答案是否定的，我們必須拒絕誘惑，一定不能這麼做，要不然我們就陷入實無限的麻煩，而這會將我們打入邏輯的地獄。

為了看出問題在哪裡，讓我們先暫時跟隨內心的渴望，假設一個擁有無限條邊且邊長無限短的多邊形真的就是一個圓形。那麼，請問這些邊的長度到底等於多少呢？是零嗎？如果真的如此，那麼該圓的周長就會是無限大乘以零。但要是我們把圓的周長擴展為現在的兩倍呢？顯然，這個大圓的周長也是無限大乘以零。因此，我們得到一個結論：無限大乘以零既等於原始周長，也等於原始周長的兩倍。（譯註：也等於原始周長的三倍、四倍、…）這是什麼鳥結論！實際上，無限大乘以零並沒有一個統一的定義，也因為如此，將一個無限多邊形視為一個圓是毫無道理的。

然而，這種想法的確非常吸引人。就像聖經中的原罪一樣，微積分的原罪（把無限多邊形視為圓）也是令人難以抗拒的。它誘導著人們去採食知識的禁果，好獲得那些用普通方法得不到的洞見。要知道，幾何學家們已經和圓周奮戰千年，如果我們能用一個邊長為直線的多邊形來取代圓，

那麼擺在他們眼前的問題將會簡單很多。

　　由這個例子可看出實無限確實很誘人，但我們要懂得懸崖勒馬，拒絕很有魅力的實無限，轉而使用潛無限（編註：請見 1.8 節），數學家們逐漸學會了如何解決圓周問題以及其它和『弧』相關的謎。在以後的章節中，我們可以更清楚看到他們如何做到這件事。但在此之前，必須對實無限的危險性有更深入的體悟：它會誘使我們犯下其它的罪行，其中就包括一個老師在上課時一定會告誡我們的大錯。

1.7　犯了以零為分母之罪

　　全世界的學生都學過：任何數字都不可以除以零。然而，我想他們應該感到驚訝，這麼理所當然的事情竟然也有人會做？事實上，雖然說數字本應具備秩序與規則，而數學課探討的議題也應該符合邏輯且合理，但我們仍時不時會去研究一下原本認為不合理或無效的數字操作，而把零當做除數（分母）這件事情便是其中之一。

　　會這麼做的最根本問題就是無限，它會在我們把一個數除以零時被召喚出來。而這種行為就像利用通靈板與另一個世界的靈魂溝通一樣，非常冒險而且最好不要輕易嘗試。

　　對於那些忍不住好奇無限為什麼與除以零有關的人，試想一下，用 6 去除以一個很小但不為零的數，例如 0.1，我們可以得到 60 這個答案。這件事可以用下面這張圖表示。想像我們將一條 6 公分長的線段，切成每一段皆為 0.1 公分的小線段，如此便能得到 60 個小線段排列在一起。

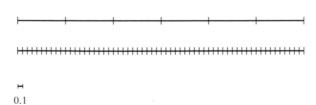

0.1

同理可知（這裡我不打算再畫了），如果每個小線段的長度縮短為 0.01 公分，我們會得到 600 個小線段。若是再進一步縮至 0.0000001 公分，則小線段的數量會上升到 60,000,000 個。

至此，趨勢已經很明顯了：分母越小，相除的結果就越大；也因此，當分母趨近於零的時候，計算的結果便會趨近於無限大。這就是為什麼我們無法用數字去除以零的真正理由。有些人會把原因歸結為『除以零』這件事未被定義，然而真正的原因是這麼做會產生無限大。而且還會浮現一個詭異的結論：這條 6 公分長的線段是由無限多個長度為零的小線段組成。這聽起來確實有可能，畢竟這條線段是由無限多個點所組成，而每個點的長度是零。

然而，這裡最弔詭之處是，相同的結論可以套用到任何長度的線段上。我們可以將線段的長度設為 3 公分、或 49.57 公分、亦或是 2,000,000,000 公分，而它們全都是由無限多個長度為零的點所組成，顯然無限大乘以零可以等於 3、49.57、2,000,000,000 或任何數，這太奇怪了。

1.8 實無限 vs. 潛無限：實無限的原罪

帶領我們走向這團混亂的罪魁禍首正是以下這個假設：極限狀態是可被觸及的，因此無限可被視為一個正常數字（編註：此即為主張『**實無限**（*completed infinity*）』一派數學家的假設）。

早在公元前四世紀，希臘哲學家亞里斯多德（*Aristotle*）便提出警告，對於無限可被觸及的這種觀點將引來各種邏輯上的問題。因此，他強烈反對實無限，並主張『**潛無限**（*potential infinity*）』才是唯一合理的看法（編註：潛無限一派的數學家主張無限是永無止息的生成過程，不會結束，也不會被觸及）。

在前面切分線段的例子中，若採用潛無限的觀點，那麼整個想法就變成下面這樣：雖然我們可以把一條線段想切多少段就切多少段，但只要能切得出來，小線段的數量永遠都是有限的，且長度一定不為零。這種觀點完全可行，也不會帶來任何邏輯問題。

此觀點是假設我們無法真的產生無限多條長度為零的線段，如此就不會出現無限大乘以零會等於任何數字這種毫無道理的結論。於是，亞里斯多德不允許實無限的觀點被運用在數學與哲學上，而接下來兩千兩百年的數學家們也遵循著這個教誨。

在不可考的遠古時代，某個人察覺到數字的數量可以是無止境的，於是無限這個概念應運而生。它和我們內心深處的某些想法有關，例如對於無底洞的畏懼，以及對於永生的渴望等。在許多夢境與恐懼中，我們都能看到無限的身影，而且它也和眾多無法回答的問題有關，例如：宇宙有多大？永遠究竟是多久？上帝到底有多全知全能？

在所有人類的思想分支中，從宗教與哲學，再到科學與數學，無限的概念已經困擾了世界上最聰明的腦袋幾千年了。人們曾經禁止談論它，將其視為異端並避開它，因為這個想法真的很危險。在宗教裁判所存在的那個年代，義大利哲學、數學家喬丹諾‧布魯諾（*Giordano Bruno*，公元1548 到 1600 年），因為提出上帝創造了『無限宇宙與多重世界』的想法，被審判為叛教者且施以火刑而死。

1.9 季諾悖論

大約在布魯諾被處死的兩千年前，就有一位勇敢的哲學家，埃利亞的季諾（*Zeno of Elea*，公元前 490 到 430 年）思考了無限的概念。他提出了一連串和空間、時間、以及運動相關的悖論（*paradox*）；而在這些悖論中，無限正是一切問題的源頭。關於這一系列悖論的討論直指微積分的理

論核心，並且直到今天仍然是個辯論的話題。事實上，<u>伯特蘭・羅素</u>（*Bertrand Russel*，公元 1872 到 1970 年）就曾經形容它們『難以測量地微妙且深奧』。

我們無法確定<u>季諾</u>想透過他的悖論來證明什麼，因為所有他寫的東西皆已遺失（如果他有寫過的話）。他的那些想法是透過<u>柏拉圖</u>（*Plato*，公元前 429 到 347 年）與<u>亞里斯多德</u>（公元前 384 到 322 年）記錄而流傳下來的，而他們的目的則是想要推翻這些悖論。根據<u>柏拉圖</u>和<u>亞里斯多德</u>的說法，<u>季諾</u>想要論證的事情是『改變並不存在』：我們之所以能夠感覺到變化，是因為感官欺騙了我們。對季諾而言，改變就是一個幻覺。

在<u>季諾</u>提出的所有悖論中，有三個最有力也最有名。第一個名為兩分法悖論（*the Paradox of the Dichotomy*），和之前談過的牆之謎很類似，但卻更讓人感到挫敗。這個悖論說：你永遠也不可能前進，因為在你踏出第一步之前，你必須先踏出半步；而在你踏出半步之前，你必須先踏出四分之一步，以此類推。因此，你不只永遠也走不到牆那裡，甚至連開始走路都做不到。（編註：當然這與事實不符，因為你跨一步就走出去了！）

另一個悖論稱為<u>阿基里斯與烏龜</u>（*Achilles and the Tortoise*）。這個悖論聲稱，只要將烏龜的起跑線往前移，那麼即使像跑得飛快的<u>阿基里斯</u>（古希臘神話的第一勇士）也永遠不可能追得上烏龜。

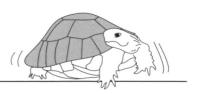

這是因為在阿基里斯到達烏龜起跑的位置時，烏龜已經往前移動了；而當阿基里斯終於到了烏龜所在的新位置時，牠早就又往前移動了一點。既然這樣，阿基里斯就永遠追不上烏龜了！（編註：這顯然也是與事實不符。）

在前述這兩個悖論中，季諾利用反證法，先假設時間與空間是連續的，因此可以被無限切割，接著順著這個假設進行推導，最後歸納出一個與事實不符的結論。因此，我們便可以宣稱一開始關於時間與空間是連續的假設一定是錯誤的。由於微積分很大程度依賴於『時間與空間連續』這個假設，季諾的悖論推理如果正確，那對微積分的發展確實不利。不過，微積分自有一套說法可以反駁季諾的推理，並指出他的錯誤。

讓我們以『阿基里斯追烏龜』悖論為例，看看微積分如何處理這個問題。首先，假定烏龜的起跑線在阿基里斯的起跑線前方 10 公尺，但是後者比前者要快 10 倍，例如阿基里斯每秒可以跑 10 公尺，而烏龜只能跑 1 公尺。於是，我們得到阿基里斯跑 1 秒鐘便可以到達烏龜起跑的地方。在這 1 秒鐘內，烏龜已經往前移動了 1 公尺，因此阿基里斯需要再花 0.1 秒來彌補這個差距，而在這 0.1 秒內，烏龜又往前走了 0.1 公尺，如此不斷推論下去，我們便可以將阿基里斯追上烏龜的時間，寫成有無限多項相加的總合：

$$1＋0.1＋0.01＋0.001＋\cdots＝1.111\cdots秒$$

將上面的結果用分數來表示，就是 10/9 秒（1.111…秒），這就是阿基里斯追上烏龜需要花的時間。所以，雖然季諾說阿基里斯必須完成無限多項任務的觀點是正確的，但卻不會有任何邏輯上的矛盾，如同上面的計算所示，他完全可以在有限的時間內完成（編註：這裡的重點是，阿基里斯的行動步驟雖然可以拆解成無限多項，但其時間總和卻是有限的，例如 10/9 秒，所以烏龜在有限時間內就會被追上。季諾的證明本身就不成立，因此也不能用來反駁"時間、空間是連續的"這個命題）。

像這樣的推論就屬於微積分的範疇，因為我們將一個無限序列做加總，並求得它的極限值，就如同我們討論 0.333… 與 1/3 時那樣。每當我們處理到無限小數時，其實這就是微積分的無限概念（雖然多數人認為無限小數只能算國中數學而已）。

當然，微積分並不是解決此問題的唯一方法，我們也可以使用代數。如果要這麼做，那就必須先知道比賽開始後的任一時間點 t，這兩位選手在賽道上的位置為何。因為阿基里斯的速度為每秒 10 公尺，且我們知道一個人行走的距離等於他的速度乘以行走時間，因此阿基里斯在賽道上的位置可以表示為 $10t$。至於烏龜，由於牠的起跑線領先阿基里斯 10 公尺，且移動速度是每秒 1 公尺，所以牠在賽道上的位置就是 $10 + t$。為了求得阿基里斯在哪個時間點會剛好追上烏龜，我們可以令兩個式子相等，這就是代數上求取阿基里斯會在何時追上烏龜的方法。於是，我們有了以下這個方程式：

$$10t = 10 + t$$

接著解這個方程式，很容易就能得到 $t = 10/9$ 的答案。這個結果和前面處理無限小數時得到的解相同。

綜上所述，對於微積分而言，阿基里斯追烏龜根本不是悖論，即使空間與時間是連續的，也不會遇到任何問題。

1.10 當季諾數位化

在季諾的第三個悖論 — 飛箭不動悖論（*Paradox of the Arrow*）中，季諾反過來攻擊空間與時間是離散（非連續）的觀點，此觀點認為空間與時間是由許多肉眼不可見的很多點（*pixels*，或最小單位）構成，所以不是連續的。但季諾用以下的詩論來挑戰這種說法。

飛箭不動悖論的內容如下：假如空間與時間是離散的，則一根飛箭將永遠無法前進，因為在某個瞬間（即時間的點或最小單位），箭矢一定會停留在某個固定位置上；也就是說，對於任意一個瞬間而言，箭矢都是靜止不動的。同時，在『某個瞬間』與『下個瞬間』之間，箭矢依然保持不動，因為根據時間不連續的假設，兩個瞬間之間並不存在另一個瞬間。由此我們得到結論：在任何一個時間點上，箭矢都是靜止的。但飛箭事實上是會動的，所以上述空間和時間是離散的說法是不對的！

對我而言，這個悖論是三者當中最微妙、也最有趣的一個。哲學家對它的正確性仍在爭論不休，但在我看來季諾猜對了大半。如果空間與時間是離散的，一支飛箭的移動會和他所描述的相同；隨著時間一幀一幀地往前，你會看到箭矢突然從某個位置出現，又突然閃現到下一個位置上。但是我們的感官告訴我們這個世界並不長這個樣子，飛箭運動是連續的，並非突然由一個位置閃現到下一個位置。所以他證明了時間和空間的離散論是錯誤的！

然而，一段飛箭劃過天空的高解析數位影片中，只要每秒能分割出夠多的畫禎數，我們就無法分辨真實運動與數位式運動的差異。也就是說，在影片裡的那支箭即使真的從一個位置閃現到下一個位置，在我們看來也確實是連續的。

當然，如果影片被切割得太粗糙，那麼就能看出連續以及離散的不同。試想一下舊式類比時鐘與現代數位或機械時鐘的不同。前者的秒針持續平穩地前進，讓時間看起來像是在連續地流動；而後者的秒針則踏著離散的步伐，一跳一跳的前進，讓時間看上去像是在跳躍。

現在，讓我們思考一下錄音設備如何錄製音樂。我的小女兒最近剛得到一台舊式的維克多拉（Victrola）電唱機做為她的十五歲生日禮物，這讓她可以聆聽艾拉·費茲潔拉（Ella Fitzgerald）的黑膠唱片。這是一個經典的類比體驗，艾拉唱的每一個音都絲滑柔順，音量的大小變化也是毫無

縫隙，而從低音到高音的銜接也同樣無可匹敵。而對於數位播放器而言，<u>艾拉</u>的音樂則必須被切割成許多不連續的小片段，並且轉換成一堆的 0 與 1。然而，就算以上兩種播放器在概念上差異極大，我們的耳朵卻難以區分出來。

總而言之，至少在一定程度上，連續與離散在日常生活中往往可以互通有無。在許多實際的應用中，只要切得夠精細，就能用離散的觀點來取代連續。而在微積分的理想國度中，我們甚至還可以更進一步，讓所有連續的事物都可以被完美地（注意，不是近似）切成無限多個小片段。而這實際上就是無限的原理。也就是說，經由無限次的精細切割，離散的極限狀態就趨於連續了。

1.11　當<u>季諾</u>遇上量子

無限原理要求人們假裝所有東西都能被無限制地切分下去。在之前的討論中，我們已經看出這個想法有多好用。回想一下，藉由把一個圓形披薩切成無限小的切片，就能夠算出它的圓面積。而這就引出了一個問題：像這樣無限小的東西在真實世界中是存在的嗎？

量子力學可以回答這個問題。這是現代物理專門用來描述極小尺度下自然現象的理論。它是人類歷史上最精確的一個理論，並且以怪異著稱。這個領域中的一些專有名詞，例如基本粒子：輕子（*leptons*）、夸克（*quarks*）與微中子（*neutrinos*），聽起來就像是從<u>路易斯・卡羅</u>（*Lewis Carroll*，譯註：《愛麗絲夢遊仙境》的作者）的小說中跑出來的角色一樣。而這些粒子的行為往往也很詭異。一些在巨觀世界中不可能看到的事情，在原子尺度下都變成了可能。

舉例而言，讓我們從量子的角度來討論牆之謎。假設向著牆壁移動的人現在換成了一顆電子，那麼有一定的機率它會穿牆而過；這個現象被稱

為量子穿隧效應（*quantum tunneling*）。它是千真萬確的，但卻很難以傳統的觀念來理解。事實上在量子力學的解釋中，電子必須用機率波來描述，而這些機率波會遵守一條於 1925 年由奧地利物理學家<u>埃爾溫・薛丁格</u>（*Erwin Schrödinger*）寫下的方程式。而如果我們實際去解這個方程式，就會發現代表電子的機率波在牆的另一頭也找得到，而這代表著我們有機會可以在那道不可穿透的牆後面找到電子，就好像電子自己挖了一條隧道穿過去一樣。

藉由微積分的幫助，我們可以去計算這種效應發生的機率，而透過此法得到的答案也已經被實驗證明為正確的。穿隧效應是真實存在的，放射性就是 α 粒子穿隧出鈾原子核所致；而在太陽的核融合反應中，穿隧效應也扮演著重要角色，就這一點而言，地球上的生命還必須部分依靠這個現象所產生的太陽能量才得以生存下去。它同時也具有許多實用價值；例如：掃瞄穿隧顯微鏡（*scanning tunneling microscopy*）的運作就是基於此原理，才讓科學家得以操作單一原子並對其進行成像。

人類身為一個由無數個原子組成的巨大生物，我們的直覺完全不適用於原子尺度。但幸運的是，在這裡微積分可以取代直覺。透過微積分與量子力學，物理學家們已經打開了前往微觀世界的理論之窗，並且收穫了不少成果，如：雷射、電晶體、電腦中的晶片、以及電視中的發光二極體（*LED*）。

雖然量子力學的理論看上去十分怪異，在<u>薛丁格</u>的方程式中，『空間與時間為連續』的假設卻仍然適用。在電與磁的理論中，<u>馬克士威</u>也做了相同的假設，還有<u>牛頓</u>的萬有引力以及<u>愛因斯坦</u>的相對論也是。整個微積分以及相應的整個理論物理學都建立在時空連續這個假設之上，因此至少從目前看來是相當成功的。

然而，我們實際上有理由相信，在非常非常小的領域中（甚至比原子尺度還要小很多），空間與時間或許並不是連續的。我們無法確切的知道

在那麼小的世界中究竟發生了什麼，不過我們可以猜猜看，其中的一個可能性是，空間與時間在那裡都變成了一顆顆的像素，就像我們在季諾的飛箭不動悖論中討論的那樣。然而，更有可能的是空間與時間因為量子的不確定性而完全崩塌成一團亂，像沸水中的氣泡滾動翻騰、起伏不定。

雖然人們對於應該如何描繪這個尺度下的空間與時間尚無定論，但對於該尺度到底有多小倒是有一定的共識，而這個答案是由三個自然常數所決定的。

第一個是重力常數 G，它和宇宙中的重力強度有關。在牛頓的萬有引力定律中，這個常數首次出現，並且在愛因斯坦的廣義相對論裡也能找到它的蹤跡；我們也可以預期在之後所有和重力有關的理論中，該常數一定都占有一席之地。

第二個常數被記作 $\hbar$（讀作『h bar』，編註：$\hbar = \dfrac{h}{2\pi}$），它與量子效應的強度有關。這個常數出現在諸如海森堡測不準原理（*Heisenberg's uncertainty principle*）與薛丁格的波動方程式當中。

第三個常數則是光速 c，它是宇宙中所有速度的上限。c 這個速度常數必然出現在所有牽涉空間與時間的理論之中，因為它將時空透過『距離等於速度乘以時間』的原則連繫了起來。

在 1899 年，量子力學之父 — 德國的物理學家馬克斯・普朗克（*Max Planck*）注意到有一種（而且是唯一的一種）方式可以把上面的三個基本常數結合起來，並產生一個以長度為單位的常量（固定不變的量）。他最後得出結論：這個特殊的長度實際上就是宇宙的最小尺度。為了紀念他的貢獻，這個常量便被命名為『普朗克長度（*Planck length*）』。它可以用以下的代數公式表示：

$$planck\ length = \sqrt{\dfrac{\hbar G}{c^3}}$$

如果實際將 G、$\hbar$ 與 c 的值代入上述公式中，我們可以得知普朗克長度大約等於 10^{-35} 公尺，這是一個比質子直徑小 100,000,000,000,000,000,000 倍的超小距離。而相應的普朗克時間（*Planck time*）則是光走過這一段距離所需的時間，大約等於 10^{-43} 秒。要是小於這個尺度，空間與時間就不再具有意義了。換句話說，它們就是宇宙中最短的長度與時間。

這個常數限制了我們能將空間與時間切得多細。為了讓你對這裡所說的尺度有點感覺，讓我們來探討一下：究竟要寫多少個數字才足夠表示我們所能想到最誇張的比例？讓我們將世界上最長的距離（宇宙的直徑）除以最短的距離（普朗克長度），而我們最後得到的結果也才只有 60 個位數而已。是的，我想強調一下 ── 只有 60 個位數而已（編註：即 10^{60} 的數量級）。這就是真實世界中，一個距離可以被切成多少段的最大上限。任何比這個大的數字（例如：切成 10^{100} 段）都是多餘且無用的，更別提切成無限多段了。

然而，在微積分中，我們總會使用無限多位數的數字。早在小學階段，學生們就被要求思考像是 0.333⋯這樣具有無限小數位數的數。這些數雖然被稱為實數（*real number*），但卻一點兒也不真實，至少對目前我們所了解的物理世界來說是如此，因為它們居然可以用一個小數點後面有無限位數的數字來表示。

既然實數看起來並沒有那麼真實，為什麼數學家還那麼喜歡它們呢？學生在學校裡又為什麼要被迫去學習實數呢？因為微積分需要實數。打從一開始，微積分就霸道地假設空間、時間、物質、能量、以及其它所有曾經存在、或將要存在的事物都是連續的；同時，它們都可以用實數來量化。在這個理想的、虛構的世界中，我們假裝所有東西都可以被無止境的分割下去，而這就是微積分理論最根本的基礎。少了它，我們就沒辦法處理極限；而少了極限，微積分就當機停擺了。

　　如果我們拒絕接納小數點後面超過 60 個位數的數字，數線（*number line*）將會變得坑坑疤疤，而任何無限小數，例如：圓周率、根號 2 等也將不再完整。我們甚至找不到像 1/3 這樣簡單的分數，因為要找到它在數線上的位置，同樣需要無限多位數的小數。如果我們想要將所有實數擺在一條連續的數線上，那麼以上這些數字就必須要是實數。它們或許只是真實世界的近似，但卻非常有用。我們實在很難再找到其它方法來描述現實，有了無限小數以及其它與微積分有關的工具，我們就能用無限來簡化一切。

Memo

2

駕馭無限的人
The Man Who Harnessed Infinity

　　在季諾討論空間、時間、運動與無限之後約兩百年，另一位思想家也拜倒在『無限』的魅力之下。他的名字叫阿基米德。我們在之前討論圓面積的時候已經提過他了，不過他的傳奇事跡可不僅於此。

　　首先，有很多關於阿基米德的有趣故事，其中有一些將他描述為史上第一個數學怪胎。舉例而言，歷史學家普魯塔克（*Plutarch*）就曾說過，當阿基米德全神貫注於幾何學問題時，『他會變得不吃不喝而且不修邊幅』（事實上，很多數學家都和他一樣。食物與個人形象並不是最重要的事）。普魯塔克還說，每當阿基米德完全沉浸於數學中時，你必須『以暴力相逼他才會去洗澡』。阿基米德如此抗拒洗澡這件事實在令人莞爾，因為眾所皆知一則與他洗澡有關的故事。根據羅馬建築師維特魯威（*Vitruvius*）的說法，阿基米德曾經在洗澡時靈光一現而興奮異常，以致於立即跳出浴缸，全裸跑到街上大喊：『*Eureka*（我發現了）』！

在另一些故事中，阿基米德被描述成戰爭中的魔術師、一名戰士兼科學家、以及一人敢死隊。根據這些傳說，當阿基米德的家鄉敘拉古（Syracuse）在公元前 212 年被羅馬包圍時，當時年近七十的他利用滑車與槓桿的知識，製造了許多別具想像力的兵器以幫忙守城。一些諸如爪鉤與巨型吊臂等的『戰爭機器』將羅馬的戰艦從海上吊起，並把上面的戰士像鞋上的沙子一般甩落下來。對於這恐怖的一幕，普魯塔克描述道：『時不時就會有船被高舉到空中（那景像真的很嚇人），並且被來來回回地甩動，直到船上所有水手都被甩下來為止；然後，那艘船要不是被扔去撞石頭，就是放任其自由墜落』。

在科學與工程學的課堂上，學生們通常是因為浮力原理（浸泡在水中的物體受到的浮力等於其所排開的液體重量）和槓桿原理（把兩物體分別置於槓桿兩端時，只有在它們的重量比例與它們到支點間距離的比例成反比的時候，兩物體才會到達平衡狀態）認識到阿基米德。這兩者皆有無數實際的應用。

阿基米德的浮力原理解釋了為什麼有些物體在水中會浮起來，而有些會下沉；這個原理為所有的海事工程、船隻穩定性理論、以及海上鑽油平台的設計提供了基礎。其實小至使用指甲刀剪指甲的時候，也應用了他發現的槓桿原理。

阿基米德或許因為製造了許多戰爭機器而讓人懼怕，卻也因為他的發明而被視為了不起的科學家和工程師，但真正讓他名留青史的還是他在數學上的成就。阿基米德為積分的發現開闢了前路，並且在他的作品中清楚提到的很多觀念，直到兩千年後又再被提出來討論。我想，歷史上和阿基米德一樣領先時代這麼多年的人應該沒有幾個，就這一點而言，連『先知』這個詞也不足以形容他的見識遠大。

在所有阿基米德的著作中，有兩個技巧一再地出現。第一個是他熱愛使用的無限原理。當阿基米德在研究圓形、球體、以及其它具有弧度的事

物時，他總是將這些形狀看作是由許許多多平直的小單元構成。並且，藉由不斷將這些小單元的面積縮小、增加數量，得以持續提升近似結果的準確性，直到最後利用無限多且無限小的單元獲得正確的答案。要駕馭這種技巧，阿基米德必須在求總合與拼圖概念上有很深的造詣，因為要得到最終的答案，他勢必得將眾多的數字重新組合起來才行。

　　阿基米德的另一項代表性策略，是將虛構的數學問題與實際的物理問題結合。他尤其喜歡將幾何學與力學連結在一起。有時，他用幾何知識來輔助力學研究；有時則反過來，用力學的觀點尋找幾何問題的洞見。阿基米德就是藉著同時運用上述的兩項技巧，才得以在與弧相關的難題上得到如此深刻的理解。

2.1　包夾逼出圓周率

　　在我走路上班或傍晚溜狗時，*iPhone* 上的計步器會記錄我走了多遠。手機 *app* 計算步行距離並不困難：它會透過我輸入的身高來推測步距，同時記錄總共走了幾步，再將這兩個數字相乘。換句話說，行走距離就等於步距乘上走過的步數。

　　阿基米德使用了與上面類似的方法來估算圓的周長與圓周率。讓我們把一個圓想像成一條步道，一個人必須走許多步才能繞行一圈，而他走的軌跡就如下圖所示：

圖中的每一條線段都代表著一步。透過將步數乘以線段長度，就能估計出整條步道的總長。注意，這只是估計值而已，因為圓實際上是由弧線組成，而不是直線。當我們用直線代替弧線時，其實是抄了一點捷徑，也因此這樣的估算勢必會低估真正的步道長度。然而，至少在理論上，假如我們走了足夠多步且每一步都足夠小，估算值就能任意地趨近於真正的答案。

阿基米德首先考慮一個由六步組成的圓：

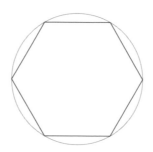

他選擇從六邊形開始，是因為它為未來更艱鉅的狀況提供了方便的立足點。六邊形的好處在於周長（六邊形的總邊長）計算起來很簡單，即六倍的圓半徑。為什麼是六倍？因為該六邊形是由六個正三角形組成，而三角形的每一條邊長都和圓的半徑相等。

六條三角形的邊構成了六邊形的周長：

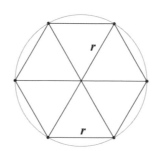

所以周長 p 就是 6 乘以半徑 r，以符號表示可寫成 $p = 6r$。另外，如同之前所說，由於圓周長 C 比六邊形周長 p 來得長，故 $C > 6r$。

這個結果讓阿基米德知道了圓周率的下限是多少。圓周率一般以<u>希臘</u>文字 π 來表示，它的定義為：一個圓的周長與直徑的比例。而既然直徑 d 等於 $2r$，不等式 $C > 6r$ 就意味著：

$$\pi = \frac{C}{d} = \frac{C}{2r} > \frac{6r}{2r} = 3$$

因此，我們從對六邊形的分析中，可以得到 $\pi > 3$ 的結論。

當然，走六步顯然太少了，其圍成的六邊形也和圓形相去甚遠。但<u>阿基米德</u>才正要開始呢！在瞭解了六邊形告訴他的訊息以後，<u>阿基米德</u>把步伐長度縮短，並將步數提高到原來的兩倍。這是透過以下方式做到的：在行經原本六邊形的每條邊時，繞道至弧的中點，將原本的一步變成兩小步。

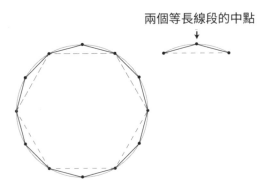

兩個等長線段的中點

接下來，他不斷重複上述的過程，從原本的六步到十二步，然後是二十四步，接著四十八步，一直到最後的九十六步，逐漸將長度縮短，進而提升近似的準確性。

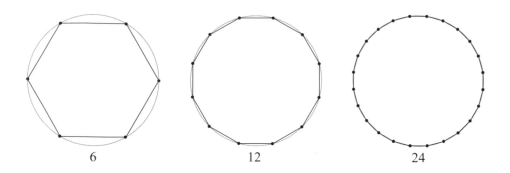

| 6 | 12 | 24 |

　但不幸的是，隨著這些步伐越來越小，要計算它們的長度也越來越難了。事實上，這樣會需要計算開根號，有點難靠手算出來。此外，要逼近圓周的長度有兩種方法，除了從圓內逼近，另一種是從圓的外部逼近（所有的小線段要貼在圓外繞一圈）。

　阿基米德計算圓周率的過程著實不容易，無論是從邏輯的角度還是從算術的角度來看皆是。藉由一個在圓內的九十六邊形與一個圓外的九十六邊形，他成功證明了 π 的值大於 $3 + \dfrac{10}{71}$（下限）且小於 $3 + \dfrac{10}{70}$（上限）。把這個結果寫下來，好好欣賞一下：

$$3 + \frac{10}{71} < \pi < 3 + \frac{10}{70}$$

　無法用小數全部寫完的圓周率 π，被兩個看起來幾乎相同的數字給夾著，只不過前者的分母為 71，而後者為 70。其中，而右邊的 $3 + \dfrac{10}{70}$ 可以被化簡為 $\dfrac{22}{7}$，這就是 π 最有名的一個近似值，雖然誤差有點大。直到現今，有些小學生們還會在學校裡學到 $\pi \approx \dfrac{22}{7}$ 這個算式，雖然它並不精確。

　阿基米德使用的這個夾擠技巧（它是奠基於希臘數學家歐多克索斯的早期研究上），現今稱為窮盡法（*method of exhaustion*），因為它將未知的 π 值，限定在兩個已知的數字中間。隨著步數不斷地翻倍上升，上限與下限會越來越接近，留給 π 的不確定性也就越來越小。

圓形是具有弧度的幾何圖形中最簡單的一種形狀。但是，讓人意外的是，測量它卻超越了幾何的範疇。舉例來說，在比阿基米德早兩個世代、由歐幾里得（*Euclid*）所著的《幾何原本》中，可以看到一個利用窮盡法的證明，告訴我們：『一個圓的面積與其半徑平方所成的比例，在所有圓中都是相同的』，但裡面完全沒有提到這個比例的值近似於 3.14，更完全沒提到 π。

歐幾里得對於這個值的忽略，也代表要計算它還需要更深奧的、全新的、能夠處理彎曲形狀的數學技術。如何求得曲線的長度、曲面的面積、以及彎曲物體的體積，在當時是數學界最尖端的問題，它們占據了阿基米德大部分的心思，並使得他邁出了朝向積分（*integral calculus*）前進的第一步，而 π 值的計算就是他打的第一場勝仗。

2.2 π 的哲學之道

從現在的眼光來看，或許會覺得阿基米德的圓面積公式（$A = r\dfrac{C}{2}$）中沒有出現圓周率、或他從未寫下 $C = \pi d$ 這條將圓周長與直徑關連起來的式子，實在是一件很奇怪的事。事實上，我認為他是刻意不寫出 π，因為 π 對他而言並不是一個數字，而是圓周與直徑這兩個長度的比例罷了。說得更清楚一點，它顯示的是一種大小關係，而不是一個數值。（編註：我們將 $A = r\dfrac{C}{2}$ 的圓周長 C 換成現在的公式 $C = \pi d = 2\pi r$，則圓面積公式就變成 $A = \pi r^2$ 了）

當然，今天我們已經不再去區分所謂的大小關係與數值間的不同。不過對古希臘的數學家而言，區分兩者卻很重要，而這一切的源頭可能是來自於離散（以正整數為代表）與連續（以形狀為代表）之間的矛盾。詳細的歷史細節如今已經不可考證了，但有跡象表明在畢達哥拉斯與歐多克索斯（*Eudoxus*）生存的年代間，也就是公元前六到四世紀間，某個人證明了正

方形的對角線與邊長之間是無公約數的；也就是說，這兩個長度的比例無法被表示成分子與分母皆為正整數的分數。若用現在的語言來說，那就是有某個人發現了無理數的存在。

這樣的發現使得當時的希臘人陷入了震驚與失望，因為它推翻了畢達哥拉斯學派的信條。如果正整數以及它們之間的比例，連描述像正方形這種理想圖形的對角線都做不到，那顯然萬物並非皆為數字了。這個令人氣餒的發現，也許就是日後希臘數學家認為幾何學比算術更優秀的原因。人們不再相信數字，它們不配被當作數學的基礎。

為了能夠描述並研究連續變量，古希臘的數學家們意識到他們必須發明比正整數更強大的工具才行。因此，他們發展出了一個新的系統，並將其奠基在形狀以及它們的比例上。這個新系統是由幾何物體的各種量測值所構成，如：直線的長度、正方形的面積、立方體的體積等。以上說的這些量測值被統稱為大小（*magnitudes*），並被認為是和數字（*numbers*）不同，並且是高於數字的存在。

我相信，這就是阿基米德為什麼選擇與 π 保持距離的原因了。他不曉得該如何看待這玩意兒。π 是如此怪異、超脫的存在，以致於它比任何數字看起來都來得陌生（編註：π 是幾何學的產物，比照前文的表述，π 是比數字更優秀的存在）。

時至今日，π 已經被認定為一個數字了，而且是一個迷人的、有著無限多位小數的實數。至少我的孩子們肯定對它很感興趣。他們以前經常會盯著一個掛在廚房的餡餅盤看，這個盤子上就印著 π 的數值，從盤子外緣一路螺旋延伸至中心，並且像是被捲入漩渦一樣，越靠近中間的數字越小。對於他們而言，那看不到盡頭、毫無章法、且隨機無重複的數值極富吸引力。以下就是圓周率的前幾個數字：

$$3.14159265358979323846264338327950288419716939937510$$
$$58209749\cdots$$

　　我們或許永遠也不可能知道圓周率中的所有數字。但是，它們就在那兒，等著被人寫出來。截至這本書完成為止，圓周率的前二十二兆個數字已經被世界上最快的幾部電腦給算出來了。然而，與真實 π 值中的那無限多個數字相比，二十二兆實在沒什麼了不起。仔細一想，從哲學上來看，這實在讓人感到很不自在。我之前說過，圓周率中的數字就在那兒等著被挖掘，問題是『那兒』到底是哪裡？顯然它們並不存在於真實世界中，而是某種柏拉圖式的理想領域，並且和其它抽象概念（如：真相、正義）比鄰而居。

　　圓周率身上存在著一種矛盾。一方面，它代表著秩序，因為它與圓形相關，而圓形自古以來便被認為是完美與永恆的象徵。另一方面，它的外觀排列又是如此地無序，其中的數字似乎並不遵守任何明顯的規則，或至少我們看不出來。π 神祕而又難以理解，這使得我們永遠無法真正地瞭解它，但它那混合了有序與無序的特性卻又令人著迷不已。

　　從本質而言，π 也在微積分的討論範圍中，因為它被定義為一個由無止盡程序產生的、不可到達的極限。但與不斷趨近於圓的多邊形、或牆之謎中的那個人不同，π 的數值無盡延伸，且並沒有一個我們能夠掌握的極限狀態。但即使如此，它依然存在，被兩個真實長度（即一個圓的圓周以及它的直徑）的比例清楚地定義著。**而這也是圓周率有趣的地方，它的定義是如此的明白，但答案卻不在我們的掌握之中。**

　　圓周率那陰陽兼容的性質，正是整個微積分的縮影。它連接了圓與直線、秩序與無序；並且雖然只是一個數字，卻無限地複雜。微積分本身也是如此，它利用無限去研究有限、從極限狀況討論非極限狀況、並用直線去探索曲線。無限原理正是我們解開弧之謎的關鍵，而它的起點正是由 π 開始。

2.3 當立體主義遇上微積分

　　同樣是憑著無限原理的指導，<u>阿基米德</u>在他的論文《拋物線求面積（*The Quadrature of the Parabola*）》中，更深入地探究了關於弧的問題。一條拋物線（*parabola*）可以描述成三分射籃時的籃球軌跡、或者是水從飲水機噴出時的路徑。不過，這些弧其實都只是近似而已。<u>對阿基米德而言</u>，一條真正的拋物線存在於圓錐的切割面上。想像一下，我們正在用一把刀切割一頂生日帽。事實上，根據刀傾斜的程度，我們可以切出各式各樣不同的弧線。如果刀完全平行於圓錐底部，那會切出一個圓形。

圓

　　稍微將刀傾斜一點，就會切出一個橢圓形。

橢圓

　　要是刀的傾斜程度與圓錐的側面平行，那麼我們便可以切出一條拋物線。

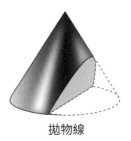

拋物線

現在仔細觀察圓錐的切面，可以看到拋物線是一條優雅對稱的曲線。它的對稱中心線就在圖形的正中間，這條中心線又被稱為拋物線的軸（*axis*）。

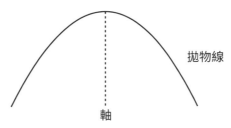

拋物線

軸

在阿基米德的論文中，他給了自己一個挑戰：求出拋物線特定區域的面積。以現在的話來講，一個拋物線區域（*parabolic segment*）指的就是拋物線及一條貫穿其間的斜線所夾的面積。

拋物線區域

想要求得這個問題的答案，就必須將這個未知的面積用已知的面積來表示。這些已知的面積來自更簡單的圖形，如：正方形、四邊形、三角形、或其它以直線為基礎的圖形。

阿基米德採取的策略相當令人吃驚。他將一個拋物線區域當成是由無限多塊三角形碎片構成，就像把陶瓷碎塊重新黏合成一個陶器一樣。

　　這些三角形碎片的大小形成了一個沒有盡頭的階層：其中有一個最大的三角形，然後是兩個比較小的，接著是四個再更小的，以此類推。他的目標就是將這所有三角形的面積給計算出來，將它們加總，最後得到所求的答案。像這樣把一個平滑的拋物線區域看成三角形馬賽克的作法，在藝術思維上如同萬花筒般精彩。如果阿基米德是一名畫家的話，那麼他肯定會成為立體主義（cubism）的創始人。

　　為了讓這個計劃能順利進行，阿基米德首先必須要找出所有碎片的面積。但是具體來說，這些碎片到底該如何定義呢？畢竟，將一堆三角形拼成一個拋物線區域的方法多到數不完，正如將一個盤子砸碎時，它裂開的方式可以有無限多種。以下是三種最大三角形的可能樣貌：

　　阿基米德想出了一個絕妙的點子。這個點子的聰明之處在於：它定義了一條清楚的規則，而且這單一一條規則就足以產生所有階層的三角形。他將拋物線區域底部的那一條直線往上平移，始終保持與自己平行，直到這條直線與拋物線只交於一點為止。

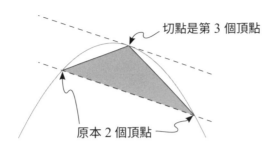

切點是第 3 個頂點

原本 2 個頂點

這個特殊的交點被稱為切點（*a point of tangency*；其中的 *tangency* 來自於拉丁文 *tangere*，意思是『接觸』），它成了最大三角形的第三個頂點，而該三角形的其餘兩個頂點就是原本斜線與拋物線相交的那兩個點。

阿基米德利用相同的規則來生成所有階層中的三角形。舉例而言，在第二階層中，兩個三角形看起來就像下面這樣：

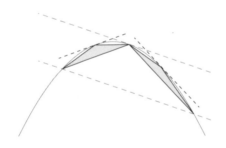

注意！此處大三角形的兩條側邊扮演了如同之前斜線的角色。

接著，阿基米德藉由已知的幾何學知識，將一個階層與下一個階層連繫起來：他證明了每個新產生三角形的面積，都是上一階層三角形面積的八分之一。因此，假設我們以最大的三角形為基準，並令其面積為 1 平方單位，那麼它的兩個子三角形總面積就會是 $\dfrac{1}{8} + \dfrac{1}{8} = \dfrac{1}{4}$。

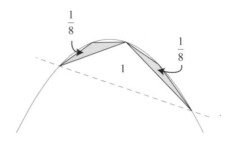

在接下來的所有階層中，相同的定律都適用：下一階層的總三角形面積永遠是前一階層總三角形面積的四分之一。因此，要是將拋物線區域的面積用這無限階層的三角碎片面積來表示，就會是下面這個樣子：

$$面積 = 1 + \frac{1}{4} + \frac{1}{16} + \frac{1}{64} + \cdots$$

這是一個無限序列，且每一項的值都是前一項的四分之一。

對於像這樣的無限序列，我們有一條捷徑可以快速計算它的總和（編註：這不是<u>阿基米德</u>的作法）。此處的關鍵在於，藉由將等號兩邊都乘上 4，我們可以將無限序列中除了第一項的其它項目都以原本的面積代替，最後只要再將等號左邊的面積減去右邊即可。讓我們實際做一次：將等號兩邊都乘以 4 可以得到：

$$4 \times 面積 = 4\left(1 + \frac{1}{4} + \frac{1}{16} + \frac{1}{64} + \cdots\right)$$

$$= 4 + \frac{4}{4} + \frac{4}{16} + \frac{4}{64} + \cdots$$

$$= 4 + \underbrace{1 + \frac{1}{4} + \frac{1}{16} + \cdots}_{\text{又得到原本的無限序列了}}$$

$$= 4 + 面積$$

　　神奇的事情就發生在倒數第二行與最後一行式子中。等號右邊變成了 $4 +$ 面積，因為原本的總和『面積 $= 1 + \dfrac{1}{4} + \dfrac{1}{16} + \dfrac{1}{64} + \cdots$』在倒數第二行中，有如鳳凰一般重生於 4 的旁邊。也因此：

$$4 \times 面積 = 4 + 面積$$

將等號兩邊的面積相減可得：$3 \times$ 面積 $= 4$，所以：

$$面積 = \frac{4}{3}$$

換句話說，拋物線區域的總面積就是最大三角形面積的 $\dfrac{4}{3}$ 倍。

2.4 以起司進行證明

　　用日常生活中的情形來類比，我們就能容易掌握到阿基米德論述中的重點。假設現在有三個人想要平分四塊大小相同的起司。

　　一般來說，正常的解決方法會是先每個人各分一塊，接著把剩下來的那一塊切成三等份，每個人再各拿三分之一。這個方法對三個人來說都很公平，每人可以分到的起司數量是 $1 + \dfrac{1}{3} = \dfrac{4}{3}$ 塊。

第二輪分配後剩下的

1	第一輪分配後剩下的
1	1

1	$\frac{1}{4}$
	$\frac{1}{4}$ ・ $\frac{1}{4}$
1	1

然而，假如那三個人是參加研討會的數學家，並且在用餐時剛好發現了最後的四片起司，那麼其中最聰明的那一位（就假設他也叫阿基米德吧！），有可能開啟如下的對話：「我們先一人拿一塊吧，這樣還會剩下一塊。歐幾里得，到時候麻煩你把剩下那塊切成四份，不是三份喔，然後每個人再各拿四分之一。我們就這樣不斷地進行下去，每次都把剩下那一塊再切成四份，直到我們所有人都對剩下來的那一塊失去興趣為止，你們認為怎麼樣？喔，歐多克索斯，拜託你別抱怨！」

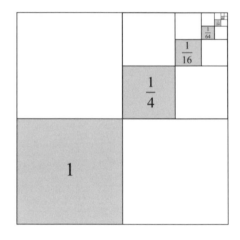

現在問題來了，如果上面這個程序無限地進行下去，那麼他們每個人總共能夠分到幾塊起司呢？

回答這個問題的其中一種方法，是在過程中持續記錄他們拿到的起司數量。第一輪分配過後，每個人各得一塊。第二輪過後，因為又發給了每個人四分之一塊，所以一個人累積得到的起司數變成了 $1 + \dfrac{1}{4}$ 塊。第三輪過後，由於前一輪剩下來的四分之一塊又被平分成了四小塊，每個小塊為原來的十六分之一，因此現在每人擁有的累積起司數來到 $1 + \dfrac{1}{4} + \dfrac{1}{16}$ 塊，以此類推。大致來看，如果上面這個過程無止境地進行下去，那麼每個人最終總共會吃到 $1 + \dfrac{1}{4} + \dfrac{1}{16} + \cdots$ 塊起司；並且由於這個數

字必須代表原來 4 塊起司中的三分之一份，因此我們知道 $1 + \dfrac{1}{4} + \dfrac{1}{16} + \cdots$ 的結果一定就等於 $\dfrac{4}{3}$。

在阿基米德的論述中，給出了一個和上面很像的推論過程，其中還包括了一張畫有不同大小正方形的圖，但是他從來沒有引入過『無限』的概念，也不曾使用和無限意思相同的『⋯（點點點）』來表示求總和的過程是永無止境的。相反地，他總是用有限和的方式來描述他的推理，也因此使整個推論過程看起來無可挑剔地嚴謹。

阿基米德觀察到了一個關鍵現象：當平分進行了非常多次（但未達無限多次）以後，右上角的正方形（也就是剩下來等著被進一步平分的那一塊）就會小到可以被忽略的程度。根據這個邏輯，藉由選擇一個足夠大的 n，我們就能隨心所欲地使有限和 $1 + \dfrac{1}{4} + \dfrac{1}{16} + \cdots + \dfrac{1}{4^n}$（即每個人能夠分到的起司總數）接近 $\dfrac{4}{3}$，也因此唯一可能的答案也就只有 $\dfrac{4}{3}$ 了。

2.5 阿基米德的『方法』

我真正開始對阿基米德產生敬意，是在看過他的一篇文章之後，因為他在其中做了一件只有少數天才做過的事情，就是向別人展示他的詳細思考過程（整個過程非常的活靈活現，就好像他正在和我們對話一樣）。阿基米德分享了一些證據還不充分的個人直覺，並且期許未來的數學家能利用它們來解決那些困擾著他的問題。如今，他的這些祕密被稱為『**阿基米德的方法（the Method）**』。我從來沒有在哪一堂微積分課堂上聽過它，因為人們已經不再教學生這些東西了，但我仍覺得它背後的故事與想法非常的驚奇且引人入勝。

在給他的好友埃拉托斯特尼（*Eratosthenes*，亞歷山大圖書館的館長，同時也是當時唯一能夠瞭解阿基米德的數學家）的信上，阿基米德訴

說了一些心裡話。他坦言，雖然他的方法『並沒有直接導出』他感興趣的結果，但是這些方法讓他明白了一些事實，並給了他直覺。用阿基米德的話來說：『比起在毫無預備知識的情況下給出證明，先透過特定的方法對欲探討的問題有一定程度的認識後，再來證明是比較容易的』。換句話說，以他的方法為基礎，阿基米德藉由不斷嘗試與探索得到了一定的直覺，而這份直覺將進一步引領他找到無懈可擊的證明。

阿基米德的自白非常精準地呈現了我們在進行創意數學時所發生的情況。數學家們最初的工作並不是馬上進行證明；而是**先求一個直覺**，之後再嚴謹論證。在高中的幾何學課程中，直覺與想像力往往是被忽略的一環，然而它們對於所有的創意數學工作而言都是必不可少的。

在信的最末，阿基米德帶著希望地總結：『我相信在現在或是未來的世代中將會出現一群人，他們能憑藉著信中解釋的方法，找到更多我們還未能發現的定理』。這句話著實令我感動。這位難以超越的天才，深刻地意識到自己的生命有限，但數學知識卻是無涯的，前方仍有許多未解之謎以及我們還未能發現的真相在等待著。所有數學家對這句話都有強烈的共鳴。擺在我們眼前的問題似乎沒有完結的一天，而這使得像阿基米德這樣的天才也不得不承認自己的渺小。

阿基米德的方法首次出現在《拋物線求面積》的開頭，比他的三角形碎片證明還要早。他承認是這個方法讓他想到了後來的證明過程，並最終確認了 $\frac{4}{3}$ 這個答案。

所以，這個『方法』到底是什麼？它聰明在哪裡？為什麼說它是阿基米德私底下的想法？而它又違背了什麼傳統呢？原來阿基米德是從機械的觀點進行思考的；他藉由在腦中替拋物線區域秤重來尋找它的面積。阿基米德先將拋物線區域看作是一片有質量的物體（我個人把它想成一塊拋物線模樣的金屬板），然後他想像出了一個天平，並將這個物體（即金屬板）

放在天平的一端。接著，他在天平的另一端放一個三角形來平衡這個重量，因為我們知道如何計算三角形的面積，因此當天平平衡時，由計算三角形面積即可找到拋物線區域的面積。

這個方法比起之前介紹過的、利用三角形碎片進行的證明還要更有想像力，因為在這個方法中，他必須幻想一個翹翹板好進行計算，才能找到想要的答案。

阿基米德從畫出以下的拋物線區域開始，並且調整它的位置以確保拋物線的對稱軸與地面保持垂直。

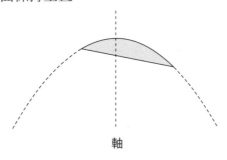

然後，他以此為基礎開始建造他的翹翹板。這個翹翹板的建造規則如下：『先在拋物線區域內畫出一個大三角形，並且標註 ABC』。拋物線區域的面積會被證明是該三角形的 $\frac{4}{3}$ 倍。

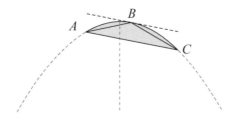

下一步，將整個拋物線區域用一個更大的三角形圍住，並將此三角形標為 ACD。

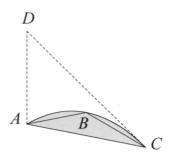

這個三角形的頂邊與拋物線相切於 C 點，且底邊為 AC；它的左邊則是由 A 點向上延伸一條垂直於水平面的線，與頂邊相交於 D 點。利用標準的歐氏幾何，阿基米德已經證明過這個外部三角形 ACD 的面積是內部三角形 ABC 的四倍。這個結果在之後會變得很重要，不過我們現在先暫時將它放到一邊。

接下來就要把翹翹板的剩餘部分給建立起來，也就是翹翹板的兩個端點、以及支點。阿基米德令翹翹板始於 C 點，穿過 B，從 F 點（即支點）穿出外圍三角形，並持續向左延伸直到 S 點（也就是翹翹板的端點）。使得 SF 的長度等於 FC 的長度，換句話說，F 是線段 SC 的中點。

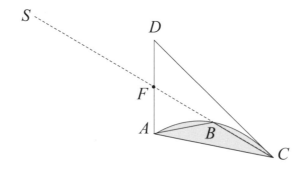

我們馬上就要看到那驚人的洞見了。阿基米德將外圍三角形與拋物線區域皆視為由一條條寬度無限細的垂直木板構成。比如說，在 AC 之間任一點 x 往上畫一條垂直線，則在拋物線區域內就會畫出一條短木板，而

在外圍三角形會畫出一條長木板：

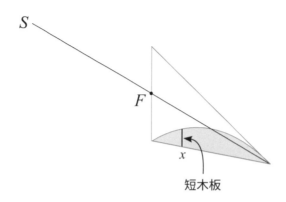

短木板

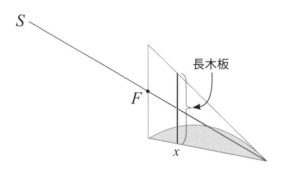

長木板

阿基米德發現，讓長木板留在原本的位置上，但將短木板移動到 S 點的位置，則兩者會在支點 F 的兩側達成平衡。這個結論適用於 AC 之間的每一個 x 位置：

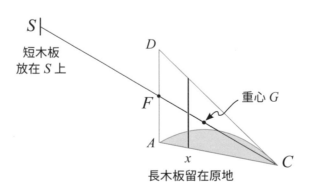

短木板放在 S 上

重心 G

長木板留在原地

現在我們知道，只要將構成拋物線區域的短木板一條條的搬到 S 上，那它就會和組成外圍三角形 ACD 的所有長木板保持平衡。同時，因為移動並不會改變這些木板的重量，因此這個結果也就顯示了被移動到 S 的拋物線區域重量，將與留在原地的外圍三角形平衡。

緊接著，阿基米德將構成外圍三角形的那無限多條長木板換掉，取而代之的是一個和它們一樣重的點，一般稱為三角形的重心 G(*center of gravity*)。它的身份就像代理人一樣。只要我們還處在翹翹板的情境裡，就可以將整個外圍三角形的重量集中在 G 這一個點上。至於 G 這個點的位置，阿基米德已經在他的其它著作中討論過了，它會出現在線段 FC 上，且 G 到支點 F 的距離是 S 到 F 距離的三分之一。之前提到 F 是線段 SC 的中點，因此 FG 的長度是 SF 的三分之一，也是 FC 的三分之一。

至此，我們就可以根據槓桿原理推測：由於外圍三角形的重心 G 和支點 F 的距離是 FC 的三分之一，因此集結到 S 端的拋物線區域的重量必須是外圍三角形的三分之一，如此才能與之平衡。也因為如此，拋物線區域的面積也會是三角形 ACD 的三分之一。又因為外圍三角形的面積是內部三角形 ABC 的四倍（回想我們之前說的），阿基米德於是推論：拋物線區域的面積必定是內部三角形 ABC 面積的 $\frac{4}{3}$ 倍。這個結論和我們之前使用三角形碎片得到的結果完全一致！

希望我的敘述能讓你感覺到這個推論過程有多麼迷幻。相較於之前那位黏陶器碎片的陶藝家，阿基米德在這裡更像是個屠夫。他先將拋物線區域像肉塊一樣切成一條條的肉條，再將這些無限細的肉條全都掛到位於 S 的鉤子上。這些肉條的總重量和之前那塊完整的拋物線區域是一樣的，只不過它們現在變成垂直的細絲了，而且全部被吊掛在同一個掛肉鉤上（這個畫面好像有點兒恐怖，我們還是使用翹翹板來說明吧！）。

至於為什麼我在之前的段落中說，這樣的想法違背傳統呢？因為它涉

及了『實無限（*completed infinity*）』這個概念。在他的論證過程中，阿基米德曾公然描述外圍三角形是由位於其內部『所有垂直線段所構成』。這在當時的希臘數學界裡是個禁忌。照理來說，這些線段總共有無限多條，然而他卻公開地假設可以將它們全部找出來，這可是會招來麻煩的。

同樣地，他也假設拋物線區域是由『曲線內部的所有垂直線組合而成』。輕率地使用『實無限』，導致阿基米德認為自己的推論不夠格被視為真正的證明，頂多只能被當做尋找答案的一種啟發。在他寫給埃拉托斯特尼的信中，阿基米德將他使用的這個方法定義為：指找出正確答案的『某種暗示』。

無論阿基米德的方法嚴謹程度如何，它都展現了『*e pluribus unum*』的精神。這個拉丁語詞是美國國徽上的格言，意思是：『合眾為一』；如同構成拋物線區域的無限多條直線組成了它的面積一樣。而阿基米德則進一步為這個面積加上了一個重量，並將它一條一條地搬到翹翹板最左側的位置上。透過這種方式，原本有無限多條的線段就可以用一個和總重量等重的點來表示；也就是說，我們只用一樣東西就取代了一整群東西，並且還能忠實地反映它們的狀態。

對於留在翹翹板右側的外圍三角形也是一樣的；在所有構成該三角形的垂直線中，我們只選了一個點 — 它的重心，而這個點也同樣代表了整個三角形。這種選一個點代表全部的做法再次展現了『合眾為一』的精神，只不過在這裡它與詩歌或政治無關，而是象徵了『積分』的開端。根據某種阿基米德也無法說清楚的神祕理由，三角形與拋物線區域皆可以被看作是由無限多條垂直線所組成。

雖然阿基米德對於自己隨意地使用無限感到不自在，但是他勇敢地坦白了這件事。任何想要去量測弧形事物的人（不管是想量測長度、面積或體積），都必須處理無限多個小區域的總和，並找到這個總和的最終極限

值。比較小心謹慎的人可能會想要透過窮盡法繞過這個步驟，但是到頭來這都是無法避免的；無論如何，想處理帶有弧度的形狀，就一定得處理無限。阿基米德並沒有特意隱藏這件事。表面上，他用有限和與窮盡法使自己的證明看起來完美無瑕；但私底下，他知道自己的證明並不乾淨。他承認自己是透過替形狀秤重、幻想出槓桿與重心、將兩個形狀切成線段並一條一條加以平衡來找到答案的。

　　阿基米德還將他的方法用在其它許多與弧相關的問題上，例如：找出一個半球、拋物面、橢面區域以及雙曲面的重心等。而其中他最喜歡的一個應用，則和求得一個球體的表面積與體積有關（阿基米德實在太喜歡這個結果了，以至於他要求將它刻在自己的墓碑上）。

　　想像一下，一個球體被放置在一個圓柱形的箱子內，且箱子的大小剛好裝得下這顆球。

　　阿基米德根據他的方法，得知這個球體是圓柱形箱子體積的 $\frac{2}{3}$ 倍，並且它的表面積也正好是圓柱形箱子表面積的 $\frac{2}{3}$ 倍（假設我們把箱子頂部與底部的面積也算進來的話）。注意！阿基米德並沒有給出計算球體體積或表面積的公式；相反地，他是用比例的方式呈現結果。這在以前的希臘是標準做法，他們將所有東西都表示成比例。一個面積會被拿來和另一個面積比較，體積則和另一個體積比較。而當他們最後計算出來的比例，

是由兩個很小的正整數構成時（如此處的 2 和 3，以及之前拋物線區域的 4 與 3），他們便會感到無比開心；畢竟，對於古希臘人而言，3：2 或 4：3 這兩個比例在畢達哥拉斯學派的音樂和聲理論中扮演著關鍵角色。

回想一下，當長度比例為 3：2 的兩條弦被撥動時，它們發出的聲音是和諧且優美的，而這兩個音的音高相差五度；類似的情況，長度比例為 4：3 的兩條琴弦發出的聲音，中間則隔了四度。這個和聲學和幾何學上的巧合，想必曾讓阿基米德感到非常愉悅。

在他的論文《關於球體與圓柱（*On the Sphere and Cylinder*）》中，阿基米德訴說了自己的興奮之情：『原來這些特性一直都存在於圖形中，只不過在我之前從事幾何學研究的人都沒有發現』。讓我們忽略這句話背後的傲氣，只專注在阿基米德傳遞的訊息上：那些他所發現的特性『一直都存在於圖形中，只不過一直沒被發現』。

在這裡，阿基米德表達了一個令許多數學家都心有戚戚焉的想法：數學是被『發現』而來的，它們一直都在那裡等著我們。在這個例子中，那些特性一直都隱藏在圖形內，我們並沒有發明任何東西。不像巴布・狄倫（*Bob Dylan*）或托妮・莫里森（*Toni Morrison*），我們不會進行如歌曲或小說創作那樣無中生有的工作，而是將早已存在於研究對象中的事實給揭露出來。雖然，我們其實有自己發明研究對象的創作自由（這是為了創造出理想化的情況，例如：一個完美的球體、圓形或圓柱等），然而一旦它們被創造出來，我們便不能再干預它們了。

當讀到阿基米德對於發現了球體表面積與體積這件事情有多高興時，我也感同身受；或者說，阿基米德的感覺正是我和同事們從事數學研究時的感覺。雖然總有人會說過去和現在差異很大，但是一些我們在荷馬史詩與聖經中讀到的人物就和現代人很像，還有很多古代的數學家也是如此，或至少我們可以確定阿基米德是如此，因為他向我們展現了內心的想法。

在二十二個世紀以前，阿基米德寫了一封信給當時亞歷山大城的圖書館館長埃拉托斯特尼，而這等同於將一條寫著數學訊息的紙條塞入很難被人發現的瓶子裡，並且期望它能安然渡過時間之海而流傳於後世。他在信中分享了個人的直覺，也就是他的『方法（the Method）』，並期望後來的數學家能夠透過這個方法，發現更多還未被發現的定理。

然而，機率並不站在阿基米德這一邊。時間的破壞力巨大，在歲月的長河中，帝國瓦解了，圖書館被燒毀，而阿基米德的手稿也漸漸被蛀蝕損壞。沒有任何一份關於『方法』的記載被流傳至中世紀以後。就算李奧納多・達文西（Leonardo da Vinci）、伽利略（Galileo）以及牛頓等文藝復興時期的天才們都曾深入鑽研過阿基米德的著作，但他們從來都沒有機會讀到他的方法。這個智慧結晶似乎就這樣永遠地遺失了。

但是，它卻奇蹟般地被找到了！

在 1998 年十月，一本破舊不堪的中世紀祈禱書出現在佳士得（Christie's）拍賣行競標，並最終以 220 萬美元的價格賣給了一位匿名的私人收藏家。就在那拉丁祈禱文的底下，隱隱約約可以看到用十世紀古希臘文寫著關於數學的描述，以及一些和幾何相關的圖片。這本祈禱書是由重複書寫的羊皮紙寫成的；在十三世紀，紙上原本的希臘文被清洗刮除，並重新以拉丁文寫上和禮拜儀式有關的內容。幸運的是，那些希臘文並沒有被清除乾淨，而這也是唯一一份記載著阿基米德方法並留存至今的文件。

這份如今被稱為『阿基米德重寫本（Archimedes Palimpsest）』的手稿，是在 1899 年位於君士坦丁堡的希臘東正教會圖書館中被首次發現的。在文藝復興時期與科學革命發生的年代裡，它就這麼靜靜地躲在一本祈禱書裡頭，被收藏於鄰近伯利恆的聖薩巴修道院中。而如今，它的所在地被轉移到了巴爾的摩的沃特斯藝術博物館；在那裡，這份手稿已被最新的影像技術小心地還原、檢驗與保存。

2.6 阿基米德對電腦動畫應用的影響

阿基米德留下來的遺產直到今天還有許多應用。就拿電影動畫為例吧,《史瑞克》、《海底總動員》以及《玩具總動員》中的人物之所以可以這麼逼真鮮活,一部分的原因就來自於阿基米德的洞見:所有平滑的表面都可以被近似地視為許多三角形的組合。以下三張圖就是利用三角剖分(*triangulation*)技術畫出來的人頭:

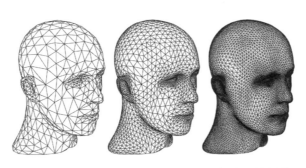

感謝圖片權利者 *Peter Schröder* 博士對本書的授權

我們可以發現,若使用的三角形數量越多且面積越小,對於形狀的模擬也會越精準。

以上的結論也同樣適用於動畫中的妖怪、小丑魚以及牛仔上。和阿基米德用無數塊三角形碎片拼出一個平滑的拋物線一樣,在夢工廠工作的現代動畫師們也是透過數以千計的多邊形來勾勒出史瑞克的圓肚皮與喇叭狀的耳朵;而在史瑞克大戰本地流氓的情節中,所需的多邊形數量就更多了,每一幀都需要四千五百萬塊以上。但在完成的電影裡,你完全找不到這些多邊形的蹤影。因為正如無限原理告訴我們的,直線與稜角是可以偽裝成平滑曲面的。

到了 2009 年,也就是上述那些作品出現約十年以後,《阿凡達》橫空出世,同時也把多邊形的細緻程度帶入另一個高度。在導演詹姆斯・卡

梅隆（*James Cameron*）的堅持下，潘朵拉星球上的每一株植物都是動畫製作人員利用約一百萬個多邊形來繪製的；考慮到整個故事就發生在一座鬱鬱蔥蔥的虛擬叢林中，植被的數目多到數不清，需要的多邊形數量自然也多得難以想像。怪不得《阿凡達》的總製作經費高達三億美元：它是第一部多邊形使用數量達到十億等級的電影。

在最早一部由電腦生成的電影中，多邊形的數量比起現在要少非常多。然而，其所需要的計算量對當時的電腦而言還是相當的驚人。以 1995 年上映的《玩具總動員》為例，光是要使一段八秒鐘的畫面同步，就要耗費動畫人員一個禮拜的時間；整部電影最終花了四年才攝製完成，其中在電腦上作業的時間總計就有八十萬小時。如同皮克斯（*Pixar*）的共同創辦人史蒂芬‧賈伯斯（*Steve Jobs*）在連線（*Wired*）雜誌的採訪中所說的：『負責製作這部電影的博士人數，比過去所有的電影都多』。

緊接在《玩具總動員》之後，皮克斯又推出了一部叫做《棋局（*Geri's Game*）》的作品；它是史上第一個以人類為主角的電腦動畫。這個有趣但悲傷的小故事講述了一個孤獨的老人吉瑞在公園中和自己下棋的經過，而它也在 1998 年獲得了奧斯卡金像獎最佳動畫短片獎。

就像其它所有電腦生成的角色，吉瑞也是由許多具有稜角的形狀構成。在本節一開始，我展示了三張以不同數量三角形繪製的人臉電腦圖像；皮克斯的動畫師就是用類似的方法畫出吉瑞的臉，只不過他們使用的形狀是一種更為複雜、立體、如寶石一般、並且具有四千五百個頂點的多面體。這些多面體還會被重複切分成更小的單元，進而提升模型的細緻程度。這些小單元耗費的電腦記憶體比起之前的方法要少很多，也因此縮短了動畫製作所需的時間，這在當時是一項革新的動畫製作技術。

然而，從本質上來看，它仍和阿基米德脫不了關係。回想一下阿基米德是如何估算圓周率的：他首先考慮了六邊形的狀況；接著，他將六邊形

的每條邊從中點分成兩半，並把中點拉至圓周上以產生一個 12 邊形；然後，經過再一次的分解，12 邊形變成了 24 邊形，接下來是 48 邊形，並最終來到了 96 邊形，每一次的處理都使得我們的圖形與目標（也就是那個做為極限狀態的圓形）更加接近。同樣的，藉由不斷拆解多面體，動畫師得以模擬出吉瑞那充滿皺紋的額頭、隆起的鼻子、以及脖頸部位的皺褶。只要這樣的拆解被重複夠多次，他們就能將角色塑造成期望中的樣子：一個能夠傳達各種人類情感的動畫角色。

幾年之後，夢工廠（皮克斯的競爭對手）創造了一隻臭氣沖天、愛抱怨、但卻如英雄般英勇的妖怪 - 史瑞克，並藉著這部作品將擬真與感情表現技術帶至另一個階段。

雖然史瑞克從來都不曾離開過螢幕，但他的身體構造卻和真人看上去沒什麼不同。這背後的原因有一部分要歸功於動畫師為了再現人體結構所費的苦心；在史瑞克那虛擬的皮膚底下還有虛擬的肌肉、脂肪、骨頭以及關節。這些細節是如此的擬真，以致於當史瑞克每次開口說話時，它的臉部下方都會出現雙下巴。

2.7 阿基米德對高端精密手術的貢獻

像這種還原生理結構的技術，將我們帶往另一個應用阿基米德多邊形模擬想法的領域：矯正過度咬合、下巴歪斜或其它天生畸形的臉部手術。在 2006 年，三位德國的應用數學家彼得‧杜弗哈德（*Peter Deuflhard*）、馬丁‧韋瑟（*Martin Weiser*）與斯蒂芬‧扎喬（*Stefan Zachow*）發表了一篇利用微積分與電腦模擬技術，預測複雜臉部手術成果的研究報告。

這個團隊的第一步，就是要建立一個反映病人面部骨骼結構的精確模型。為了達成這個目標，他們先用電腦斷層掃瞄（*computerized tomography*；*CT*）或磁振造影（*magnetic resonance imaging*；*MRI*）掃描病人。掃描的結果可以讓研究人員取得面部骨骼結構的立體化資料，並進而產生病人面部的電腦模型。注意！這個模型並不只有在幾何上是精確的，在生物力學上也很精準，包含了對於皮膚狀況以及許多軟組織（如：脂肪、肌肉、肌腱、韌帶、血管等）的真實評估。再透過電腦模擬的幫助，外科醫師便可以對虛擬病患進行手術，就像飛行員透過飛行模擬器練習飛行技巧一樣。這些虛擬的臉骨、下頜骨、和頭骨都可以被切割、移動、擴增、或完全移除，而電腦則會自動計算在新臉骨構形的應力下，虛擬的臉部軟組織將會如何移位、拉動、與重新調整。

像這樣的模擬結果可以提供以下幾項好處：它們能預先警示醫生有哪些較為脆弱的組織（如：神經、血管和牙齒根部等）可能會對手術產生不利影響。同時，由於該模型會預測出病人痊癒後軟組織的重新分布情況，因此它也會告訴我們病人術後的樣貌為何。另一項好處是，醫生可以在正式手術前多幾分準備，而病患也比較好評估他們是否要進行手術。

在研究人員利用大量三角形處理顱骨的二維資料建立模型時，阿基米德的想法再次派上用場。在這裡，軟組織形成了幾何學上的一大挑戰，不像顱骨，軟組織真正地占有一塊三維的體積，填補了夾在骨頭與臉皮之間的複雜空間。為了能夠將它們表示出來，研究人員使用了數十萬個四面體（*tetrahedron*；你可以將它們視為立體化的三角形）來進行模擬。在下面幾張圖中，顱骨的表面是由 250,000 塊三角形拼成的（你看不到它們，因為它們實在太小了）；而軟組織則是由 650,000 塊四面體所構成。

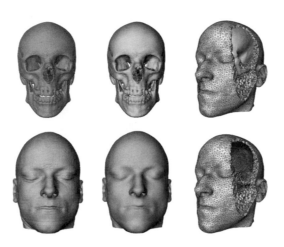

感謝圖片權利者 *Stefan Zachow* 博士對本書的授權

　　那些由四面體排成的陣列，使得研究人員得以預測軟組織術後的排列情況。粗略地說，軟組織是一種容易變形但具有彈性的物質，就如同橡皮或萊卡彈力纖維一般。如果你去捏臉頰，它的形狀就會改變；但只要你一放手，它又會立即恢復到之前的狀態。自從 1800 年代以後，數學家和工程師便使用微積分去模擬當不同材質受到各種外力時，它們將如何拉伸、彎折、以及扭曲。這樣的理論在一些傳統的工程學領域已被高度發展，像是對各種不同材質（如：鋼筋、水泥、鋁等）的橋樑、建築物、飛機機翼等結構進行應力（*stresses*）和應變（*strains*）分析。而三位來自德國的研究員則進一步將這項傳統技術應用在對軟組織的模擬上，並且發現其產生的結果足以對外科醫生和病患提供十分有用的情報。

　　他們的基本想法如下：我們可以將軟組織當作一張由四面體織成的網；網上的四面體就如同串珠一樣被具有彈性的線連在一起，而每一粒珠子就代表著一小部分的組織。請注意！連接組織的線具有彈性，這是因為在現實中，組織中的原子與分子是透過化學鍵連結的，而這些化學鍵對於拉伸與壓縮具有抗性，也因此可以表現出彈性。

在一場虛擬手術中，外科醫師可能將某塊骨頭切成幾段，並將其中一些移到新的位置上。當醫師這麼做時，與被移動的骨頭直接相連的組織便會被拉動，並進而造成它鄰近的組織也被拉動。像這樣的連鎖反應會造成四面體網的形狀改變；因為當有一小片組織被移動時，它與周圍的連結便會被拉伸或壓縮，迫使這些鄰近組織必須做出相應的調整，以此類推。想要追蹤如此大量的力與形變需要驚人的計算量，因此這只能透過電腦來實現。藉由一步一步的推敲，演算法便能持續掌握所有的力，並根據這些資料來移動小四面體。最終，所有的力將會平衡，而組織也會到達一個新的穩定狀態，而這最後的樣貌就是模型對於病人術後外型的預測結果。

杜弗哈德、韋瑟與扎喬於 2006 年時選了三十個外科手術案例，並比較了模型預測與真實結果之間的差異。他們發現，這個模型的預測準確率相當高。例如在某次測試中，他們就成功預測了病人百分之七十的臉部皮膚位置，整體誤差達到一毫米以下，並且其中只有百分之五到十的部位誤差超過三毫米。換言之，這個模型的表現具有相當的可信度。

以下四張圖片顯示了某位病人術前與術後的比較。其中最左邊的那一張是病人手術之前的樣子，中間偏左的那一張則是當時的電腦模擬圖，中間偏右的照片是電腦預測的術後結果，而最右邊的照片是真實結果。仔細比較術前術後下巴的位置，我想這個結果自己會說話。

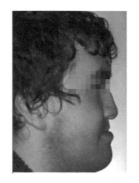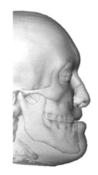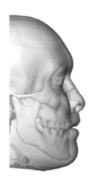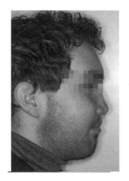

感謝圖片權利者 *Stefan Zachow* 博士對本書的授權

2.8 邁向運動之謎

我是在一場暴風雪來臨之前寫下這段話的。昨天是三月十四號,也就是圓周率日,我們得到了高過一英尺的積雪做為慶祝。今天早上,當我第四次為家門前的車道鏟雪時,一台前方裝有鏟雪裝置的雪地牽引車開了過來。只見它平順地行駛在積雪的馬路上,讓我好生羨慕。它的前方鏟雪裝置中有一個呈螺旋狀的葉片結構,此時正不斷地把雪吸進機器裡頭,再由旁邊噴出去。

至少在傳說故事裡,這種利用轉動螺旋葉片來驅動東西的做法,可以追溯到阿基米德身上。為了紀念他,這種螺旋結構現在被稱為阿基米德螺旋(*Archimedean Screw*)。根據傳說,他是在一趟前往埃及的旅行中想到這項發明的(雖然亞述人似乎很早以前就在使用它了),這是一種可以將水從低處送至灌溉溝渠內的抽水機。如今,心臟輔助裝置正是使用以阿基米德螺旋為基礎的幫浦,來協助左心室受損的心臟維持循環功能。

然而,阿基米德很明顯並不想因為他的螺旋抽水機、戰爭機器、或任何其它實際的發明而被後人所熟悉,因為他從來沒有寫過任何關於這些東西的事。最令他感到自豪的還是在數學上的成就。這也不禁讓我想到,在圓周率日裡講述關於阿基米德留下的遺產實在是再適合不過了。距離圓周率的範圍首次被找到,也已經過了約兩千兩百年的時間,我們對於 π 值的計算又增加了好幾個位數,然而我們使用的方法卻一直都和阿基米德相同:利用多邊形或無限序列進行逼近。從更廣的角度來講,他是第一位將『無限』有原則地應用在彎曲幾何圖形上的人;在這個領域中,無人能出其右,而且直到今天仍是如此。

不過,對於彎曲圖形的幾何探討也就只能帶我們走到這兒了。我們還必須知道人體組織在手術過後如何改變位置、血液如何流過動脈、而一顆

球又是如何在空中飛行。換言之，我們必須了解物體是如何運動的。對於這個議題，阿基米德並沒有涉足太多。他是靜力平衡領域中的大師，為我們帶來了一系列靜態的知識，包括：物體如何在槓桿兩端保持平衡，以及東西如何穩定地漂浮在水面上。不過，現在該是時候向前邁進，讓我們去揭開關於運動的神祕面紗吧！

3

揭露物體運動的法則
Discovering the Laws of Motion

　　隨著阿基米德的去世，對自然現象的數學探討也就幾乎被束之高閣了。一直等到一千八百年之後，另一個阿基米德才再度出現。這位年輕的數學家出生於文藝復興時期的義大利，名字是伽利略‧伽利萊（*Galileo Galilei*，公元 1564 到 1642 年），他繼承了阿基米德的衣缽。

　　伽利略觀察物體如何掠過空中或掉落地面，並且嘗試找出這些運動背後的數學法則。他也進行許多精心設計的實驗，並做出聰明的分析；比如說，他對鐘擺的來回擺動進行計時、還記錄一顆球從斜面上滾落的經過，並從兩者中都發現了讓人驚訝的規律。在同一時期，另一位年輕的德國數學家約翰尼斯‧克卜勒（*Johannes Kepler*，公元 1571 到 1630 年）則探討了行星在天上的運行。

　　他們兩個人都被存在於數據中的神秘模式深深吸引，並且察覺到其中似乎有什麼深不可測的祕密。他們知道自己發現了什麼，但又說不清楚到

底是什麼？他們總結出來的那些運動法則就像是用外星語寫成的。他們當時還不知道，這個外星語其實就是微分（*differential calculus*）。這是人類首次得到有關於微分的數學線索。

在伽利略與克卜勒出現之前，人們很少用數學語言來描述自然現象。阿基米德雖然揭露了一些關於平衡和浮力的數學原則，並寫成槓桿原理與浮力原理，然而，這些原理僅限於靜止的狀況。伽利略與克卜勒則將探索範圍延伸得更遠，開始研究物體的運動。他們試圖對看到的現象做出合理的解釋，進而促成一種新數學工具的發明，可以幫助我們掌握速度可變的運動，比如：一顆球滾下坡道時的加速；或行星在靠近太陽時加速，遠離太陽時減速等等。

在 1623 年，伽利略寫下對宇宙的見解：『宇宙尤如一本大書⋯永遠因為我們的凝視而打開』，但他也同時寫道：『然而，這本書卻無法被讀懂，除非你學過其中所用的語言；它是由數學寫成的，諸如三角形、圓形等幾何圖案就是它的文字。少了對這門語言的了解，宇宙對我們而言就是無字天書；少了它們，我們便受困於黑暗的迷宮』。克卜勒則對幾何學表達了更高的崇敬之意，他形容：『幾何學與神共存亡』，並且相信這門學問『提供了上帝創造世界所需的模式』。

對伽利略、克卜勒、以及其它十七世紀早期的數學家而言，他們最大的挑戰便是將崇尚的幾何學從靜止的領域中帶出來，並應用在一個不斷運動的世界。事實上，這個問題早已超越了數學，他們還必須面對來自哲學、科學和神學的挑戰。

3.1 亞里斯多德眼中的世界

十七世紀以前的人，對運動與變化了解得很少。因為那些現象不但難以研究，甚至還為人所鄙視。柏拉圖就曾經說過，幾何學的宗旨是在研究

『永恆的存在，而不是那些曇花一現的東西』。這種對短暫事物的哲學蔑視，稍後更被柏拉圖最著名的學生－亞里斯多德（*Aristotle*）放大，並且表現在後者的宇宙觀之中。

根據亞里斯多德學派的教導（他的思想稱霸西方哲學將近兩千年；而且在湯瑪斯・阿奎那（*Thomas Aquinas*）去除掉其中的異教成份後，還進一步得到了天主教的接納），天空是永恆不變、完美無瑕的；而地球則處在上帝創造的宇宙中心並維持靜止，太陽、月亮、恆星、以及其它行星就圍繞在它的身邊，並於球形天空以完美的正圓形軌道打轉。在這個宇宙觀中，所有在月亮之下的事物便是墮落，並且受到腐壞、死亡與衰敗的荼毒；而生命的各種變化，比如落葉，更被認為從本質上就是混亂且無序的。

雖然以地球為中心的宇宙圖像，看上去非常合理且符合當時的常識，不過，行星中某些奇特的運動軌跡卻透露出一些問題。行星這個字原本的意思是『漫遊者』。早在遠古時代，人們便已經察覺到了它們會到處亂跑的特性；比起那些相對位置永不改變的星星，如獵戶腰帶（*Orion's Belt*）上的恆星、或排列成杓狀的北斗七星（*Big Dipper*），行星會在空中遊蕩，花數週或數個月的時間從一個星群移動到另一個。在大部分的情況下，它們總是相對於恆星朝著東方移動；但偶爾它們會放慢腳步，停下來，然後朝著反方向（也就是西方）走去。像這樣的現象，天文學家們稱之為逆行運動（*retrograde motion*）。

以火星為例，在它為時近兩年的軌道週期中，大約每十一個月就會出現一次逆行。如今，這個逆行的過程已可被照相技術捕捉到。在 2005 年的時候，天文攝影師湯區・泰澤爾（*Tunç Tezel*）對火星連續拍攝了三十五張快照，每張之間的間隔約一個禮拜。然後，他藉由背景恆星定位的幫助，將這些照片對齊合併在一起。在最後的結果中，可以清楚看到位於中間的十一個亮點呈現出火星的逆行運動（見下一頁）。

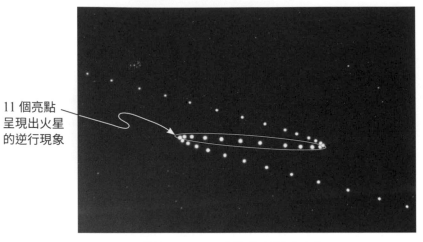

11個亮點
呈現出火星
的逆行現象

感謝 *Tunç Tezel* 攝影師授權本書使用

時至今日，我們已經知道逆行現象是一種錯覺，是由於我們以地球為準來觀察移動速度較慢的火星所造成的。

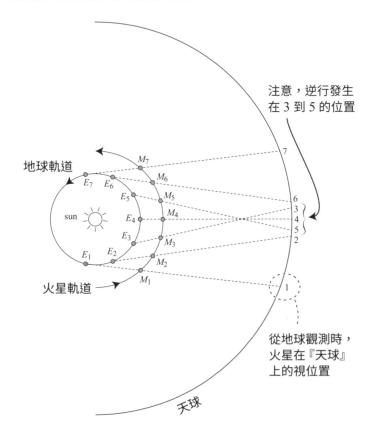

注意，逆行發生
在 3 到 5 的位置

地球軌道

sun

火星軌道

從地球觀測時，
火星在『天球』
上的視位置

天球

想像一下，你正開車在一條沙漠公路上奔馳著，遠方看得到許多的山。當你接近一輛速度比較慢的汽車時，該車相對於遠方的山而言正在前進。然而，當你漸漸地超越那輛車，有那麼一瞬間，你會看到它相對於遠方的山是在後退的。一直到你超前一定的距離後再回頭看，那輛車才會再度恢復到向前行駛的狀態。

像這樣的觀察，促使古希臘的天文學家阿里斯塔克斯（*Aristarchus*，公元前 310 到 230 年）提出『日心說（*sun-centered*）』的宇宙模型，這可是比波蘭天文學家哥白尼（*Copernicus*，公元 1473 到 1543 年）早了近兩千年。這個理論可以完美地解釋逆行運動之謎，不過也造成了另一些問題，例如：假設地球真的在運動，那為什麼我們沒有被甩落？而且星空中明亮的恆星又為什麼看起來紋絲不動？

事實上，若地球繞著太陽旋轉，觀望那些遙遠的恆星位置，應該會不斷小幅度變動才對。經驗告訴我們，當我們一邊移動一邊觀察遠處某個物體時，該物體的位置相較於更遙遠的背景而言應該是在不斷變化的；這個現象被稱為視差（*parallax*）。若你想要實際體會一下，可以把一根手指伸到眼前，閉上一隻眼睛，接著再換閉上另一隻，如此交替進行，就會發現手指的位置會在背景前方左右位移。

同樣地，當地球在繞日軌道中前進時，較近恆星的視位置（*apparent position*）和比其更遠的恆星相較起來也應該有位移才是，但為什麼每顆恆星都不會動？對這個矛盾的唯一解釋是：所有恆星都距離地球無敵遠。惟有如此，視差造成的位移才會小到看不出來，而地球的運動，自然也就不會對它們的位置產生什麼影響。上述的結論在當時是難以被人接受的，沒有人可以想像一個那麼大的宇宙，而恆星的距離又是如此遙遠，遠超過地球與其它所有行星間的距離。當然，今天我們已經知道事實就是如此，但對於那個時代的人來說這是完全無法理解的。

所以，出於各種錯誤的理由，以地球為宇宙中心的『地心說』(earth-centered) 看上去似乎更加合理。在經過古希臘天文學家托勒密 (*Ptolemy*，公元 100 到 170 年) 加入諸如本輪、等軸等胡說八道的元素之後，這個模型已足以解釋行星運動，並能使曆法與四季的週期更替保持同步。因此，即使托勒密的天文系統錯綜複雜、混亂不堪，它也存活到了中世紀後期。

到了 1543 年，兩本書籍的問世標記了歷史的轉捩點，也就是科學革命的開端。在那一年裡，來自佛萊明的醫生安德雷亞斯·維薩里 (*Andreas Vesalius*) 報告了他在屍體解剖上的研究成果，這種行為在早些年代是被禁止的。哥白尼同年也終於發表了地球繞日的激進理論。哥白尼這些年來一直在等待自己離世的那一天到來（他也正好在這本著作出版時去世），因為他害怕擅自將地球從萬物中心降級的行為，會觸怒天主教會。他的擔心確實有先見之明，還記得前面說過在 1600 年被火燒死的喬丹諾·布魯諾吧！

3.2 靠近伽利略

伽利略於 1564 年 2 月 15 日誕生於義大利的比薩，當時的社會氛圍是權威與教條不斷受到新點子的挑戰。他的家庭原為貴族，但後來家道中落，伽利略身為家中的長子，自小便被父親安排學醫，因為這一行要遠比父親的樂理領域有『錢』途得多了。然而，伽利略很快便發現自己真正有興趣的是數學。他研究了歐幾里得與阿基米德的著作，並將兩者融會貫通。同時，雖然他從來沒有正式學位（他的家庭負擔不起學費），但他持之以恆地自學數學和科學，幸運地在比薩成為一名臨時講師，並逐步在學術圈中提升地位，最後被任命為帕多瓦大學的數學教授。伽利略是一名傑出的教學者，不但辯才無礙，還總用尖刻的智慧對過去的真理提出質疑，這使得他的課大受學生歡迎而經常被擠爆。

伽利略至今最為人熟知的事蹟應該是他的望遠鏡，以及身為哥白尼地球繞日學說的支持者（這個學說與亞里斯多德和天主教會的思想是衝突的）。雖說伽利略並不是第一位發明望遠鏡的人，不過在經過他的改良之後，讓他成為第一位利用望遠鏡做出重大科學發現的人。在 1610 與 1611 年間，伽利略觀察到月球上的山脈、太陽黑子與木星的四顆衛星（其餘的也在之後被陸續發現）。

以上所有的觀測結果都與那個時代盛行的教條相違背。月球上有山，那就代表它並不像亞里斯多德所說，是一顆閃著光芒的完美球體。同樣地，太陽上有黑點也就意味著它不是無瑕的天體，而是帶有污點與缺陷的存在。木星的四顆衛星繞著木星旋轉，看上去就像自成一個行星系統；也就是說，地球並非所有天體繞行的中心。同時，這些衛星一直待在木星的周圍也是一項重要的發現，因為那時反駁日心說最具代表性的說法就是：若地球真的繞著太陽轉，那月球應該會被拋下才對。但是，衛星繞著木星轉的關係，就打臉了反駁者。

不過，這並不代表伽利略是一位無神論者。相反的，他是一位虔誠的天主教徒，並認為藉由紀錄自然的真相，而非盲目接受亞里斯多德與其詮釋者的說法，就是在揭露上帝的榮光。然而，天主教會並不同意這種看法，伽利略的著作被教會譴責為異端邪說。在 1633 年時，他被帶到宗教裁判所，並被要求放棄自己的觀點，他最終也妥協了。在這之後，伽利略被判處終身監禁，不過這項懲罰很快便被減輕，改成軟禁在他位於佛羅倫斯山丘上的阿切特里（*Arcetri*）住處。在回到家鄉後，伽利略非常期待能見到自己最鍾愛的女兒瑪利亞·塞萊斯特。不幸的是，瑪利亞在他回來後不久就因病去世了。為此，伽利略失落了很久，並一度對工作與生活都失去了興趣。

伽利略的餘生都被軟禁在家中。他已垂垂老矣，必須和死亡賽跑。然而，不知何故，在女兒過世後的兩年內，伽利略突然找到動力去總結他幾

十年前關於運動的未發表研究。他的這本最終之作－《論兩種新科學及其數學演示（*Discourses and Mathematical Demonstrations Concerning Two New Sciences*）》（譯註：一般簡稱為《兩種新科學》）集結畢生研究的精髓，並成為近代物理學第一本經典大作。全書是以義大利文而非拉丁文寫成的，讓老百姓也能讀懂。伽利略同時還做了一些安排，好將這本書偷渡到荷蘭（*Holland*），並在 1638 年發表。書中革命性的見解不僅促成了科學革命，還預示著我們距離揭開宇宙的祕密，即『微積分是書寫自然之書的語言』這項事實，僅剩一步之遙。（編註：天主教教宗若望·保祿二世於 1992 年平反伽利略案。）

3.3 下落、滾動與奇數法則

伽利略是科學方法的第一位實踐者。比起引用權威或坐在扶椅上的沉思者的說法，他更喜歡用一絲不苟的觀察、精心設計的實驗與優雅的數學模型來質問大自然。這樣的作法讓他得到許多非凡的發現，而其中最簡單、也最讓人感到意外的就是以下這個現象：

物體的掉落和奇數（也就是 1、3、5、7 等）息息相關。

在伽利略之前，亞里斯多德曾提出過：重物之所以下落，是為了回到位於宇宙中心的自然位置上（譯註：別忘了亞里斯多德認為地球就是宇宙中心，因此這裡的宇宙中心實際上是指地心）。伽利略認為這種解釋根本是空談。比起思考物體『為什麼』掉落，他更想用量化的方式探討物體『如何』掉落。為了要達成這個目標，伽利略必須找到一種方法，使他可以在物體掉落的過程中，持續追蹤其每分鐘所在的位置。

這並不是一件容易的事。任何曾經往橋下扔過石頭的人都知道，石頭自由落體的速度是很快的。想要將這些快速變化的位置以分鐘為單位記錄下來，必須要有一座非常精準的時鐘，以及幾部性能優異的錄影設備，而這兩者在伽利略生活的年代（即 1600 年代早期）都不存在。

　　然而伽利略想到了一個聰明絕頂的解決辦法：只要將整個運動的速度變慢就行了。於是，他讓一顆球從小斜坡上滾下來（編註：可以想像成是自由落體的慢動作版本）。在物理學中這種小斜坡稱為斜面。不過在伽利略的原始實驗中，這個所謂的斜面其實是一片又細又長的木板，並在板子中央刻出一條溝做為球的軌道，將這條軌道打磨光滑。因此只要將木板傾斜到一定程度，球的滾動速度就會慢到足以讓伽利略使用當時的設備量測該球滾動的每個瞬間的位置。為了確保量測準確，他經過多次滾動與打磨的測試，直到每次滾動的時間誤差低於脈搏的十分之一。

　　伽利略使用水鐘做為計時器。水鐘的上方有一裝水容器，開口連接一條細管到下方的接水容器，水流穩定且均速。他在球開始滾動的瞬間打開水閥，讓水順著細管流入下方容器，等球滾到某一個位置的瞬間時關上水閥，再秤出接水容器內的水量，以此水量來推算球滾動各個距離所用掉的時間。

　　他將實驗反覆進行許多次，有時候改變一下斜坡的傾斜度，有時候則改變球滾動的距離。最後他將實驗的結果總結如下：『一個物體從靜止狀態滾落，經過的距離若以固定的時間間隔分段，這些距離之間會呈：1、3、5、7…的比例，稱為『奇數法則』。

　　意思就是說，我們假設球在第一個時間間隔內滾動了一定的距離（假設距離為 d）；那麼，在第二個相同的時間間隔，球滾過的距離會比第一段的距離長三倍（即 $3d$），而第三個時間間隔，球滾過的距離會比第一段的距離長五倍（即 $5d$），以此類推。

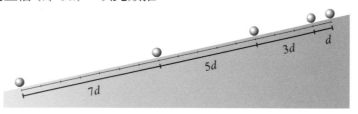

這樣的結論很驚人，因為奇數竟然隱藏在物體滾落的機制之中。如果我們讓木板的傾斜度趨近垂直於地面，便可視為趨近於自由落體的極限狀態，而奇數法則仍會同樣適用。

我想，伽利略發現這個法則想必相當開心吧！然而，他在描述這個發現時用的仍是文字、數字與比例，而非公式與方程式。我們使用代數公式敘述定理的技術，在當時看來是非常新穎且前衛的，因此伽利略自然也沒想到要那麼做；而且就算他真的做了，他的讀者恐怕也無法理解其中的意思。

為了看出這個法則背後隱藏的重要訊息，讓我們探討一下若將連續的奇數相加會產生什麼結果。首先，在經過一單位時間後，原本靜止的球將移動一單位長度。而在第二個單位時間中，球將再移動三個單位長度。至此，球從開始運動到現在一共走了 $1 + 3 = 4$ 個單位長度。依此邏輯，在經過第三個單位時間後，球經過的總單位長度將變成 $1 + 3 + 5 = 9$。注意此處的模式，數字 1、4 與 9 正好是連續整數的平方，也就是 $1^2 = 1$、$2^2 = 4$、$3^2 = 9$。所以，伽利略的奇數法則還暗示了物體掉落時所走的總距離，會和經過時間的平方成正比。

上述這個奇數與平方數的奇妙關係，可以用視覺化的圖案來證明。讓我們將奇數想像成由許多小點排成的 L 形：

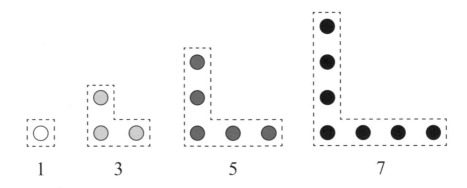

接著將這些大小 L 套在一起，組合出一個正方形。我們可以看出 1 ＋3＋5＋7＝16，而且 16＝4×4，這是因為前四個奇數的 L 形排列剛好組合成一個邊長為 4 的正方形。

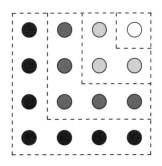

除了關於落體距離間的比例定律以外，伽利略還發現了和下落速度有關的定律。用他的話來說就是：物體速度的增加與它掉落的時間成比例。這個定律有趣的地方在於伽利略在論述時使用了『某個時間點上的速度』這樣看上去自相矛盾的概念（譯註：想要「直接」測出速度，就必須要看一個物體在『一段時間內』的移動距離是多少；若只單獨看一個時間點是無法進行測量的）。

在《兩種新科學》中，伽利略努力想解釋當某物從靜止狀態落下時，它的速度並不會像當時多數人認為的那樣－從零突然跳上某個高速；相反地，它的速度會從零開始隨著落下的距離而逐漸加速，其間的速度變化是連續進行的。

換言之，在自由落體定律中，伽利略下意識地使用了瞬時速度（*instantaneous speed*，也就是某個時間點上的速度）這個概念（我們會在第 6 章探討這個主題）。他在那個年代雖然還無法用語言將其講清楚說明白，但在他的心中已經直覺上理解這個概念。

3.4 科學中的極簡之美

在結束對於伽利略斜面實驗的討論之前，我們想強調一下這個方法的美妙之處。藉由提出一個漂亮的問題，伽利略成功地從大自然口中套出一個漂亮的答案（奇數法則）。他就好比一位抽象主義的畫家，只將自己感興趣的東西留下，其它的則一概去除。

舉個例子，在描述實驗器材時，伽利略會形容『斜面上的溝弄得非常筆直、平滑、且光亮』，同時『在其上滾動的是一顆堅硬、平滑、且形狀非常圓的青銅球』。為什麼他這麼在意『平滑』、『筆直』、『堅硬』、和『圓』？那是因為他希望在盡可能的範圍內，使球盡量在最簡單、最理想的條件下滾落斜坡。為此，他竭盡所能地降低摩擦力帶來的干擾、避免球與溝的邊緣發生碰撞（溝要是不直，球就會發生碰撞）、防止球過軟所造成的變形（變形要是太過嚴重，球滾落時的能量就會喪失）、以及其它任何會造成實驗偏離理想狀態的因素。這些做法可以說非常符合美學標準，而且可讓實驗環境變得單純、優雅且極簡。

與之相比，亞里斯多德就是被太多的複雜因素所迷惑，因而得出了錯誤的自由落體定律。他說：重物下落的速度比輕物快，且它們的速度和其自身的重量成正比。這在小型物體沉入黏稠液體（如：糖漿或蜂蜜）時是成立的，然而對於砲彈或石頭從空中掉落的狀況卻不適用。

亞里斯多德似乎太過於關注空氣產生的阻力了（不可否認，這項因素對於如羽毛、葉子、雪花等極輕盈、表面積大的物體影響很大），以致於忘了使用如石頭或磚塊等更具代表性且更有份量的實心物體來測試他的理論。換句話說，他太在乎雜訊了（空氣阻力），對於真正的關鍵資訊（慣性與重力）反而不夠關心。

相對地，伽利略就不讓干擾因素有可乘之機。他知道在現實狀況中，空氣阻力與摩擦力是不可避免的，但它們並不是討論的重點。當然，伽利

略也預想到有人會批評他在分析時忽略了上述兩項因素；對此，他稍微做出讓步：或許一顆小鉛彈下落的速度的確不如巨大的砲彈，但兩者之間的差異要遠比亞里斯多德所預測的小非常非常多。在《兩種新科學》中，伽利略的化身便向一位頭腦簡單的亞里斯多德門徒說道：『不要把你的注意力從討論的主題上岔開，並緊抓著我犯的一點小錯窮追不捨。要知道，我的錯誤只是如一根頭髮般的瑕疵，而你的錯誤可是和船繩一樣粗』。

這就是重點。在科學領域裡，如頭髮般細微的不精確是可以被接受的，但像船繩一樣明顯的錯誤就不行了。

伽利略接著又探討了如石頭或砲彈的拋物運動：它們走的弧形軌跡到底是哪一種曲線呢？伽利略對此有一個想法，他認為拋物運動實際上是由兩種可以獨立處理的部分構成的：第一種是水平運動，方向平行於地面，且重力對其完全沒有作用；第二種則是向上或向下的垂直運動，它會受重力影響，因此他的自由落體定律在此可以派得上用場。再將上面兩種運動合併考慮以後，伽利略發現拋物運動的軌跡是一條拋物線。也就是說，當你在玩傳接球或從飲水台喝水時，都是在和拋物線打交道。

我們又再次看到了大自然與數學之間的驚人關連性，這同時也支持了『數學是自然現象的語言』的說法。伽利略非常高興地發現自己的英雄阿基米德研究的抽象曲線，也就是拋物線，真實地存在於物理世界中。大自然果然有在使用幾何學。

然而，為了達成上述這個結論，伽利略必須再次找出哪些東西是可以被忽略的。和之前一樣，他必須排除空氣阻力這項因素。空氣阻力乃是當物體在空氣中移動時，氣流對其造成的阻礙力量，這種摩擦效應會使物體的速度降低。對於某些東西而言（如：一顆被拋到半空中的石頭），摩擦力的作用和重力相比顯得微不足道；但對於另一些東西而言（如：一顆沙灘排球或乒乓球）卻不是這麼一回事。所有類型的摩擦力，包括空氣造成的阻力，都讓人捉摸不定且難以探究。這個神祕的主題時至今日仍是人們積極研究的對象。

為了得到一條單純的拋物線，伽利略必須假設水平運動可以持續下去、永不減速。這樣的假設源自於他的慣性定律：『除非受到外力影響，一個運動物體將持續以等速度朝著同方向運動』。對於一個真實的拋射物體而言，空氣阻力正是那個外力。但伽利略知道，若我們想揭露和物體運動有關的原理，並一窺其中的美感，那麼最好在一開始先忽略摩擦力的作用。

3.5 從搖晃的吊燈到全球定位系統

據說，當伽利略還是一名十幾歲的醫學生時，便有了他的第一個科學發現。有一天，伽利略在比薩大教堂參加一場彌撒時，注意到頭頂一盞吊燈因為風吹的緣故，正像鐘擺一樣不停搖晃。隨著進一步觀察，他發現無論吊燈擺盪的幅度是大是小，每一次往復的時間好像都是相同的，這讓伽利略頗為吃驚，大幅度和小幅度擺盪所用的時間怎麼可能會一樣呢？然而，他越是深入思考，這個現象就越發合理。伽利略猜想，雖然吊燈在進行大幅度晃動時所走的路徑較長，但速度也較快，也許這兩項因素相互平衡抵消了。為了驗證這個想法，他開始利用脈搏來為吊燈的晃動計時。結果不出所料，不論擺幅是大是小，吊燈每一次來回擺盪所需的脈搏數都是一樣的。

上面這個故事聽起來相當有趣，我也非常想相信它是真的，但許多歷史學家都懷疑這件事情曾經發生過。此故事是來自於伽利略的第一位、也是最投入的一位傳記作家－溫琴佐·維維亞尼（*Vincenzo Viviani*）。溫琴佐從年輕時便是伽利略的門徒兼助手，並一直持續到後者去世為止，其間經歷了伽利略失去視力並在家中軟禁的時期。因此我們可以理解，溫琴佐對他的老師充滿了敬愛；也因為這樣，在伽利略死後，溫琴佐開始為其撰寫傳記時，他便將一些虛構的故事當作美化素材加了進去。

然而，就算這個故事是假的（其實也有可能是真的！），伽利略早在 1602 年便對鐘擺進行過仔細的實驗卻是千真萬確的事實，他還在 1638 年將它們寫進了《兩種新科學》中。這本書的內容是以蘇格拉底式對話（*Socratic dialogue*）的方式呈現（譯註：即利用問答的方式展開，並非平鋪直敘），而其中就有一個人物聽起來像是曾經到過那間教堂，並且就坐在胡思亂想的伽利略旁邊：『我已觀察晃動數千次了，特別是在教堂裡；那裡的燈總是被一根長繩吊著，並在不經意之中陷入運動狀態』。接下來的對話便是在解釋為什麼無論擺盪的路徑是長是短，鐘擺走過的時間總是相同。由此我們可以知道，溫琴佐在傳記中所描述的現象確實是伽利略非常熟悉的事，不管伽利略是否在青少年時期便知道這件事。

不管怎麼說，如今我們知道伽利略對於『鐘擺每次晃動的時間皆相同』的假設並不完全正確；大幅度擺盪所需的時間其實稍微多一點。然而，若擺盪程度夠小，例如在 20 度以內，那麼這個說法就非常接近事實。這種小幅度擺盪的節奏不變性在今天被稱為鐘擺的『等時性』（*isochronism*；來自於希臘文，直譯為『相同時間』），它是節拍器以及擺鐘（包括普通的老爺鐘與倫敦的大笨鐘）的理論基礎。

伽利略在人生的最後一年，親自畫了世界上第一幅擺鐘的設計圖，但他沒能在離世前將它建造出來。實際上，第一座正常運作的擺鐘在十五年後才出現，是由荷蘭數學家兼物理學家克里斯蒂安・惠更斯（*Christiaan Huygens*）所造。

在所有關於鐘擺的發現中，伽利略對於擺長和週期（來回擺動一次所需的時間）之間的關係最感興趣，但這也最讓他感到挫敗。他解釋道：『若某人想讓一個鐘擺的晃動時間比另一個鐘擺慢兩倍，那就必須將前者的擺長變成後者的四倍』。他接著寫下了通則：『若將兩個物體以不同長度的繩子垂掛著，那麼兩繩長度的比例就會等於兩物擺動時間的平方比』。

令人遺憾的是，伽利略不曾將上述通則寫成數學式。它就僅僅是一個從經驗中總結出來的模式，等待一個理論上的解釋。

伽利略在這個問題上花了數年的時間卻毫無進展，從現在的角度來看，那個時代確實還沒辦法解決此問題。因為，這個現象的數學推導還必須等到艾薩克·牛頓發現了宇宙的語言－微積分，也就是微分方程的語言，才有可能完成。

對於鐘擺的探討，伽利略認為：『可能對於許多人而言毫無意義』，但日後與之相關的許多研究都顯示事情並非如此。在數學領域，關於鐘擺的謎題促使了微積分的發展；而在物理學與工程學領域，鐘擺成了振盪運動（*oscillation*）的經典範例。就像威廉·布萊克（*William Blake*）在詩中所寫的：『一沙一世界』，物理學家與工程學家也從鐘擺中學到了許多關於世界的知識。事實上，描述鐘擺行為的數學也同樣適用在任何振盪運動上，例如：吊橋那令人緊張的晃動、車用避震器的彈跳、洗衣機滾筒負荷不均時產生的撞擊、百葉窗葉片在微風中的搖動、以及餘震發生時大地發出的隆隆聲。在今日所有的科學與科技中，都運用了振盪的技術，而鐘擺就是它們的老祖宗，因此伽利略觀察鐘擺的現象，絕非毫無意義的事。

鐘擺的公式甚至可以直接套用到另一些現象上，因為它們和鐘擺的關係實在太密切了；我們唯一要做的就是重新詮釋符號所代表的意義，其它部分則完全相同。舉個實際的例子，為住宅及辦公室提供電力的交流發電機，它的旋轉發電過程就可以直接用鐘擺晃動的公式來解釋，完全不需任何修改。為了紀念與鐘擺的這層關係，電力工程師將發電機所用的方程式稱為擺動方程式（*swing equations*）。不只這樣，在比任何發電機與老爺鐘還要快數十億倍、且體積小了數百萬倍的高科技產品上，我們再次看到擺動方程式的身影，而這次它更和量子振盪有關。

1962 年時，當時還是 22 歲劍橋大學研究生的布萊恩·約瑟夫森

（*Brian Josephson*）提出了一個預測：在溫度接近絕對零度時，處於超導狀態下的『電子對（*electron pairs*）』，能在一堵無穿透性的隔離牆兩側反覆穿隧（譯註：回想第一章，藉由量子穿隧效應，一個量子可如幽靈般穿過一堵實牆）。這個預測從古典物理的角度來看根本不能發生，然而微積分和量子力學卻將這個如同鐘擺一般的振盪變成了現實 — 或者，用比較不那麼玄的話來說：微積分和量子力學揭露了這個現象發生的可能性。

就在約瑟夫森提出這個鬼魅振盪的兩年後，所有找出該現象所需的實驗條件終於齊備，而它也的確被觀察到了。做出此觀測的裝置便被稱為『約瑟夫森接面（*Josephson junction*）』，並且被運用到了許多實際的場合中。例如，這個儀器可以偵測比地磁小一億倍的超微弱磁場，幫助地球物理學家順利找到埋藏在地底深處的石油。神經外科醫生則使用由數百個約瑟夫森接面組成的陣列來鎖定腦瘤的位置、或找出造成病患癲癇的腦部損傷。這個程序是百分之百非侵入式的，它透過偵測異常腦電流產生的微小磁場波動來偵測病徵。約瑟夫森接面也能被拿來製造下一代電腦所使用的超高速晶片，甚至是在可能革新整個電腦科學界的量子計算中插上一腳。

鐘擺也成了人們能夠精準計時的第一種方法。在第一座擺鐘出現之前，即使是當時最好的計時設備也表現得慘不忍睹：它們就算是處在最理想的狀況下，每天的誤差都超過十五分鐘。相較於此，擺鐘則可以達到一百倍以上的精確度。同時，它也為伽利略那個年代最大的技術難題，即：如何在海上確定所在位置的經度，帶來了解決辦法。因為經度不像緯度可以透過觀察太陽或星星來確定，經度純粹是人為設定出來的產物，因此在真實世界中完全找不到參考點。然而，對經度測量的需求在當時卻是非常迫切的。那時正好是大探索時代，水手們必須經常出海去打仗或進行交易，但他們卻時常因為不知道方向而迷失或繞遠路。為此，葡萄牙、西班牙、英國與荷蘭政府都祭出豐厚的獎賞給那些能解決問題的人。由此可見，當時的人們有多麼重視這項挑戰。

當伽利略在設計他的第一座擺鐘時，經度問題便一直縈繞在他的腦海中。他非常清楚一項科學家們從 1500 年代就知道的事實：只要有了一座非常精準的時鐘，經度問題便可迎刃而解。領航員在出航前可以先將鐘的時間調整到和出海港口相同，這麼一來，即使是在海上，也可以清楚知道陸地的時間。當船向西或東航行，而領航員需要確定目前的經度時，他只需要在當地正午的時候（也就是太陽位於最高點時）看一眼時鐘就知道了。

由於地球每自轉 360 度（經過每一條經線）需要 24 小時的時間，因此兩地每相差一小時就代表經度 15 度（360 度 / 24 小時＝ 15 度）；如果將其換算成距離，那就是赤道上的一千英里。反過來，一英里對應的時差是 3600 秒 / 1000 英里＝ 3.6 秒 / 英里。

所以，若要將船隻成功引導至目的地，誤差在一英里內，我們所用的時鐘一天中的誤差必須要在 3.6 秒以內。更重要的是，即使面對海浪起伏、氣壓變化、溫度轉換、鹽度改變、濕度差異、各種能夠腐蝕時鐘齒輪及損傷彈簧的因素、或潤滑油變質而對時鐘運轉造成的加速、減速、甚至停止，都必須維持在時間誤差的範圍內。

然而，在完成一座擺鐘並將它應用在經度問題之前，伽利略便去世了。取而代之的克里斯蒂安・惠更斯將自己發明的擺鐘作為可能的解答，呈給倫敦皇家學會，但這座鐘卻因太容易受環境變化影響而被認為不盡理想。之後，惠更斯又發明了一款船用的精密計時器，並使用平衡擺輪與螺旋彈簧取代鐘擺來控制時鐘的週期振盪，這項創新的設計也成為了現代手錶的原型。

不過，經度問題最後卻是被另一座鐘解決的。這座鐘是由未受過正式教育、名為約翰・哈里森（*John Harrison*）的英國人於 1700 年代中期發明；在進行海上實測時，他的 *H4* 精密計時器對經度的測量誤差只在十英里以內，而這就足以讓哈里森贏得英國國會提供的兩萬英鎊（大約等同於今日的數百萬美元）的獎金了。

即使到今天，導航技術仍然依賴對時間的精準測量。全球定位系統就是一個很好的例子：就像經度測量是依靠機械鐘進行的，我們對於地球上任何物體的定位則是透過原子鐘（*atomic clocks*）來達成，誤差可達幾公尺以內。原子鐘就是一座現代版本的擺鐘，和它的前身一樣也是藉由振盪的方式來達到計時目的；但不同的是，它所計數的對象並非一顆前後擺動的擺錘，而是銫（*cesium*）原子在兩個能階狀態間的來回轉換（它們每秒鐘會進行 9,192,631,770 次這種轉換）。和之前的計時器比起來，原子鐘雖然在計時機制上存在差異，但大原則保持不變：來回往復的運動就是計時的基礎。

當你使用手機或 *GPS* 定位時，你的裝置會接受到從至少四個人造衛星傳來的無線傳輸訊號。這些人造衛星屬於全球定位系統共二十四顆衛星的一部分，它們全都在我們頭頂約一萬兩千英里的高空軌道上運行，且每一顆上頭都搭載了四座時間同步到十億分之一秒的原子鐘。當你進入衛星的發送範圍時，它們便會發射一連串的訊號給你的裝置，每一個訊號中都帶有一個精準至奈秒（*nanosecond*）的時間戳記。這就是原子鐘在其中扮演的角色，它們驚人的時間準確性正是 *GPS* 能夠提供精確定位的原因。

從時間到空間的計算需要仰賴三角測量法（*triangulation*），這是一種基於幾何學的古老定位法。它在 *GPS* 中的作用如下：當你的設備接收到來自四個人造衛星的訊號時，便會去計算訊號從發出到被接收到的時間間隔是多少。來自四個人造衛星的時間間隔會有微小的差異，因為它們和你的裝置距離不盡相同。接下來，*GPS* 便會將這個時間間隔乘以光速，好計算出它們與你之間的實際距離。由於人造衛星的位置是已知而且被精確控制的，*GPS* 便可透過三角測量法與四個距離的值，算出你在地面的確切位置，它同時也能告訴你目前所處的高度與運動速度。從本質上而言，*GPS* 可以將精確的時間測量轉換成精確的距離測量，並進而提供精準的地點與運動測量。

全球定位系統是由美軍於冷戰時期開發出來的。它原本的目的是用來追蹤裝載核子武器的美軍潛艇，並提供這些潛艇正確的地理位置訊息，好讓它們在進行核攻擊的時候可以精準定位洲際彈道飛彈。今天，*GPS* 已被用於精準農業、引導飛機在濃霧中降落等領域。它也被使用在美國的 911 緊急呼救系統上，用來為消防車與救護車自動計算前往事發地點的最短路徑。

但 *GPS* 絕不僅僅是一項定位與導航工具。它也能協助將時間同步至一百奈秒以內，而這對協調銀行轉帳與其它金融交易而言很有用。它也能同步無線電話與數據網路，使它們在交換不同頻率的電磁訊號時更有效率。

我之所以說了這麼多關於 *GPS* 的細節，是因為它是展現微積分妙用的最佳實例。在 *GPS* 系統中，幾乎所有的功能都仰賴於微積分。就拿人造衛星與接受器之間的無線通訊為例，如同之前所述，正是因微積分讓馬克士威預測了電磁波的存在，無線通訊才有可能發生；少了微積分，那這種通訊技術連同 *GPS* 都不會出現。相同地，*GPS* 衛星上的原子鐘是透過銫原子的量子振盪來計時的，而量子力學的方程式以及其解題的過程都用上了微積分；要是沒有微積分，我們也不會有原子鐘了。

我還能舉好多例子 ── 微積分提供了我們計算人造衛星軌道並控制其位置的數學工具；還有，因為人造衛星總是處於高速運動與低重力場中，原子鐘測得的時間必須要經過愛因斯坦的廣義相對論修正，而這個過程也須要微積分 ── 不過我想重點已經很清楚了：微積分使得全球定位系統中的絕大多數技術成為了可能。當然，微積分並不是全部，但卻至關重要。在由電子工程、量子力學、航太工程等各門學科所組成的團隊中，微積分絕對是不可或缺的成員之一。

最後，再回到坐在比薩大教堂中沉思著吊燈晃動的年輕伽利略身上。我們現在知道了，他那關於鐘擺與等時性的隨想，對於文明發展產生了重大的影響；而且不僅是在他的年代，對於今天的我們而言仍是如此。

3.6　克卜勒與行星運動之謎

　　若說伽利略為地球上的物體運動提供了解釋，那麼約翰尼斯・克卜勒（*Johannes Kepler*，公元 1571 到 1630 年）便是對天體運動做出了貢獻。他不僅解決了行星運行的古老問題，還完成了畢達哥拉斯的夢想：證明整個太陽系是被某種精妙的和諧所支配。正如畢達哥拉斯之於琴弦以及伽利略之於鐘擺、拋物體與自由落體，克卜勒發現行星的運動也遵循著某些數學模式。同時，他也和伽利略一樣，對於自己的發現深深著迷，但卻因無法對其提出解釋而感到挫折。

　　如今，所有學習物理和天文的學生都會學到克卜勒的行星運動三大定律。然而，關於克卜勒發現這些定律時所遭受的痛苦以及接近瘋狂的努力，卻往往被忽略了。他花了幾十年的時間埋首研究、尋找規律，因為受到神祕主義的影響，他相信在水星、金星、火星、木星與土星的位置變化背後，一定隱藏著某種神聖的秩序。

　　克卜勒認為，每個行星皆位於一個天球之上，而這些天球彼此間則像俄羅斯娃娃一樣一層套一層，層與層之間的距離則由五個柏拉圖立體（*Platonic solids*）：正方體（*cube*）、正四面體（*tetrahedron*）、正八面體（*octahedron*）、正十二面體（*dodecahedron*）、以及正二十面體（*icosahedron*）所決定。柏拉圖知道、而歐幾里得則曾經證明過，除了以上幾種形狀外，沒有任何其它的立體圖形是由完全相同的正多邊形拼成的。對克卜勒來說，用這些具有特殊性與對稱性的形狀來解釋永恆的天體是非常合理的一件事。

　　於是，他開始熱烈展開計算驗證。『我每日每夜的計算，檢驗這樣的想法是否符合哥白尼描述的軌道；又或者，我的喜悅會很快轉變為失敗的落空。幾天之後，我發現一切都說得通，那些行星就這麼一顆一顆地落入了它們應該存在的位置上。』

克卜勒先將一個正八面體套在水星的周圍，再將金星的天球套在八面體的頂點外。緊接著，他在金星的外圍套上一個正二十面體，再把地球所在的天球套在它的頂點外。就這樣，克卜勒將其它行星也依序排好，並將它們的天球與柏拉圖立體相疊成一個類似於三維拼圖的構造。在於 1596 年出版的《宇宙之謎》中，他展示了整個系統的剖面圖。

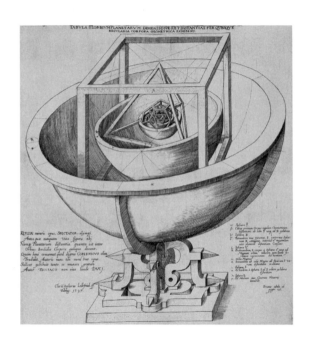

　　克卜勒的靈光一現，可以連結許多當時的知識。例如：那時人們只知道六顆行星（包括地球），而它們之間的五個間隔剛好對應到五個柏拉圖立體。一切都很順理成章，幾何學似乎主宰著宇宙。克卜勒曾經想成為一名神學家，但現在他可以心滿意足地寫信給一位曾經教過他的導師：『看呀！上帝展現在天文中的榮耀，在我的努力之下被揭露了。』

　　然而事實上，這個理論和觀測數據不太相符，尤其是水星與木星的位置，而這就代表其中一定有問題。但問題到底出在哪兒？ — 是他的理論、觀測數據、還是兩者都不正確？克卜勒猜想數據可能有錯，但他也不那麼堅持自己的理論是對的（從現在看來，這樣想的確是明智之舉，因為如今我們已經知道行星不只有六顆）。

　　總之，克卜勒並沒有放棄。他持續思考和行星有關的問題，並在之後幸運地被第谷・布拉赫（*Tycho Brahe*）邀請成為助手。第谷（歷史學家都是這麼稱呼他的）是那個時代最優秀的天文觀測者，他所獲得的資料比當時能找到的任何資料都要精準十倍。在那個望遠鏡尚未被發明的年代，他自己製做了一些特殊的儀器，能在裸視的情況下分辨兩個行星的角位置差異至兩弧分（*arcminute*）的程度，也就是大約三十分之一度。

　　為了讓各位明白這個角度到底有多小，請想像你在晴朗的夜晚抬頭看著一輪滿月，同時將自己的小指頭伸到眼前並把手臂打直；此時，你的小指寬度大約就是六十弧分，而月亮的寬度則約為小指的一半。所以，當我們說第谷可以分辨兩弧分時，意思就是：若你在自己的小指上畫三十個間隔距離相同的點（或在月亮上畫十五個這樣的點），第谷有辦法可以清楚地將相鄰的兩點區分開來。

　　在第谷於 1601 年去世以後，克卜勒便繼承了他那關於火星與其它行星的寶貴觀測資料。為了給這些行星的運動一個解釋，克卜勒試了一個又一個理論，包括讓行星在本輪（*epicycles*，譯註：托勒密提出的理論，在本章前面有簡單出現過）中運行、在多種蛋形軌道上運行、或在太陽稍微偏離中心的偏心圓軌道上運行；但是，所有以上的模型都和第谷的觀測有出入，而這些出入是不容忽視的。在經過一次又一次失敗的計算後，克卜勒哀怨地寫下：『親愛的讀者，如果你們對這些冗長乏味的計算程序感到厭煩，那麼請同情一下我吧！因為我已經將它重複 70 遍了。』

3.7 克卜勒第一定律：橢圓軌道

　　在嘗試解釋行星運動的過程中，克卜勒最終嘗試了一種眾所週知的曲線圖形：橢圓形。正如伽利略的拋物線一樣，橢圓形也已經被前人們研究過了。在第二章中我們已經看到，古希臘人用一個平面去切一個圓錐體；當該平面傾斜且傾斜角度比圓錐側邊的斜度要小時，所切出來的圖形便被

定義為橢圓形。若平面只有微微傾斜，那麼我們最終得到的橢圓形便會很接近圓形；但在另一種極端狀況下，也就是平面的斜度只比錐體側邊小一點點時，最後切出來的橢圓形便會像雪茄一樣細長。因此，藉由調整平面的傾斜度，我們就能製造出從非常圓到非常扁的橢圓。

另一種對於橢圓的定義就比較實際一點了，你可以透過一些家裡找得到的工具來實踐它。

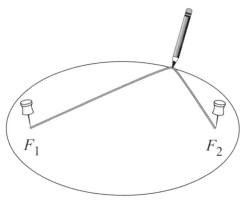

請拿一枝筆、一塊軟木板、一張紙、兩根大頭針與一段繩子。先把紙放在板子上，再將繩子的兩端釘在紙上，釘的時候記得讓繩子保持鬆弛狀態。接著使用筆將繩子拉到極致並開始畫弧線，畫線時記得讓繩子保持緊繃。等到筆在兩根大頭針周圍繞一圈並回到原點時，所形成的封閉弧線就是一個橢圓形。

大頭針的位置在這裡扮演了特殊的角色。克卜勒將它們稱為橢圓形的『foci』或『焦點（focal points）』，它們的意義和一個圓的圓心是一樣的。根據定義，一個圓上的所有點到圓心之間的距離為常數。與此類似，一個橢圓形上的所有點到兩焦點之距離的和亦為常數，這個常數就等於位在兩大頭針之間的那根繩子的繩長。

克卜勒的第一項重大發現就是：所有行星都在一個橢圓形軌道上運動（這一次他的結論是正確的，不需要再做修正），而非亞里斯多德、托勒密、哥白尼或甚至伽利略認為的圓形軌道、或圓形加上本輪的複合軌道。

更進一步，他發現對每一顆行星而言，太陽都位於其橢圓軌道的其中一個焦點上。

這是一項驚人的結論，並且具有克卜勒所期望的神聖感：所有行星都按照幾何學的規範運行。雖然最後的結果不像他原本預期的那樣和五種柏拉圖立體有關，但是克卜勒的直覺仍是對的：幾何學的確主宰著天空。

3.8　克卜勒第二定律：相同時間掃過相同面積

克卜勒從資料中又發現了另一條規律。之前的第一定律是和行星所走的路徑有關，而這條規律則是和它們的速率有關。克卜勒的第二定律是這樣：若我們將行星和太陽用一條虛擬的線連接起來，那麼在相同的時間間隔中，這條線隨著行星運行掃過的面積都會是一樣的。

為了能更清楚的說明這條定律的意思，假設我們觀測了今晚火星在其橢圓軌道上的位置，並用一條線將火星與太陽連起來。

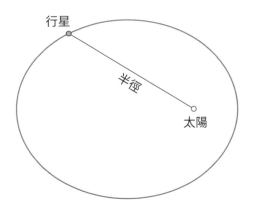

現在，讓我們把這條線想像成一根雨刷，其中太陽位在雨刷的基部，而火星則在雨刷頂端（只不過這裡的雨刷不會像真的雨刷一樣來回擺動；它只會不斷地往前，而且速度非常非常地慢）。在接下來的夜晚中，隨著火星在它的軌道上持續前進，我們假想中的雨刷也會跟著向前，並且刷過橢圓形中的某個區域。假設我們過一段時間之後（例如：三週）再觀測一

次火星的位置，那根移動緩慢的雨刷刷過的區域，便會形成一種稱為扇形的圖形。

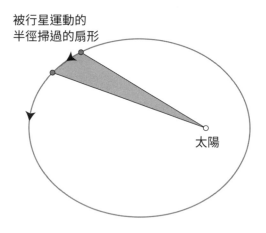

被行星運動的
半徑掃過的扇形

太陽

　　克卜勒發現的事情是：無論火星位於軌道的何處，它在三週的時間中所畫出來的扇形面積都是一樣的。事實上，這個時間不一定要是三週。無論火星的實際位置為何，只要它通過軌道上兩點的時間相同，那麼所經過的扇形面積一定都相同。

　　換句話說，根據第二定律，行星的運動速率並不是恆定的。反之，當行星越靠近太陽，運動速率越快；而『相同時間經過相同面積』便是對這個現象的精確描述。

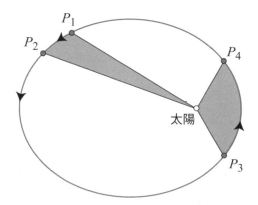

若 P_1 到 P_2 的時間＝ P_3 到 P_4 的時間，那
麼它們所走過的扇形面積相同

那麼，對於橢圓扇形的面積，克卜勒是怎麼計算的呢？他的方法和阿基米德所用的相同：先將扇形切成許多細長的碎片，再用三角形去趨近這些碎片。接著，他把所有三角形的面積都算出來（這很簡單，因為它們的邊都是直的）並加總在一起，藉此估算原始扇形的面積。也就是說，克卜勒使用了阿基米德版本的積分，並將它應用在實際的資料上。

3.9　克卜勒第三定律與神聖的狂熱

我們目前討論過的兩條定律（『每一顆行星的軌道都是橢圓形，且太陽就位於其中一個焦點上』與『每一顆行星在相同時間中會掃過相同的面積』），都與單獨的行星有關，並且它們都是克卜勒在 1609 年發現的。與之相反，克卜勒的第三定律則牽涉到行星的集體行為，而克卜勒必須再花費十年的時間才能找到它。這條定律將整個太陽系都歸入了一個單一的數學模式底下。

在經過無數令人抓狂的重新計算，克卜勒終於在被柏拉圖立體困擾了將近二十年後迎來了曙光。在著作《世界的和諧》一書的序中（1619 年出版），對於自己終於發現上帝造物計劃中的模式，他狂喜地寫出自己的感覺：『現在，從八個月前的黎明開始，從三個月前的白天開始，直到幾天前，當漫天的陽光照亮了我的奇妙猜想時，已經沒有任何東西可以阻止我。我在神聖的狂熱中興奮地吶喊。』

讓克卜勒如此高興的發現就是以下這個數學模式：一顆行星公轉週期（T）的平方，和它與太陽間平均距離（a）的立方成比例。換句話說，T^2/a^3 這個值對於所有行星而言皆相同。在這裡，T 指的是一顆行星繞行太陽一圈需花費的時間（例如：對地球而言是一年，對火星來說是 1.9 年，對木星而言是 11.9 年），而 a 則是該行星與太陽距離。a 實際上並不好定義，因為隨著行星在橢圓軌道中的運行，它與太陽之間的實際距離隨時都在不斷變化；有時它會離太陽很近，但有時又很遠。為了能順利說明他所發現

的現象，克卜勒將 a 定義為行星距太陽最近與最遠距離的平均。

第三定律的主旨非常簡單明瞭：當行星與太陽相隔的越遠，它移動的速度就越慢，也因此走過軌道所需的時間較長。但讓人感到有趣且微妙的一點是，行星的軌道週期並不是單純的與軌道距離成比例。舉例而言，距離我們最近的鄰居 — 金星，它的週期是地球的 61.5%，但與太陽的平均距離卻是我們的 72.3%（而不是大多數人猜測的 61.5%）。正是由於週期的『平方』是和距離的『立方』成比例，因此兩者之間的關係會比單純一比一的關係複雜。

當 T 和 a 是由『地球週期的百分之多少』和『地球與太陽平均距離的百分之多少』來表示時（如同上面那個例子），克卜勒第三定律可以簡化成 $T^2 = a^3$。注意，它從一個比例關係變成了一道數學方程式。讓我們以金星的數據為例，來看看這個數學式是否成立：$T^2 = (0.615)^2 \doteqdot 0.378$，且 $a^3 = (0.723)^3 \doteqdot 0.378$。我們可以看到，這個結果一直到小數點以下第三個有效位數都還是對的，而這就是克卜勒會感到如此興奮的原因。這條方程式對於其它行星而言也同樣準確得讓人印象深刻。

3.10 克卜勒與伽利略的同與異

克卜勒與伽利略兩人從來沒有碰過面，但他們對於哥白尼觀點的支持與在天文學上的成就卻是相當的。當某些人因為害怕望遠鏡是魔鬼的產物而不敢使用時，伽利略曾寫信給克卜勒：

『親愛的克卜勒，我想那群烏合之眾的愚蠢能讓我倆好好的樂一樂。那些在大學中首屈一指的哲學家竟然像蛇標本一樣頑固，儘管我已經力邀他們上千次了，他們仍然不肯親眼看一看行星、月亮、或甚至是我的望遠鏡。對於這件事你怎麼看呢？』

從某方面來說，克卜勒和伽利略非常地相似。他們都對物體的運動非

常著迷，並且兩人都使用過積分；克卜勒將其用於處理彎曲物體（如：酒桶）的體積，而伽利略則是為了計算拋物面的重心。在這些問題上，他們都承襲了阿基米德的精神：將一個完整的物體在腦中切成許多想像的薄片，就像切香腸一般。

然而，就另一方面而言，他們兩人卻是互補的。一個非常明顯的例子便是他們最偉大的科學貢獻：伽利略探討的是地球上的物體運動，而克卜勒則揭露了太陽系的運動法則。但兩人互補的部分並不僅止於此，甚至連他們的科學風格與個性都不太一樣：伽利略順從理性，而克卜勒則崇尚神祕主義。

在知識層面上，伽利略就像是阿基米德的傳人，並且繼承了後者對力學的痴迷。在他發表的第一本著作中，伽利略提出了史上第一個對於阿基米德『我發現了！』傳說的可能解釋，其中說明了阿基米德如何利用一座天平與一座浴缸來判定希倫王（*King Hiero*）的皇冠並非純金打造，並且計算出偷工減料的金匠到底摻了多少銀進去。在接下來的學術生涯中，伽利略持續不斷地拓展阿基米德的研究，而這往往包含了將運動的成份加入原本只適用於平衡狀態的力學中。

克卜勒則不同，他更像是畢達哥拉斯的後裔。由於克卜勒的高度想像力與數字感，他能在所有事物中發現模式。例如：他為我們提供了第一個關於雪花為什麼是六角形的解釋。他也曾仔細思考該如何堆疊砲彈才會最省空間，並提出（正確的）猜想：這個疊法應該和石榴果實中種子的堆法、或雜貨店堆橘子的方式相同。

與此同時，克卜勒對幾何學有著近乎瘋狂的執著，無論是在宗教還是非宗教的議題上，但這樣的狂熱也造就了他。一位名為阿瑟・庫斯勒（*Arthur Koestler*）的作家就曾非常精闢地指出：『約翰尼斯・克卜勒對於畢達哥拉斯的幻想產生了迷戀，並且在這個虛幻的基礎上，透過推理與毫無根據的猜測建立了紮實的現代天文學。這在人類的思想史上無疑是一件令

人詫異的事件，同時也讓人們不再相信邏輯是指引科學進步的唯一動力。』

3.11　風起雲湧

就如同所有重大的發現，克卜勒的行星運動定律與伽利略的自由落體定律，帶給我們的新問題比它們回答的還要更多。從科學的角度來說，人們想去探求事物背後的終極原因是很自然的一件事。這些定律是打哪兒來的？在它們之下是否還有更深一層的意涵？例如：『太陽總是位於行星橢圓軌道的焦點處』這件事情就顯得有一些太過巧合了。這是否代表太陽會以某種方式影響行星呢？或許是透過一種未知的力量？克卜勒相信事實正是如此。他懷疑，被英國人威廉·吉爾伯特（*William Gilbert*）研究過的磁力就是牽引行星的因素。無論如何，這是一種陌生而又看不見的力，並且它的作用似乎能夠跨過空無一物的空間，傳達到遙遠的距離之外。

伽利略與克卜勒的發現還產生了一些數學上的問題，並將弧這個主題帶回到眾人注目的焦點。伽利略證明了拋射物體所走的弧線是一條拋物線，而克卜勒則用橢圓形取代了亞里斯多德的圓形。其它 1600 年代早期的科學或科技發展，也有助於提升人們對弧的興趣。

在光學領域，曲面透鏡的形狀決定了影像被放大、扭曲或模糊的程度。這對於望遠鏡與顯微鏡的設計是非常重要的議題，這兩種設備在當時分別革新了天文學與生物學界。對此，法國博學家勒內·笛卡兒（*René Descartes*）提出了以下問題：我們有可能設計出一個完全不會模糊的透鏡嗎？這個問題實際上和弧有關，它相當於詢問：一個透鏡的弧形該是什麼樣子，才能使不管是彼此保持平行的光束、還是來自於一個點的光源，在通過該透鏡後最終一定會匯集到某一點上？

弧也進一步引出了關於運動的疑問。克卜勒第二定律暗示我們，行星在橢圓形軌道上運動時速度是不均勻的：它們的腳步時而漸慢，時而又漸快。同樣的，當伽利略的拋射物體在拋物線路徑上移動時，它的速度也是

不斷變化的：在上升時減速、在最高點停止、並且在落回地面的過程中加速。這樣的結論也同樣適用於鐘擺：當它們往上移動到弧形路徑的端點時速度降低，最終反轉過來並開始加速通過最低點，接著在前往另一個端點時再次減速。問題來了：對於這種速度每分鐘都在改變的運動，人們該如何量化它們呢？

　　就在這一連串的問題漩渦中，一股從伊斯蘭地區與印度注入的思潮給了歐洲的數學家全新的觀點，使得他們有機會超越阿基米德並開拓新的領域。這些來自東方的新點子，終將開啟一種對於運動與弧的新思維，並在電閃雷鳴過後帶來了微分。

Memo

初露曙光的微分
The Dawn of Differential Calculus

4

　　從現代的觀點來看，微積分是由微分與積分兩部份組成。微分將一個複雜的大問題切成無限多道較為簡單的小問題，而積分則是將小問題的答案組合起來，以回答原本的大問題。

　　由於先切割、後重建是一個非常自然的順序，讓初學者先從微分開始學起也就非常的合理。也的確，微積分課程都是這樣安排，會先教比較簡單的微分：一種相對簡單的分割手法，接著再慢慢向較困難的積分邁進，學習將碎片組合成整體的技巧。如此由簡而難的教學順序很合乎邏輯。

　　但詭異的是，歷史的發展卻是倒過來進行的。早在公元前 250 年的古希臘，積分就已經在阿基米德的著作中大顯神威了；但一直到 1600 年代以前，微分這種東西卻連個影子都看不到。為什麼比較簡單的微分卻比積分晚那麼久才出現呢？那是因為微分是建立在代數上的，而這個領域在當時還需要幾個世紀的時間去遷移、變化與成熟。

在代數剛從中國、印度與伊斯蘭地區發跡時，它完全是以文字陳述進行的。人們會在紙上寫字來代表未知值，而不是今天的 x 和 y。方程式變成了一句話，而題目則是一整個段落。但就在代數學傳到歐洲後不久（大約 1200 年時），它演化成一門符號的藝術。這讓它顯得更為抽象，但也更為強大。這門被稱為符號代數的新分支緊接著便和幾何學融合，誕生了一支更厲害的的學問：解析幾何（*analytic geometry*），並衍生出許許多多全新的曲線。而就是在對這些曲線的研究之中，微分這門技術逐漸成形。

4.1 崛起於東方的代數學

雖然微積分的確是在歐洲達到頂峰，但這支數學的根基其實是從別的地方開始的。比如說代數學，它起源於亞洲和中東地區。代數的英文名稱來自於阿拉伯文 *al-jabr*，原意為『修復』或『碎片重聚』，這是在平衡一道方程式並求解時所需的操作。舉例而言，在處理方程式時，我們經常將一個數字從等號的某一邊移除並加到另一邊，這便是一種先將方程式的一部分拆下再重新修復的過程。

另外，如同我們之前提過的，幾何學事實上源自於埃及。據傳，希臘的幾何學之父泰利斯（*Thales*）便是在埃及學到這門學問的。還有，幾何學中最著名的一個理論 ——『畢氏定理』實際上也不是畢達哥拉斯首先發現的；早在公元前 1800 年前的美索不達米亞泥板上就已經存在，證明巴比倫人知道這個定理的時間點比畢達哥拉斯早了至少一千年。

同時必須要注意的是，當我們提到古希臘時，其實是指一個遠超過雅典（*Athens*）和斯巴達（*Sparta*）的超廣大領土。在面積最遼闊的時候，它的南方邊界延伸到了埃及、西至義大利與西西里島、而東邊更是橫跨了地中海至土耳其、中東、中亞、甚至是部分的巴基斯坦與印度。畢達哥拉斯

是在薩摩斯島（*Samos*）出生的，這是一座位於安納托利亞（*Asia Minor*；
屬於今日的土耳其）西部海岸線之外的島嶼。阿基米德生活於敘拉古，它
位在西西里島的東南方。而歐幾里得則在亞歷山大城附近活動，這是一座
位於埃及尼羅河口的巨大港口，並且是當時的學術重鎮。

但在羅馬攻佔了希臘，特別是當位於亞歷山大城的圖書館被燒毀，以
及西羅馬帝國隕落以後，數學研究的中心就又回到了東方。阿基米德、歐
幾里得、托勒密、亞里斯多德和柏拉圖的作品都被翻譯成了阿拉伯文，並
且被當時的學者和抄寫員流傳了下來。這些人同時也在過去的理論中添加
了許多嶄新的想法。

4.2 代數如何興起，幾何又為何衰落？

在代數降臨前的幾個世紀，幾何學的進展就已經陷入了龜速慢爬時
期。在阿基米德於公元前 212 年去世以後，似乎就沒有人能在這個領域
超越他的成就。喔，抱歉，應該說『幾乎』沒有人可以超越。大約在公元
250 年，中國的幾何學者劉徽對阿基米德計算圓周率的方法做了改良。兩
個世紀以後，祖沖之（公元 429-500 年，南北朝時代）使用劉徽的方法及
一個 24,576 條邊的多邊形做計算，並在經過一段想必非常史詩級的算術
處理後，成功將 π 值限制在以下的兩個數字之間：

$$3.1415926 < \pi < 3.1415927$$

又過了五個世紀，進步再度來臨，這一次是由一位名為哈桑・本・海
什木（*Al-Hasan Ibn al-Haytham*；在歐洲通常寫作 *Alhazen*）的人完成。
他於約公元 965 年時出生在伊拉克（*Iraq*）的巴斯拉（*Basra*），在進入伊斯
蘭黃金時代後，他來到開羅（*Cairo*）從事包括神學、哲學、天文、醫學等
各式各樣的研究。在海什木的幾何著作中，他思考一種阿基米德從未想過

的立體圖形，並嘗試計算它的面積。與這個發現本身同樣令人吃驚的是，關於幾何學的重大進展也就這些了，且中間竟然花了十二個世紀的時間。

而就在這段時間裡，代數與算術正在經歷快速且重大的發展。來自印度的數學家發明了『零』這個概念，並創造了十進制系統。另外，關於如何解方程式的代數技巧也在埃及、伊拉克、波斯和中國遍地開花。這些進展大多源自於解決真實世界中的問題，例如：遺產繼承規則、納稅評估、商業活動、計帳、利息計算、以及其它可能用到數字與方程式的主題。

代數在當時仍是用文字敘述，也因此這些問題的解決方法都被寫成類似處方箋一樣的東西，上面包含了如何一步步得到答案的文字指引。其中一本著名的教科書是由穆罕默德‧伊本‧穆薩‧花拉子米（*Muhammad Ibn Musa al-Khwarizmi*；公元 780-850 年）所編寫的，因此作者的姓氏被用來泛指所有透過一系列步驟達成目的的程序，也就是**演算法**（*algorithm*，即 *al-Khwarizmi* 的拉丁文譯名）這個字的由來。最終，貿易商和探險家把這種以文字敘述為基礎的代數、以及從印度與阿拉伯發源的十進制帶往了歐洲，與此同時，人們也開始將阿拉伯文的文獻轉譯成拉丁文。

到了文藝復興時期的歐洲，除了應用層面的探索以外，將代數學符號化的研究也開始盛行起來，並且在 1500 年代達到頂峰。於是，方程式的樣貌開始類似於我們現今看到的樣子，也就是用字母來取代數字的形式。1591 年時，法國的弗朗索瓦‧韋達（*François Viète*）以母音字母（如：*A* 和 *E*）來代表未知值，並用子音字母（如：*B* 和 *G*）來代表常數。而如今我們用 *x*、*y*、*z* 表示未知值；*a*、*b*、*c* 表示常數的的習慣則源自於約五十年後出現的笛卡兒。這種使用符號與字母來取代文字敘述的作法，使得方程式的推導與求解更為容易。

在算術上也有同樣重大的突破，那就是來自荷蘭的西蒙‧斯蒂文（*Simon Stevin*）將阿拉伯十進制數字從整數擴大運用到了小數上，並藉此

成功消除了<u>亞里斯多德</u>思想中關於數字（即今天的整數，兩相鄰整數間沒有更小的單位存在）與大小（一種連續的數量，可以被分割成無限小的單位）之間的差異（譯註：請回憶一下，作者在 2.2 節《π 的哲學之道》中有提過這兩者之間的區別）。

在<u>斯蒂文</u>以前，十進制只適用於整數上，而任何小於一單位的數就用分數來表示；但在<u>斯蒂文</u>的新方法中，一個單位的整數可被切割成更小的單位，也就是小數。這對於今天的我們來說是理所當然的事，但在那時卻是一項革命性的想法。當整數具有可分割性，則整數、分數或無理數便可以被整合到一個被稱為『實數』的大家庭中，這給了微積分描述連續空間、時間、運動與變化一項強大而必需的工具。

就在幾何學即將與代數合而為一的前夕，<u>阿基米德</u>所用的舊幾何學方法還有最後一次成功的應用：<u>克卜勒</u>將帶有弧度的物體（如：酒桶和甜甜圈形狀的物體）在腦中切成無限多片且無限薄的圓盤，並藉此計算它們的體積；另外，<u>伽利略</u>與他的學生<u>埃萬傑利斯塔・托里切利</u>（*Evangelista Torricelli*）、<u>博納文圖拉・卡瓦列里</u>（*Bonaventura Cavalieri*）也是透過將物體視為無限多條線或面的堆疊來求得面積、體積或重心。

然而，這些人在對待『無限大』或『無限小』的概念時可以說是漫不經心，因此他們的方法雖然有力且直覺，卻一點兒也不嚴謹。儘管如此，由於這些方法能比窮盡法更容易且更快速地找到答案，所以也不失為一項讓人感到興奮的進步（當然，如今我們已經知道<u>阿基米德</u>早就使用過這種技巧了，他在關於『方法』的論述裡早就提過相同的點子，只不過當時這些敘述被深埋在一本收藏於修道院的祈禱書之中，直到 1899 年才被人發現）。

無論如何，雖然那些新阿基米德派的做法在當時看上去相當有效，但它們卻不足以應付未來的挑戰。而符號代數此時已經蓄勢待發，與之相關的兩支強大分支，即解析幾何與微分，也已如春芽一般呼之欲出。

4.3 當代數遇上幾何

第一次重大突破大約在 1630 年時到來，兩位來自法國的數學家（他們很快變成了競爭對手）皮埃爾・德・費馬（*Pierre de Fermat*）與勒內・笛卡兒不約而同地將代數與幾何連繫起來。他們的研究產生了一門新興數學，也就是解析幾何，而由此產生的 *xy* 平面（即平面座標）就如同一座中央舞台，許多方程式得以在該平面上一展英姿。

xy 平面使我們可以畫出兩個變數之間的關係。以我偶爾不健康的飲食習慣與卡路里攝取為例，有時我會以幾片肉桂葡萄乾麵包當作早餐，而包裝上的標示告訴我每片麵包所含的卡路里為驚人的 200 大卡（若我想吃得健康一些，我會選擇老婆準備的七穀麵包，每片 130 大卡。但是在這裡，肉桂葡萄乾麵包是我的首選，因為數字 200 比 130 在數學上好處理）。

下圖就是我吃下一片、兩片、以及三片肉桂葡萄乾麵包時，攝入的卡路里量變化：

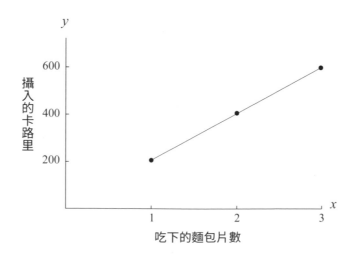

既然一片麵包含有 200 大卡熱量，那麼兩片就是 400 大卡，三片 600 大卡。當我們將這些數字當做資料點畫在圖上時，會發現它們都位於

同一條直線上，這代表『吃下的麵包片數』與『攝入的卡路里』之間存在著『線性』關係。若我們以 x 表示吃下的麵包數量、以 y 表示萬惡的卡路里攝取量，那麼兩變數之間的線性關係就能夠以 $y = 200x$ 來表達。注意，這個關係式也同樣適用於三個資料點之間的位置，比如：吃下 1.5 片麵包後，所得的卡路里為 300 大卡，而這個資料點也位於該直線上。因此，將圖上的點用一條直線連起來的作法非常合理。

我知道上述這些東西看上去都相當顯而易見，但必須強調的是：事情並非總是如此。例如對於過去的人而言，這就不是一件顯而易見的事，必須要有人想到用視覺化的圖表去表示抽象變數之間的關係。就算在今天，至少對於第一次接觸到這種圖的小朋友而言，也不見得馬上就能看懂。

要畫出上面那張圖確實需要一些想像力。首先，你要能夠以圖像方式去表示食物攝取量，而這就需要有彈性的思維。畢竟，卡路里並不是可以畫得出來的東西，而我們在 xy 平面上看到的，也不是具體的葡萄乾或麵包中一圈圈的肉桂醬。反之，這種圖是一種抽象的表達。透過這樣的圖，數字（如：吃了多少卡路里或多少片麵包）、符號關係（如 $y = 200x$）與形狀（如：一條包含三個點的直線躺在兩條相互垂直的軸之間）等不同數學分支可以彼此合作。也正是因為這一張小小的圖匯集了這三大領域，算術與代數才得以和幾何融為一體。而這就是上述概念如此重要的原因。在經過幾個世紀的各自為政以後，這些不同的數學分支總算被整合在一起了（回想一下，在古希臘時代，幾何學的地位是高於代數與算術的，不會放在一起討論）。

另外，圖中的水平與垂直軸也是不同數學領域匯聚的產物；它們通常被稱為 x 軸與 y 軸。這兩條軸實際上是數線。現在，請仔細思考一下這個名詞：『數線（*number lines*）』，算術中會用到的數字，化身成了幾何直線上的點，而點則組合成一條線，這是兩個領域的完美融合。也就是說，甚至在我們還未畫出任何資料點之前，算術與幾何就已經融為一體了！

我想古希臘人若是看到這種違反傳統的做法一定會飆罵吧！對他們而言，『數字』就是某種不連續的量，如：整數與分數。相反的，連續的量則必須透過如線段長度等幾何方式表示，被稱為『大小』，是完全不同於數字的一種東西。也因此，從阿基米德生存的年代一直到十七世紀早期整整兩千多年的時間，在線段上連續存在的點，從未和數字搭上任何關係，而像數線這樣的概念，在當時更是完全違反常理的存在。現今，將數字視覺化地畫在一條線上，對我們來說卻是再自然不過的事了。

另一項會被希臘人視為褻瀆的事情是：這張圖完全不理會『同類才能互相比較』的原則（如蘋果之間相比或卡路里之間相比）。相反地，它的其中一個軸代表卡路里，另一個軸代表的卻是麵包的片數。在過去，這兩個量是無法放在一起討論的；但現在，將它們放在同一張圖中卻是習以為常，只需將兩者都以實數表示就行了。藉著實數可以擁有無限多位小數的特性，它們成為描述所有連續數量的通用語言。古希臘人將長度、面積與體積區分得壁壘分明，但在我們眼中，它們全都只是實數罷了。

4.4 當方程式成為曲線

有一件事我們可以確定，那就是費馬和笛卡兒從來沒有使用 xy 平面來研究像是肉桂葡萄乾麵包這麼具體的事物。對他們而言，xy 平面只不過是一項用來探討純幾何問題的工具而已。

在沒有相互交流的情況下，他們各自察覺到任何線性方程式（代表方程式中的 x 和 y 皆為一次方）在 xy 平面上都是一條直線。這種線性方程式和直線之間的連繫，暗示了可能有更深入的關係存在，即『非線性方程式』和『曲線』之間的相關性。

在一條如 $y = 200x$ 的線性方程式中，x 和 y 之間彼此獨立，且沒有二次方、三次方或更高次方的項目。費馬和笛卡兒意識到，他們可以接著

探討更高次方的其它方程式：藉由對 x 和 y 進行操作（例如：將其中一個變數平方並對另一個進行立方、將兩個變數相乘、將兩個變數相加等等），他們可以產生任何方程式，並在 xy 平面上將這些式子轉換成曲線。如果運氣夠好，最後的結果將會很有意思：它可能從來沒有被人發現過、或者連阿基米德也不曾研究過。於是，任何含有 x 和 y 的方程式都變成了一場探險。

這種方法也可以被視為是一種『格式塔轉換』（*Gestalt Switch*，譯註：由孔恩（*Thomas Kuhn*）提出的概念，亦即從一種理論觀轉換至另一種，此處指從代數方程式觀點轉換成幾何觀點）：不同於直接畫出一條曲線，而是先從建構方程式開始，再去檢查它們會產生什麼圖形。換句話說，代數就是我們的駕駛，而幾何則成了後座的乘客。

費馬和笛卡兒從二次方程式（*quadratic equations*，在拉丁文中，『*quadratic*』的意思就是『平方』）開始研究起。這種方程式不僅包含了常數（如：200）與線性項（如：x 和 y），其中的變數還可能被平方或相乘起來，變成如 x^2、y^2、或 xy 等平方項。在傳統的觀念裡，一個平方數通常被解釋為一個方形區域的面積。換言之，x^2 就代表一個邊長為 x 的正方形面積。同時，面積被視為一種從本質上和長度與體積相異的東西。但對於費馬和笛卡兒來說，x^2 只不過是另一個實數罷了，就像 x 的任何次方一樣都可以被畫在圖上。

如今，所有學過高中代數的學生都應該能將 $y = x^2$ 畫成曲線（這是一條拋物線）。有趣的是，所有最高次方項為二次方的方程式被畫成曲線以後，只可能是下列四者之一：拋物線、橢圓、雙曲線、圓（除了在一些被稱為退化情形的特殊狀況中，方程式可能會產生點、直線或甚至沒有圖形；但這些狀況是很少見的，因此我們可以安心地將它們忽略）。

舉例來說，$xy = 1$ 這條方程式可以被畫成雙曲線、$x^2 + y^2 = 4$ 是一個圓、而 $x^2 + 2y^2 = 4$ 則是一個橢圓；甚至是看上去有點可怕的式子，如

$x^2 + 2xy + y^2 + x + 3y = 2$，也都是先前提到的四種曲線之一（以此例而言，這是一條拋物線）。

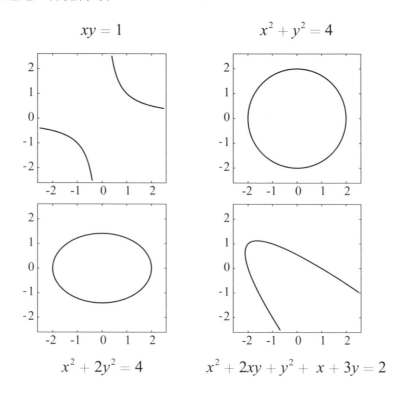

$$xy = 1 \qquad x^2 + y^2 = 4$$

$$x^2 + 2y^2 = 4 \qquad x^2 + 2xy + y^2 + x + 3y = 2$$

　　費馬與笛卡兒首先發現了二次方程式就相當於圓錐曲線的代數型態，所謂圓錐曲線就是希臘人用不同角度的平面去切圓錐時所產生的四種曲線。在這裡，我們看到費馬與笛卡兒搭建了舞台，而古典曲線就像鬼魂一般從雲霧中悄然顯現。

4.5 代數與幾何相得益彰

　　這個將代數與幾何相結合的新發現，為兩個領域都帶來好處，因為它們可以彼此彌補對方的缺點。一般來說，幾何學是屬於右腦的範疇，非常視覺化且直覺，也因此與之相關的各項主張通常都可以藉由觀察得到。雖

說如此，我們卻往往不知道該從何處下手對它們進行證明。想要在該領域中開始一段論證，有時還得靠靈光一現。

代數就不同了，它非常的系統化。一條方程式處理起來只需要按照一套標準程序，就可以對其進行一系列操作，如：在方程式兩端加入相同項、消去相同項或者解出未知數的值等。可以說，處理代數問題時動作的重複性之高，已經達到療癒的程度，就像愉快地織著毛衣一樣。然而，它卻非常的空洞，其中所有的符號都是空虛的，在你賦予其意義以前，它們就是一堆不知所云的東西，完全無法被視覺化。它是由理性的左腦所管轄，且非常地機械化。

不過，當你把這兩個領域結合在一起以後，它們便所向無敵了。代數給了幾何一套系統化的法則，因此我們在證明時不用等待靈光一現，需要的就只是耐心而已。使用符號將原本需要洞察力的問題轉變成了直觀的計算，同時也解放了腦容量，替我們節省了時間與精力。

相對的，幾何則賦予了代數意義。從此以後，方程式不再死氣沉沉；反之，它們代表了形形色色的幾何圖形。一大群全新的曲線與曲面，因為人們使用幾何觀點來看待方程式而得以被發現，就像生活於新大陸叢林中的新物種一樣，等著被發掘、歸檔、分類與解剖。

4.6 費馬 vs. 笛卡兒

每一位深入學過數學與物理的人都會看過費馬與笛卡兒的名字，但從來沒有老師或教科書談過他們兩人之間的糾葛。為了瞭解費馬與笛卡兒之間到底在爭些什麼，我們還得先從兩者的人生、個性以及追求的目標開始談起。

勒內·笛卡兒（公元 1596 到 1650）是歷史上最具野心的思想家之一。他大膽無畏、藐視權威，自負的程度可以說和他的聰明才智同樣顯

著。舉個例子，對於當時的數學家都相當崇敬的古希臘幾何學，笛卡兒不屑地評論道：『那些古人的教條真是乏善可陳又缺乏可信度，我想除非將他們走過的路全數否定，否則我們永遠也別想通往真理。』

性格上，笛卡兒似乎有些偏執。在他最著名的一幅肖像畫中，笛卡兒看上去面容憔悴、眼神高傲、並且留著一撮看上去有點兒陰險的小鬍子，簡直就像是一位從卡通裡跑出來的惡棍角色。

笛卡兒立志要用理性、科學與對事物保持懷疑的態度，來重塑人類對知識的認識。他最為人熟知的作品是一本哲學書籍，書名正是那句永垂不朽的名言：*Cogito, ergo sum*（我思，故我在）— 當世間萬物都不可信時，至少有一件事情是真的，即那個不停在辯證真偽的心智。

笛卡兒的邏輯分析方法（看來是受到嚴謹數學邏輯的啟發）通常被視為現代邏輯學的起源。在他的著名著作《談論方法（*Discourse on Method*）》中，他介紹了一種探討哲學問題的全新思維。除此之外，這本書還收錄了三篇附錄，每一篇都有其重要性。其中一篇附錄和幾何學有關，笛卡兒在此向世人展現了他的解析幾何。另一篇和光學有關，這在當時發展望遠鏡、顯微鏡與透鏡的年代是非常有價值的。而最後一篇則在討論氣象，其中除了對於彩虹現象的正確解釋之外，此篇大多數的內容已被人們忘光了。

另外，笛卡兒將人體看成是一種機械裝置，並認為靈魂的位置就位於大腦中的松果腺（*pineal gland*）。他還提出了一個（錯誤的）宇宙觀，認為空間中充斥著無處不在的渦流，而行星就像是漩渦中的葉子一樣被拖著旋轉。

笛卡兒出生於一個富裕的家庭。他自小體弱多病，因此被允許長期臥床，並在床上看書和思考直到他想下床為止。此一習慣在日後被保留了下

來，以致於他從來不曾在中午以前離開床鋪。笛卡兒的母親在他一歲時便過世了；但幸運的是，她留下了一筆相當可觀的遺產，使得笛卡兒得以過著四處冒險、放浪形骸的紳士生活。笛卡兒曾自願入伍荷蘭軍隊，但從來沒有打過仗，反倒是多了很多與哲學相處的時間。

　　他一生大多數的時候都待在荷蘭進行研究，並不時和其他偉大的思想家通信和鬥嘴。一直到 1650 年，笛卡兒才心不甘情不願地接下了一份位於瑞典的工作（他曾嘲笑瑞典為『一個在岩石與冰雪中居住著無數莽夫的國家』），成為克里斯蒂娜女王（*Queen Christina*）的私人哲學家教。然而不幸的是，這位年輕且活力充沛的女王習慣早起，並且堅持要在清晨五點上課。我想這個時間對於大多數人來說都嫌太早，更別提每日都要睡到中午的笛卡兒了。再加上那一年斯德哥爾摩的冬天偏偏又是十年以來最冷，就這樣堅持了幾週以後，笛卡兒便因為染上了肺炎而與世長辭。

　　皮埃爾・德・費馬（1601-1665）比笛卡兒小五歲，屬於中上階級，一生相對平靜，沒發生過什麼大事。白天是一名律師兼圖盧茲（*Toulouse*）的地方法官，到了晚上的角色則為丈夫及父親。每當他下班回家和老婆與五個孩子吃完飯後，他便會花數小時從事他真正感興趣的活動：研究數學。和笛卡兒那種野心勃勃的氣場截然相反，費馬相當地內斂、安靜、穩重、而且純真，他的人生目標比笛卡兒要小得多了。費馬從來沒有把自己當成一名哲學家或科學家，他滿足於探索數學，並且把自己定位成一位業餘愛好者。同時，他不認為有必要將研究成果出版成書，而事實上他也從來沒有這麼做過。費馬通常只是在閱讀的書籍（如丟番圖或阿基米德所著的希臘經典著作）中寫下一些想法，並且偶爾將它們寄給一些他認為可能會感興趣的學者。在其一生當中，費馬都沒有遠離過圖盧茲，也沒有和當時有名的數學家見過面，只是透過馬蘭・梅森（*Marin Mersenne*，一位方濟會的修士、數學家與社群聯絡員）和其中的一些人有書信往來。

然而，梅森正是笛卡兒和費馬槓上的關鍵人物。在當時，如果你想和一位數學家搭上線，第一個想到的人便是梅森。在那個沒有臉書（Facebook）的年代，正是藉助他的穿針引線才得以使大家保持聯繫。遺憾的是，這個人不但不圓融，行事還欠缺謹慎，因此特別容易引發爭端。例如：他會把別人的私信公之於眾，或者將需要保密的手稿在出版以前就釋出。在梅森身邊還有一群數學家，他們的能力雖然不及笛卡兒和費馬，但仍然相當有實力。這群人顯然都把笛卡兒當成了眼中釘，時不時便會找機會攻擊笛卡兒和他的《談論方法》。

　　在這樣的背景下，我們不難想像當笛卡兒從梅森口中聽到一位住在圖盧茲的無名小卒、一位叫作費馬的業餘數學家，竟然宣稱比自己早十年就發明了解析幾何，而且這位無名氏（『說真的，他到底是誰呀？』）還膽敢質疑他的光學理論時，笛卡兒會作何感想：他認為一定又有人在惡整他了。於是，在接下來的數年裡，笛卡兒不遺餘力地去攻擊費馬，甚至企圖使對方顏面掃地。畢竟，笛卡兒可承受不起失敗。在他的《談論方法》中，笛卡兒曾宣稱自己的分析方法是通往真理的不二法門，不過，要是費馬真的有本事在不用這個方法的情況下還能超越他，那他的那套理論就岌岌可危了。

　　在笛卡兒毫不留情的狂轟猛炸下，費馬的確一度受到了傷害，他的研究成果一直到 1679 年以前都無法正式發表，只能依賴於口耳相傳與信件的方式散佈，並且等到費馬去世很久以後才受到重視。相反的，笛卡兒則成為了大眾的寵兒。他的《談論方法》成了名著，後來幾個世代的人都是透過它來學習解析幾何。即使到了今天，學生們仍會接觸到『笛卡兒座標系（Cartesian coordinates）』這個名稱，儘管費馬實際上才是它的首位發明人。

4.7 尋找失傳的分析發現法

　　笛卡兒與費馬之間的爭鬥發生在十七世紀早期，那時的數學家們都在尋思幾何學上的分析方法。此處說的『分析』一詞（還有解析幾何中的『解析』也是）背後的意思和今天所認知的不大一樣 ── 它指的是某種關於『發現』的方法，而非『證明』的方法（譯註：作者在稍後的段落中會詳細解釋兩者的不同之處）。在當時，數學界有一個廣為流行的陰謀論，他們認為古人一定掌握了某種發現幾何事實的技巧，但卻刻意地將這項技巧隱藏了起來。舉例而言，笛卡兒就曾經說古希臘人：『有一套數學系統和現今我們所知道的非常不同…但根據我的猜測，狡猾的古代作者一定把那些知識藏起來了，實在有夠可悲。』

　　對於某些人而言，符號代數學似乎就是那個失傳的技巧。但對於保守派人士來說，代數卻受到了不小的質疑。一個世代以後，當艾薩克·牛頓說『代數是經驗不足的數學家所用的分析方法』時，牛頓其實是用稍微修飾過的語言譏諷笛卡兒，認為他就是最著名的一位『經驗不足者』，凡事都要依賴代數，透過從結論反推的方式來解決問題。

　　牛頓的這一番攻擊性評論，是建立在對『分析（*analysis*）』與『綜論（*synthesis*）』的傳統區別之上。在分析方法中，人們會先假設某個可能的答案為真，接著再試著從該答案反推回去，並期望能從中找到一條滿足題目敘述的道路。這就像當學生們遇到不會的習題時會先去查看答案，接著再往回思考解法一樣。

　　綜論的流程則完全相反。它按部就班地從初始條件開始，接著暗中摸索、嘗試不同做法，進而一步步有邏輯地向終點逼近，直到最後得到令人滿意的答案為止。一般認為，綜論比分析還要難上許多，因為在找到答案以前，你根本無從得知該朝哪個方向前進。

在古希臘人眼中，綜論是一種比分析更有邏輯、也更有說服力的做法；前者被視為『證明』某項結論的唯一途徑，而後者則是拿來『發現』結論的實用工具。因此，若你想要得到紮實的證據，那就一定得進行綜論。這也解釋了為什麼在阿基米德的例子中，他要先使用平衡翹翹板的分析方法找出答案，接著再用屬於綜論的窮盡法來進行證明。

不管怎麼說，雖然牛頓非常看不起代數分析，他自己倒是用得挺凶的，並且取得了非凡的成績，這一點我們在第 7 章中會看到。即使如此，他卻不是第一位代數分析學的大師，費馬才是。事實上，費馬的思維模式非常有趣，它既簡潔易懂、卻又陌生且充滿驚喜。只可惜他用來研究曲線的方法已經被遺棄了，取而代之的是今日教科書中所記載的、更為複雜的技巧。

4.8 如何在箱子裡放入最多東西

在使用代數研究最佳化（*optimization*）議題時，費馬的微分雛形開始顯露。最佳化是一門探討如何以最優方式完成某項任務的學問；並且根據任務種類的不同，此處最優的意思可以是最快、最便宜、最大、最高獲利、最有效率或其它任何類似的概念。為了能用最簡單的方法解釋他的點子，費馬自己發明了一些問題，而這些問題的樣貌和如今我們這些數學老師指派給學生的作業看起來大同小異。是的，學生們，你們知道要怪誰了。

現在讓我們來看費馬的其中一道問題，並且把它改良成現代化一點：想像一下你正在設計一只方形的置物箱。你希望這只箱子能夠裝得下越多東西越好，但有兩個限制必須遵守。第一，箱子的側面必須要是正方形的，寬與高都是 x 英吋；第二，它必須能被放入某航空公司的艙頂行李箱內，而根據該公司的規定，每件行李的長、寬、高加起來不得超過 45 英吋。那麼問題來了，根據以上條件，x 應該設計為多少才能使置物箱的容量達到最大呢？

要解決上述問題，其中一種方法是依靠常識。讓我們來測試一些不同的可能性吧！首先，假設箱子的寬與高皆為 10 英吋，那麼它的長就是 25 英吋，因為 $10+10+25 = 45$，且箱子的體積等於 $10 \times 10 \times 25$ 也就是 2,500 立方英吋。嗯，如果把箱子設計成立方體會更好嗎？由於立方體的三邊等長，因此它的大小一定是 $15 \times 15 \times 15$，乘完以後可以得到 3,375 立方英吋，看起來更加寬敞。在接著嘗試幾組不同的數字以後，我們發現似乎沒有比立方體更好的答案了，而事實也正是如此。

以上的解答純粹是用猜測猜到的，現在我們來看費馬如何思考這件事？因為他的做法會引導出更有價值的東西。

如同大多數的代數問題，我們的第一步是將所有的條件轉換成符號。既然已知箱子的寬與高皆為 x，它們相加後必會等於 $2x$。且由於長、寬、高的總和不得大於 45，所以長度可以表示為 45–2x。也就是說，整個置物箱的體積為 x 乘以 x 乘以 45–2x，等於 $45x^2 - 2x^3$。我們將這個結果用函數 $V(x)$ 表示，因此：

$$V(x) = 45x^2 - 2x^3$$

接著，我們小小的作弊一下，用電腦將上面的式子畫出來，並以 x 為水平軸、V 為垂直軸。如此一來，可以看到曲線在上升至 $x = 15$ 英吋時達到最大值（如我們所料），之後又逐漸下降直到零。

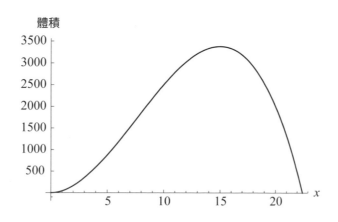

如今，學生們會透過微分來尋找最大值；他們會先求出 V 的導函數（即函數的一次微分），接著再令其等於零。這裡的關鍵在於，在曲線的最高點上，切線斜率將會為零，代表曲線在那個點上既不會上升、也不會下降。而切線斜率的值就是由導函數給出的（我們會在第 6 章中說明），也因此當達到最高點時，曲線的導函數必等於零。同時，再經過一連串代數運算，就可得到曲線的最大值出現在 $x = 15$ 的時候。

　　費馬並沒有電腦，更不知道導函數是什麼。然而，他卻提出了一些新的想法，在日後成了微分的前身！那麼，他究竟是如何解決該問題的呢？原來，他利用了最大值的一項特性。注意，對於所有在曲線最高點以下的水平線而言，它們都會和曲線交於兩點，如圖所示：

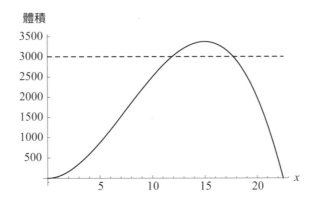

而高於曲線最高點的水平線則完全不會和曲線相交。

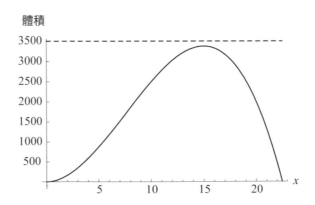

　　這樣的觀察讓費馬想到了一個直觀的解題辦法：先假設一條位置低於曲線最高點的水平線，然後將這條線緩緩地往上平移。過程中，曲線與水平線的兩個交點會慢慢向彼此靠近。

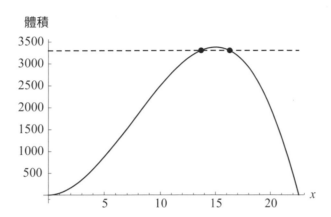

　　當到達曲線最高點時，交點便會碰在一起，而找到這個相碰發生的時機點，就是費馬搜尋最大值的策略，即雙重交點法（*double intersection*）。

　　我們先假設兩個交點發生在 $x = a$ 和 $x = b$ 的時候。那麼，由於此兩點位於同一條水平線上，根據定義，$V(a) = V(b)$ 一定成立。所以：

$$45a^2 - 2a^3 = 45b^2 - 2b^3$$

　　為了取得進一步的進展，我們可以重新排列這條方程式。若將所有的平方項都移到等號左邊、立方項都移到等號右邊，可以得到：

$$45a^2 - 45b^2 = 2a^3 - 2b^3$$

　　然後藉由一些高中代數的技巧，我們可以將方程式的兩邊分解如下：

$$45 (a - b)(a + b) = 2 (a - b)(a^2 + ab + b^2)$$

接下來，對兩邊除以它們共有的因子 $a - b$。注意！只要假設 a 和 b 是兩個不同的數字，這麼做就不會遇到任何問題（如果 a 和 b 相同，那麼除以 $a - b$ 等於將方程式的兩邊都除以零，而這在數學上是禁止事項，我們在第 1 章已經討論過了）。消去 $(a - b)$ 之後，得到最終的方程式：

$$45(a + b) = 2(a^2 + ab + b^2)$$

現在，請繫上你的安全帶，因為我們即將衝入一陣邏輯亂流之中。根據費馬先前的設定，a 和 b 是不同的兩個數字。然而，他接下來又假設當水平線來到曲線的頂端、a 和 b 匯聚成同一點時，他所得出的方程式依然適用（即上述消去 $(a - b)$ 之後的式子）。對於這個自相矛盾的假設，費馬嘗試引入一種稱為『可勝任相等（adequality）』的模糊概念來為其辯護；基本上，這個詞的意思就是：當到達曲線的最大值時，a 和 b 兩點雖然看上去大致相同，但是本質上並不真的一樣（在今天，我們會用『極限』或『雙重交點』兩種說法來描述這件事）。不管怎樣，費馬假定 $a \approx b$（中間兩條彎曲的等號代表『約等於』），然後粗暴地將方程式中的所有 b 都以 a 來代替，產生了下面這個式子：

$$45(2a) = 2(a^2 + a^2 + a^2)$$

這道方程式可以進一步簡化為 $90a = 6a^2$，而它的解則是 $a = 0$ 和 $a = 15$。此處的第一個解，即 $a = 0$，代表箱子體積的最小值；它的寬和高都是零，因此體積也為零，我們對於這個答案一點兒也不感興趣。第二個解，$a = 15$，則告訴我們箱子體積的最大值發生於何處，而這正是我們預期中的答案：15 英吋就是置物箱最理想的寬與高。

從今天的角度來看，費馬的推論過程怪怪的。他並沒有透過微分去找最大值。時至今日，我們會先教學生微分，再去探討最佳化問題；費馬的做法則剛好反過來。但是這無所謂，他的想法其實和我們是相同的。

4.9 費馬如何幫助聯邦調查局

費馬對於最佳化的早期研究成果可說是無處不在，許多我們現在非常依賴的演算法都是利用雙重交點與導函數的觀念而來。雖然，如今我們遇到的問題比當時費馬提出的要複雜許多，但它背後的精神卻一直都沒有改變。

此議題的一項重要應用與處理大數據有關：當資料量很大的時候，找到一種能夠盡可能壓縮數據的編碼方法將會非常有用。舉個例子，美國聯邦調查局（FBI）的資料庫中存有數以百萬計的指紋資料。為了在進行背景調查時能夠有效率地對它們進行儲存、搜尋與提取，FBI 使用了以微積分為基礎的資料壓縮方法。這種聰明的演算法能在不損失任何關鍵資訊的前提下，將電子化的指紋檔案盡可能地縮小。

同樣的技巧也被用在音樂與圖片的資料壓縮。這些設備會採用 MP3 和 JPEG 的壓縮演算法萃取出檔案的精華，藉此讓它們變小以節省記憶體空間。這些演算法也能讓歌曲和照片的下載速度加快，同時避免我們在傳送檔案時把對方的信箱塞爆。

找出數據變化的模式

為了看出微積分、最佳化與檔案壓縮之間有什麼關連，讓我們來研究一個與之相關的統計學問題：如何將曲線擬合（fitting）至資料點；這個議題在氣象科學、商業預報以及其它各個領域中都扮演了重要的角色。在這裡，我們要檢視的資料顯示了白天長度如何隨著季節變化。正如大家熟知的，夏天時白天長度較長，而冬天時則較短，但是這個趨勢的具體樣貌到底如何呢？在下圖中，我將紐約市 2018 年的資料畫了出來。其中水平軸代表一整年的天數，最左邊為一月一日、最右邊為十二月三十一日。縱軸則表示在一年之中，每一天從日出到日落的分鐘數變化。為了避免圖上的資料點過於密集，我從一月一日開始，每兩週取樣一次，總共 27 天。

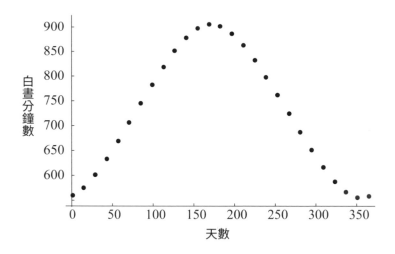

這張圖顯示出每日的白天長度的確會在一年之中上下起伏，這符合我們的預期。大約在夏至的時候（六月二十一日，對應到圖中的最高點，也就是一年中第 172 天的地方），白晝的長度達到最長；等到半年過去，節氣來到冬至附近時，白晝長度便會降至最短。整體看來，資料呈現出一種平滑的波動趨勢。

用正旋波擬合數據

在高中三角函數課堂上，老師會介紹一種被稱為正弦（sine）波的函數。在本書之後的章節中，我會詳細說明正弦波到底是什麼以及它對於微積分而言為什麼特別。但現在，我們只需要知道它和圓周運動（circular motion）有關就行了。為了能看出兩者之間的關連，請想像一個在圓形軌道上不斷以等速率繞著圓心轉的點。如果我們將這個點的所在位置寫成時間的函數，並且將它畫在圖上的話，最後的結果就是一條波動的正弦函數曲線。

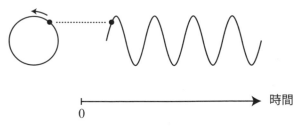

114

另外，由於圓和循環有著強烈的關連性，因此正弦波實際上出現於所有具有循環特性的現象之中，包括：四季的交替、音叉的震動以及螢光燈與電線產生的 60 赫茲嗡鳴聲等。以 60 赫茲嗡鳴為例，這個惱人的聲音便是正弦波以每秒六十次的頻率震盪的產物；它顯示出交流電電流方向改變的頻率，而這和發電廠中發電機部件的旋轉頻率是一樣的。記住，哪裡有圓周運動，那裡就有正弦波。

每一個正弦波動都被四個關鍵的參數定義著：它的週期（*period*）、平均值（*average*）、振幅（*amplitude*）、以及相位（*phase*）。

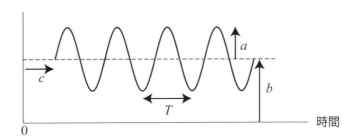

我們對這四個參數都有明確的解釋。所謂週期 T，指的是該波動完成一次完整循環所需的時間；以白天長度的資料為例，T 大約是一年，或者更準確地說是 365.25 天（注意，這裡多出來的 0.25 天就是為什麼每四年就需要一次潤年的原因，這樣我們的曆法才會與自然的週期同步）。正弦波的平均值指的是它的基準值，也就是上圖中的 b；對於我們的資料而言，這個值就等於 2018 年<u>紐約</u>市每日白晝分鐘數的平均。白晝長度波動的振幅 a 能夠告訴我們，在日照時數最長的一天中，白天的長度比起平均值到底多了幾分鐘。而相位 c 則說明了整個波動從什麼時候開始由低於平均值的位置進入高於平均值的狀態；以我們的資料而言，這個時間點大約落在春分。

為了方便起見，我們可以將上述四個參數（即 a、b、c 和 T）想像成四個旋鈕，用來調整一個正弦波的形狀。其中 b 旋鈕能將曲線往上移或

往下移，c 旋鈕能夠將曲線往左或右移動，T 旋鈕決定震盪發生的頻繁程度，而 a 旋鈕則控制了波動上下起伏的劇烈程度。

如果我們能將 a、b、c、T 設定在適當的位置，使得一條正弦曲線剛好通過白晝長度資料圖上的每一個數據點，那麼我們便能將圖中的資料壓縮至很小的程度，因為這代表我們只用了正弦波的四個參數值就將原本 27 個點的資訊給囊括起來了；這樣的壓縮率是 $\dfrac{27}{4}$，或者以小數表示為 6.75。而事實上，既然我們已經知道這四個參數中的其中一個一定是一年（譯註：指週期 T），那麼剩下來需要決定的參數就只有三個了，因此我們的壓縮率就變成 $\dfrac{27}{3}$，也就是 9。注意！在我們的例子中，資料壓縮的效果之所以很好，是因為數據點並不是隨機分佈的。它們具有一種固定的模式，而這個模式可以用正弦波來描述。

唯一需要留意的一點是：沒有任何一條正弦波曲線可以完美地通過所有資料點，這在拿某個理論模型去擬合真實世界中的數據時是很正常的一件事。理想和現實之間總是會有一點兒誤差存在，我們只希望這樣的誤差小到可以被忽略就夠了。為了達成這個目標，我們必須找到一條正弦曲線，能夠盡可能穿過所有的數據，這時就需要微積分的介入了。

下圖顯示的曲線就是擬合程度最好的正弦波，這是透過某種最佳化演算法找出來的，我一會兒會詳細說明。

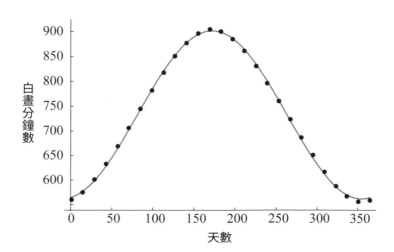

但首先，請注意這個擬合的效果還不夠完美。舉例來說，在十二月的時候（即橫軸第 350 天附近），曲線下降的幅度似乎就不太夠，導致白天長度特別短的幾個資料點落到了曲線的下方。不過，這條簡單的正弦曲線還是能很好地描繪出整體的趨勢。而這樣的精準度在某些狀況下已經足夠了。

那麼，微積分在這當中到底發揮了什麼作用呢？簡言之，它能夠幫助我們找到最理想的四個參數。想像一下，你正在不斷地轉動正弦波的 a、b、c、T 四個旋鈕，好得到一條擬合程度最優的曲線；這個過程就好比不斷調整收音機的頻率，直到接收到的訊號達到最強一樣。事實上，此問題的本質和費馬的置物箱容量最大化問題是相同的。只不過在費馬的例子中，他處理的參數只有一個 x，也就是盒子的邊長，並且他利用雙重交點找到的答案代表箱子的最大容量；而在我們的例子中，要處理的參數有四個之多。不過儘管如此，兩者背後的道理是一樣的。我們同樣要找到雙重交點所在的位置，而這個結果就會告訴我們哪四個參數才是最佳選擇。

找出誤差最小的最小平方法

現在，我們要更詳細說明這個過程是如何運作的。對於任意的四個參數而言，我們首先要去計算所有 27 個真實資料點與正弦波之間的差距（也就是一般所稱的誤差）。根據這個想法，我們最後要找的，就是能使全部 27 個誤差的總和達到最小的那組參數。不過在這裡，『誤差的總和』其實會產生一個問題，因為由實際資料與正弦值相減所產生的誤差可能是正數或負數，而我們不希望正負誤差相互抵消，因為不管模型預測（即正弦波值）是高於還是低於真實資料，都算是誤差，並且都應該被納入對誤差的考量之中，所以我們絕對不能讓它們彼此抵消掉。

為了達成這個目標，數學家對每一點的誤差值取平方。如此一來，負數就會統統變成正數，從而避免掉正負相抵的問題。因此，我們要選的四個參數就是能使誤差平方總和達到最小的值，這個方法被稱作『最小平方

法（*method of the least squares*）』。當資料分佈的情況具有一定的規律時，這個方法的效果最好。

以上的討論帶出了一項非常重要的結論，那就是：模式是使資料壓縮成為可能的先決條件。換句話說，只有依循一定規律的資料可以被壓縮，隨機資料則不行。所幸大多數人們關心的資訊，包括歌曲、臉孔與指紋，都具有非常清楚的結構與模式。如同白晝長度具有簡單的波動性一樣，一張臉的照片也有許多明顯的特徵，如眉毛、痣、頰骨等；一首歌則有旋律與和聲、節奏以及力度變化；而指紋則包含了脊、圈與渦紋等構造。身為人類，我們可以立刻辨識出這些特徵，但電腦也可以學會去辨認出來，關鍵就在於找到可以被用來描述某種特定模式的數學工具。正弦波能夠很好地代表週期性的變化，但它們對於固定位置的特徵（如：鼻孔或者美人痣）就沒那麼有用了。

用小波描述固定位置的波動

為了達到描述固定位置的目的，來自不同領域的研究員發展出一種更為泛用的波，稱作小波（*wavelets*）。這種波與正弦波相比，位置上更加固定：正弦波的週期性波動會朝兩端延伸至無限遠的地方，但小波的波動則只集中在一定的時間或空間內。

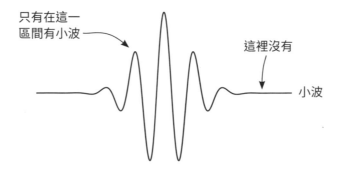

只有在這一區間有小波

這裡沒有

小波

小波會突然之間發生，維持震盪一段時間，然後停止。它看上去就像心電圖上的信號，或者在地震時地震儀記錄到的瞬間活動。它們能夠描述

腦波圖中猛然出現的高峰、梵谷(*Van Gogh*)畫作上的一撇、或者是臉上的一道皺紋。

美國聯邦調查局就是使用小波來讓指紋檔案更為現代化。在二十世紀早期，指紋鑑定剛被導入時，所有的指紋資料都是存在於一張張紙卡上。這樣的資料很難被快速查找。到了 1990 年代中期，這種指紋小卡的數量已經將近兩億張，並且必須佔用一英畝(譯註：大約 1,224 坪)的辦公室空間來存放。當 *FBI* 終於決定要將檔案數位化後，他們便將指紋資料都轉換成解析度為每英吋 500 點(*dpi*)的 256 階灰階圖片，這樣的圖片規格已經足以將所有的渦紋、圈、脊以及交叉點等指紋的關鍵細節捕捉下來了。

但問題是，光一張數位化後的指紋卡就有 10 *MB* 那麼大，這讓當時的 *FBI* 難以將檔案迅速分享給地方執法人員使用。記住，此處所說的時間是 1990 年代中期，是電話數據機與傳真機還很新潮的時期，想要傳一個 10 *MB* 的檔案需要花費數個小時，當時通用的 1.5 *MB* 磁碟片也難以攜帶那麼大的資料。隨著每日流入三萬枚新指紋以及緊急的背景調查需求，這套檔案系統急需更新。為此，*FBI* 必須找到一種既能壓縮資料又不會造成資訊扭曲的方法。

用小波技術有效壓縮指紋檔案

小波在這項應用中是非常理想的選擇。藉由將指紋資料轉換為許多小波的組合，並利用微積分將其中的參數調整至最佳狀態。來自洛斯阿拉莫斯國家實驗室(*Los Alamos National Lab*)的數學家與 *FBI* 聯手，將這些檔案壓縮了超過二十倍。這在當時的鑑識科學界可算是一項重大的突破。多虧了對於費馬研究成果的現代化應用(以及小波分析、電腦科學、訊號處理等領域的參與)，本來 10 *MB* 的檔案可以被壓縮成僅僅 0.5 *MB*，便於透過電話線傳輸，而且資料還不會失真。人類的指紋專家對其讚許有佳，並很快將其運用在電腦上。這種壓縮檔案在 *FBI* 的自動身份辨識系統中表現良好。這是微積分的勝利，同時也是犯罪者的噩耗。

4.10 最短時間定律

我還挺好奇，如果費馬知道他的想法被用在上述的應用之中會有什麼看法？他本人向來對於將數學運用到真實世界中沒有太大的興趣，他只是單純地享受研究數學的樂趣而已。然而，費馬的確在應用數學上做出深遠影響的貢獻：他是史上第一位用微積分做為邏輯引擎，進而從更為根本的定理中推導出另一條自然法則的人。就像馬克士威於兩個世紀後在電磁波領域所做的事情一樣，費馬先將某條假定的自然定律寫成微積分的語言，接著將該定律放入運轉中的微積分引擎中，並藉此得到了另一條定理（源自於之前的那一條定律）。透過這個做法，費馬這位無心插柳的科學家意外開啟了一種全新的推理方法，而該方法自此以後便稱霸了整個理論科學的研究。

我們的故事開始於 1637 年，一群巴黎的數學家正在徵詢費馬對笛卡兒最新光學論文的意見。笛卡兒在該論文中對於『光線從空氣進入水中或從空氣進入透鏡時會如何偏折』提出了自己的想法，這個現象在今天被稱為折射（*refraction*）。

任何一位玩過放大鏡的人都知道光線可以被彎折、集中。當我還是小孩子的時候，就喜歡在車道旁邊拿著放大鏡燒葉子玩。我會將放大鏡移上移下，直到太陽光在葉子上聚焦成一個明亮的白點，樹葉不久後便會開始冒煙，最終被點燃。折射現象還有一項不那麼有趣的應用：眼鏡。眼鏡上的鏡片可以將光線彎曲，使其集中在視網膜上正確的位置，藉此矯正視力問題。

這種光線的彎折現象還能解釋某種錯覺，你在晴天躺在泳池邊時可能注意過它。假設你恰巧在在池底發現了一個閃閃發光的物體，例如一串珠寶。

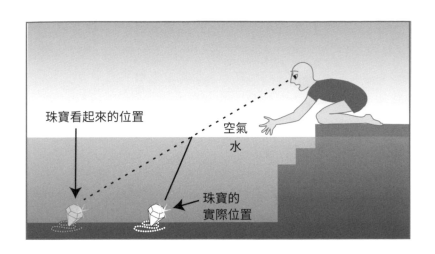

你低頭望著水中亮閃閃的物體，卻發現它的實際位置和你觀察到的有一段差距，而這其中的原因就是由於光線從水池進入空氣發生了彎折。也是因為這個因素，漁夫在用魚叉捕魚時必須瞄準魚目視所在處的下方，這樣才有機會插中目標。

此處所談的折射現象遵守了一個簡單的法則：當一束光線從密度較低的介質（如：空氣）進入到密度較高的介質（如：水或玻璃）中時，該光線會偏向一條與兩介質交界面垂直的垂線（譯註：一般稱為『法線』）；但當光線從較密的介質移動到較疏的介質時，它則會朝遠離法線的方向偏折。

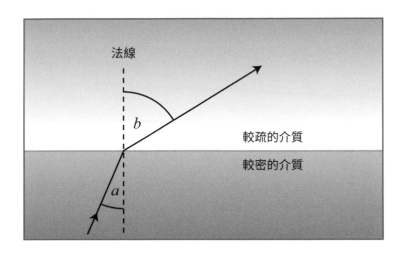

在 1621 年，一位荷蘭的科學家威理博·司乃耳（*Willebrord Snell*）做了一個聰明的實驗，並依據結果將上述的法則量化，使其變得更加精準。藉由不斷改變光線入射的角度 a，並測量折射角度 b 如何隨之變化，司乃耳發現了以下事實：對於特定的兩種介質而言，比值 sin$a$ / sin$b$ 永遠都相同（sin 即三角函數中的正弦函數，這個函數的圖形就是我們在分析白晝長度問題時所用的正弦波）。

但是，司乃耳也察覺到隨著所用的兩個介質不同，sin$a$ / sin$b$ 的比值也會有變化。當使用空氣與水時，這個比值是某個固定常數；但當使用空氣與玻璃時，該比值又會變成另一個常數。司乃耳並不曉得這個和正弦函數有關的定理為什麼正確。總之，它就是對的，是一條光線必須無條件遵守的規則。

笛卡兒在 1637 年的著作《屈光學（*Dioptrics*）》中，重新發現了司乃耳的正弦法則，而他當時並不知道在他之前已經有至少三個人曾提出過這條定律了，包括：司乃耳（在 1621 年時發現）、英國的天文學家托馬斯·哈里奧特（*Thomas Harriot*；於 1602 年發現）、以及波斯的數學家伊本·薩赫爾（*Abu Sa'd al-A' la Ibn Sahl*；他早在 984 年便發現了）。

笛卡兒為這個正弦定律提出一個解釋，他（錯誤地）假設此現象是由於光線在高密度介質中走得『比較快』所致。對於費馬而言，這個假設聽上去與常識剛好相反。於是，費馬懷著沒有任何惡意、純粹只是想幫忙的心態，相當溫和地對笛卡兒的理論提出指正，並將其寄回給那群向他徵詢意見的波斯數學家。

時間快轉到二十年後的 1657 年，那時笛卡兒已去世，而費馬則接受了一位名為馬林·庫羅·德拉尚布雷（*Marin Cureau de la Chambre*）的同事之邀，重新檢視了笛卡兒關於折射的議題。透過庫羅的詢問，費馬深入思考此一現象，並引入了他所熟悉的最佳化問題。

根據直覺，<u>費馬</u>認為光線一定是依循最有效率的路徑前進。更精確的說，當光行經兩點時，它總是選擇阻礙最小的一條路線，而<u>費馬</u>認為這同時也是使光線能夠最快到達目的地的路徑。這條『最短時間定律（*principle of least time*）』可以幫助<u>費馬</u>解釋為什麼在單一介質中，光總是走直線；也能說明為什麼當光被鏡子反射時，入射角會與反射角相等。但是，這條定律能夠正確的預測出當光從某個介質進入另一個時，路徑會如何偏折嗎？更重要的是，它能夠解釋折射的正弦定律嗎？

<u>費馬</u>對此不敢肯定。同時，要計算出答案也並非易事，因為一道光線從光源到目的地總共有無限多種路徑選擇（每一條路徑都在介質交界處彎曲，見下圖）。

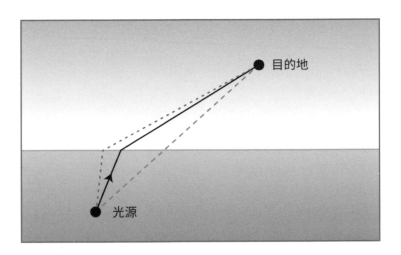

要想計算出光線在每一條路徑中傳播的最短時間是很困難的，特別是在那個微分還正處在萌芽階段的年代。除了曾經用過的雙重交點法，<u>費馬</u>也實在拿不出其它法子了。與此同時，<u>費馬</u>還很害怕自己的計算會出錯，他在寫給庫羅的信中說道：『畏懼面對答案、一長串的計算、處理無規律而又古怪的比例、以及我懶惰的天性，這就是為什麼這個問題直到今天仍在原地打轉。』

在接下來的五年裡，費馬都在忙別的事情。但最終，他的好奇心還是勝利了。1662 年，費馬逼自己進行了計算。整個過程非常的累人且痛苦，但就在他於一堆符號中披荊斬棘之際，一些吉兆開始出現。算式中許多的未知項都消掉了、代數法則正常運轉，而最後顯現在眼前的，正是我們的正弦定律。在一封寫給庫羅的信中，費馬形容這次的經驗是他進行過的所有計算中『最不同凡響、最史無前例以及最令我開心』的一次。『這樣的結果實在太令我意外了，以致於我久久無法從震驚中恢復過來。』

費馬將未成熟版本的微分應用在物理問題上，在他之前從來沒有人這樣做過。而藉此方法，費馬證明了光的行進總是遵循最有效率的方式，注意！這裡不是指最直接的途徑，而是最快的途徑。在所有可能的路線中，光似乎能夠知道（或至少表現得很像它知道）走哪一條才會花最短的時間。而這也是顯示微積分能描述宇宙運作的一項重要早期證據。

這條最短時間定律稍後衍生出『最小作用量定律（*principle of least action*）』，其中『作用量（*action*）』一詞在力學領域中有著特定的意思，不過我們在此並不需要深究。我們只需要知道，最佳化原則（即大自然中的各種現象總是以某種最有效率的形式出現）可以正確地預測出力學原理就行了。

到了二十世紀，最小作用量定律還進一步被擴展為廣義相對論與量子力學等現代物理學的源頭。可以說，人們使用最佳化原理解釋物理現象、並以微積分推導答案的做法，就是從費馬的這次計算開始的。

4.11 關於切線的爭論

費馬尋找最佳化狀態的技巧，還讓他能夠研究曲線上的切線，而這就是真正讓笛卡兒火冒三丈的地方。

切線（*tangent*）這個詞源自於拉丁文中的『接觸』。這個意思非常傳神，因為一條切線並不會貫穿曲線於兩點，而是僅和其接觸在某一點上，剛好擦過而已。

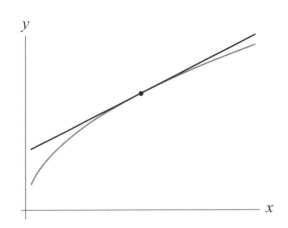

發現切線的方法和之前找最大或最小值的方法類似。我們可以先畫一條和曲線交於兩點的直線，之後再將這條直線上下移動，直到兩個交點重疊在一起為止。

大約在 1620 年代的時候，費馬就已經能夠處理所有代數曲線（*algebraic curve*）的切線問題了（所謂代數曲線指的是能單純以 *x* 和 *y* 的整數次方項來表達的曲線，其中不能包含任何對數、正弦函數、以及其它超越函數（*transcendental functions*））。透過他的雙重交點法，費馬便可以解答任何我們今天能用導數解決的問題。

而笛卡兒則有一套自己的找切線策略。在他於 1637 年出版的《幾何學（*Geometry*）》一書中，笛卡兒驕傲地向全世界公佈了他的方法。在不知道費馬其實早已解決此問題的情況下，他也獨立發展出了類似雙重交點的概念，只不過笛卡兒所用的工具是圓，而不是直線。一般來說，在到達切點（譯註：即切線與曲線的交點）以前，一個圓將和曲線交於兩個點或者根本沒有交點。

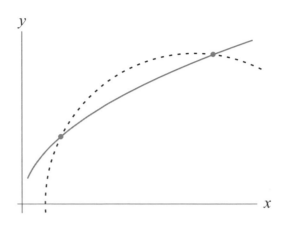

藉由調整圓的位置與半徑,笛卡兒能使原本分離的交點合二為一。而就在那個兩交點完全重疊的位置上 —— 賓果!圓與曲線達到相切的狀態了。

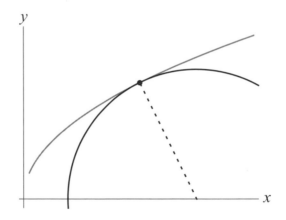

以上的步驟給了笛卡兒找到切線需要的所有必要條件。它們同時也讓笛卡兒知道法線(*normal line*)在哪裡,這是一條與切線垂直的線,並且它的位置就在該圓的半徑上(譯註:也就是上圖中虛線的位置)。

笛卡兒的方法並無錯誤,只是很笨拙,且其間產生的代數運算量遠遠超過費馬的方法。但當時的他根本還沒聽說過費馬呢!於是,笛卡兒的傲氣自然讓他認為自己的方法已經超越了所有人。正如他在《幾何學》中所

寫的：『我已經發現了一種方法，能在曲線的任意一點上，畫出一條與曲線本身相互垂直的直線。我敢說，這個議題不僅是幾何學上最有用且最普遍的問題，同時也是我唯一有興趣知道的問題。』

在 1637 年末，當笛卡兒得知費馬比他早十年發現了切線問題的答案，但卻懶得將結果發表時，笛卡兒感到無比驚慌。1638 年，他開始尋找費馬的方法中是否存在漏洞。『噢，我找到了一堆！』透過一位中介人，他說道：『我甚至連他的名字都不想提，這樣在他知道我所發現的一堆錯誤後，才不會覺得太沒有面子』。笛卡兒對費馬的邏輯做了一番批判，但說實話，其中大多數的觀點都非常的粗略隱晦。而在經過一陣子的書信往返與費馬的耐心解釋後，笛卡兒終於不得不承認費馬的推理過程沒有問題。

但在認輸以前，笛卡兒仍企圖難倒費馬。他向費馬提出了一個挑戰：找出三次方程式 $x^3 + y^3 = 3axy$ 的切線，其中 a 是常數。私底下，笛卡兒知道自己無法解決這個問題，因為以圓為基礎的方法實在太麻煩了，其所產生的代數將複雜到難以處理。也因為如此，他也很有信心認為費馬的直線方法一定也無法解開這個難題。然而，費馬在數學上的造詣更好，同時方法也更為優秀，因此他一下子就把答案找出來了，這讓笛卡兒感到懊惱不已。

4.12　希望之地就在前方

費馬為現代微積分奠定了基礎。他的最短時間定律顯示了最佳化與大自然之間的深層關係。在分析幾何與切線問題上，費馬為微分開闢了一條道路，而後來者也很快地採行了他的方法。不僅如此，費馬在代數上的能力還使他計算出了某些曲線下方的面積，這個問題可是困擾了很多當時最傑出的學者。準確來說，費馬找到了 $y = x^n$ 的曲線下面積，其中 n 可以

是任意正整數，而且全程只靠他的雙手來計算（前人已經解決了 $n = 1, 2,$ $\cdots, 9$ 的情況，但找不到策略可以將結果拓展至所有的 n）。在這個問題上，費馬的突破使積分前進了一大步，並對該領域日後的重大突破產生了影響（編註：求曲線下某一段區間內的面積就是積分的觀念）。

但即使有了以上成就，費馬的研究仍有一點美中不足。他並沒有揭開那個後來被牛頓與萊布尼茲揭露、能將微積分的兩個面向統合起來的祕密。考慮到他已經那麼接近答案了，這實在是很可惜的一件事。這個缺失的環節和費馬找尋最大值與切線的方法相關，它已經隱約可見，但卻並沒有獲得重視；這個『它』就是日後被我們稱為導數的東西。事實上，關於導數的應用，如今早已超越曲線與切線，成為描述一切變化的基礎。

5

微積分發展的交叉點
The Crossroads

　　我們的故事來到了一個交叉點。此後，微積分變得更具現代感，應用範圍從原本的幾何學的曲線議題，擴展到和各種與變化有關的主題上。人們藉由微積分探究宇宙的韻律與起伏，以及其它難以言喻、隨著時間而改變的模式。它不再滿足於靜止的幾何範疇，而是開始去探索動態的世界。它開始追問：變化背後的法則是什麼？我們的未來會變成什麼樣子？

　　自微積分到達新舊交叉點的四個世紀以來，它的觸角已從代數與幾何，延伸到物理與天文、生物與醫藥、工程與科技、以及其它所有不斷變遷的領域。它將時間數學化，並且給了我們信心，使我們有理由去相信雖然這個世界從表面上看似混亂且不講理，但其最深處卻是合乎邏輯的，並且確實地遵守著一條條的數學定律。有時，藉由科學實驗，我們能夠將這些定律給揭露出來。有時，微積分會介入，幫助我們瞭解這些定律。更有些時候，這些發現可以進一步被用來改善我們的生活、促進社會發展、甚至徹底改變歷史進程，為人類帶來一個更美好的明天。

這個對於微積分發展非常重要的時間點就落在十七世紀中期。那時，有關曲線的問題與有關運動及變化的問題，匯聚到了一個二維的舞台，這個舞台就是由費馬和笛卡兒創造的 xy 平面。事實上，費馬和笛卡兒當時並不知道自己的發明應用層面有多廣，他們只把它當作研究純數學問題的工具而已。但即便如此，這個工具打從一開始便展現出了融合不同領域的能力，包括：整合方程式與曲線、代數和幾何學、甚至是東西方的數學知識。而在之後的一個世代中，艾薩克·牛頓更是以此為基礎，再加上伽利略與克卜勒的研究成果，將幾何學和物理問題完美地整合起來。牛頓的智慧為啟蒙時代點亮了一盞明燈，並由此開啟了一場西方科學與數學的大革命。

但想要把上述的故事說清楚，我們有必要先談談使一切發生的舞台：xy 平面。今日學生在修習初等微積分課程時，必須花一整年的時間和該平面打交道。與之相關的課程還有一個專門術語，叫做『單變數微積分』。對於這個主題的討論將會延伸到接下來的幾個章節裡，而在此我們就以函數（*functions*）這個議題做為開場。

自從曲線被用於研究運動與變化的幾個世紀以來，xy 平面的重要性便與日俱增。在所有量化研究中，人們都將數據點畫在該平面上，以發掘資料中隱藏的趨勢。藉此，變數之間的相依關係就可以被視覺化地呈現出來，讓我們瞭解 x 和 y 之間究竟有著什麼連繫。而描述這種連繫的，便是『單變數函數』。這些方程式可以用記號寫為 $y = f(x)$，讀作『y 等於 f of x』（譯註：在中文裡，我們也可以說『y 是 x 的函數』）。在這裡，f 代表一個描繪變數 y（稱為因變數）如何隨著變數 x（稱為自變數）改變的函數。像這樣的函數以最井然有序的方式將自然界的各種行為呈現了出來；有一因必有一果，有刺激必有可預期的反應。再說得更專業一點，函數 f 就是一道規則，它使得每一個 x 的值都和一個特定的 y 值對應起來。就像是一台機器的輸入與輸出一樣，你餵給它一個 x，它就吐出一個 y，而且你可以準確地預測這台機器將會吐出什麼。

在費馬與笛卡兒之前的幾十年，伽利略就已經認識到了將現實狀況簡化的重要性。在他的實驗裡，伽利略讓一顆球從斜坡上滾落，並測量在一段時間中該球走了多遠，這就是一個非常簡單的關係：距離是時間的函數。類似的情況也在克卜勒的研究中，他探討行星繞行太陽一圈的週期為多久，並將此週期與該行星到太陽之間的平均距離關連起來；這同樣是在研究兩個變數之間的對應關係，即週期如何隨平均距離改變。透過這種方式，我們就能讀懂大自然，確實地朝著真相邁進。

其實，我們在前面幾章中已經看過許多函數。以麵包的例子來說，x 是被吃掉的麵包片數，而 y 則是攝取的卡路里數，兩者之間的關係可以用 $y = 200x$ 來表示，這會在 xy 平面上產生一條直線。另外，在探討 2018 年的白天長度如何隨著季節改變時，我們也用上了函數。在該例中，x 代表一年中的第幾天，y 則代表第 x 天時白晝（定義為從日升到日落）的分鐘數。我們發現這兩個變數的關係若被畫成圖，看起來會像正弦波一樣震盪，而其中白天分鐘數最長的地方出現在夏季，最短則在冬季。

5.1 函數的功能

有些函數從數學的角度來看重要性奇高，因此在科學計算機上都為它們保留了專屬按鈕。這些函數就像是數學界的明星，它們包括 x^2、$\log x$、和 10^x 等等。不過無可否認地，一般人其實不太需要這些函數。不管是找錢還是給多少小費，我們都沒必要使用它們。事實上，對於日常生活的情境而言，單純的數字就夠用了。這也就是為什麼當你打開手機上的計算機時，一開始跳出來的總是最基本的型態，只顯示從 0 到 9 的數字，四則運算符號：加、減、乘、除，以及百分比按鈕。以上這些，就是我們在生活中實際會用到的幾個功能。

但對於特定領域的專業人士（如：科學家、工程師、金融分析員、以及醫療研究人員等）來說，數字僅僅是開頭而已，他們還必須處理變量與

變量之間的關係，如此才能夠知道某個因素如何影響另一個。而想要描述這樣的關係，函數是必不可少的工具。

一般而言，事物變化的趨勢可以分為以下三類，即：上升、下降、或者忽上忽下。換句話說，它們可能成長、可能消亡、也可能處於波動狀態。這些不同的情況必須使用不同的函數來描述。我們在之後的章節還會碰上各種函數，那麼就先在此處做些整理。

5.2 冪函數

冪函數（*power functions*；也就是 x 次方項的函數）通常被用來描述數量以漸近的形式增長，x^2、x^3 等就屬於此類函數。

這些函數中最簡單的一種型式即線性函數（*linear function*），其中 y 值的增長和 x 值成固定的比例，可以寫成 $y = ax$，其中 a 就是 y 和 x 的比例常數（常數就是固定不變的數）。

如果是探討二次函數的增長趨勢，特別設置一個 x^2 按鈕就非常有用了。舉個例子，假設我們現在有 x 值 1、2 和 3，那麼與之相對應的 $y = x^2$ 的值會是 $1^2 = 1$、$2^2 = 4$ 和 $3^2 = 9$。注意在此處 y 值的增長幅度會不斷變大，其中從 1 到 2 的增長幅度 $\Delta y = 4 - 1 = 3$，而從 2 到 3 的增長幅度則為 $\Delta y = 9 - 4 = 5$。如果我們繼續寫下去，這個增長幅度會是 7、9、11…，剛好形成一個奇數數列。換句話說，二次函數的增長趨勢，會造成 y 值隨著 x 值的增加而增加得越來越快。

我們在伽利略的斜面實驗中已經看過這種有趣的奇數關係了。藉由觀察一顆球從斜坡上緩緩滾落的過程，伽利略發現若從球剛被釋放開始算起，球在一段固定時間內走的距離將會越來越長，並且形成一個由連續奇數（1、3、5 等，以此類推）構成的數列。伽利略同時也認知到這個現象背後隱藏的訊息，即：球滾過的距離並非和時間成正比，而是和時間的平

方成正比。此例中我們可以看到，在關於運動的研究中，二次函數 x^2 很自然地就出現了。

5.3 指數函數

和成長幅度較為溫和的冪函數（如 x 或 x^2）不同，指數函數（如：2^x 或 10^x）描述的是一種爆炸性的增長趨勢。線性增長是透過每次『加上』一個常數來上升，而指數則是每次都『乘上』一個常數來增長。

舉個例子，培養皿中的細菌數量大約每二十分鐘就會增加一倍。也就是說，假如我們一開始有 1,000 隻細菌，那麼二十分鐘以後它們的數量會上升至 2,000 隻；再過二十分鐘，又會上升到 4,000 隻；再過二十分後將來到 8000 隻；然後是 16,000 隻、32,000 隻，以此類推。在這個例子中，指數函數 2^x 發揮了它的作用。

再說得更仔細一點，如果我們將二十分鐘當成『一個單位時間』，那麼經過 x 個單位時間的細菌數量就會等於 1000×2^x 個。類似的指數增長，例如病毒顆粒的數目隨著時間上升、以及訊息在社群網路上像病毒一樣地傳播。

指數增長也被應用於描述財務狀況的成長。試想一下，在一個銀行帳戶中有一筆總額為 100 美元的存款，每年可以獲得百分之一的固定利息。因此，這筆錢在存放了一年之後，總金額會上升至 101 美元；兩年之後，它會等於 101 乘以 1.01，也就是 102.01 美元。由此可知在 x 年後，這個銀行帳戶中的存款總額就等於 $100 \times (1.01)^x$。

在如 2^x 和 $(1.01)^x$ 這樣的指數函數之中，數字 2 和 1.01 稱為函數的底數。微積分出現以前，最常被使用的底數是 10，這並不代表用 10 會比用其它數字來得好，純粹只是從傳統延用下來的偏好，而這個偏好源自於演化上的意外：人類剛好就長了十根手指頭。就因為這樣，我們的算術

系統與十進位機制皆建立在 10 這個數字之上。

也是因為相同的原因，我們（通常是在高中）接觸的第一個指數函數就是 10^x。放在上標位置的 x 被稱為函數的指數。當 x 的值是 1、2、3 或其它正整數時，10^x 代表有多少個 10 被連乘在一起；但當 x 為零、負數或者非整數時，10^x 代表的意思就比較微妙了，我們在下一節會看到它們各自代表什麼意思。

5.4 十的次方

在科學研究中，經常會使用十的次方來降低運算的難度。特別是當數字特別大或特別小的時候，將這種數字以科學記號表示就非常方便，而科學記號就是利用十的次方來把數字盡可能轉換成精簡的表達型式。

我們以 21 兆為例，可以被十進位表示法寫成 21,000,000,000,000，也可以用科學記號寫為更簡單的 2.1×10^{13}。假設今天出於某種原因，我們必須把這個龐大的數字再乘以十億，那麼將算式寫成 $(2.1 \times 10^{13}) \times 10^9 = 2.1 \times 10^{22}$ 顯然要比把所有零寫出來要來得簡單多了。

十的前三個次方數是我們經常會在日常生活中碰到的：

$x = 1 \quad 10^1 = 10$

$x = 2 \quad 10^2 = 100$

$x = 3 \quad 10^3 = 1000$

注意上面的增長趨勢：在等號左邊的指數位置（代表 x 值），數值以『等差』的方式增加（即一次加上一個常數）；而在等號右邊（代表 10^x 計算結果），數值則以『等比』方式增加（即一次乘上一個常數），而這符合我們對於指數增長的期待。說得更清楚一些，對等號左邊的值而言，每上升一

次數值便會加一；但對於等號右邊的值，每上升一次數值會乘以 10。這個加法和乘法的對應關係是所有指數函數的特徵。

也正因為上述的對應關係，當我們將等號左邊的某些數值『加』起來時，就相當於將相應的右邊數值『乘』起來。例如：將左邊的 $x = 1$、2 相加等於 3，因此 $x = 3$ 時的等號右邊就等於 $10 \times 100 = 1000$。這個從加法到乘法的『翻譯』過程完全合理，因為：

$$10^{1+2} = 10^3 = 10^1 \times 10^2$$

換句話說，當我們將十的次方數相乘的時候，它們的指數部分（如上例中的 1 和 2）就會相加。這樣的關係可以寫成以下通式：

$$10^a \times 10^b = 10^{a+b}$$

同理，等號左邊的指數相減，會等於等號右邊的數值相除：

$$3 - 2 = 1 \text{ 對應於} 10^{3-2} = \frac{1000}{100} = 10$$

我們可看出當等號左邊的指數減 1，右邊的數值就要除以 10。因此，當等號左邊的指數從 1 減為 0 時，右邊也會相當於 10 除以 10 等於 1：

$$x = 0 \quad 10^0 = 1$$
$$x = 1 \quad 10^1 = 10$$
$$x = 2 \quad 10^2 = 100$$
$$x = 3 \quad 10^3 = 1000$$

很多人對於 10^0 被定義為 1 感到無法理解，由上面的推理過程就可

以知道，只有 $10^0 = 1$ 才能維持這個規律。而且這個規律還能繼續延伸到小於 0 的 x 與 10^x 值上。

順著相同的規律繼續下去，我們還能進一步算出當左邊的 x 為負整數時，右邊的值會變成分數，相當於 $\frac{1}{10}$ 的次方：

$$x = -2 \quad 10^{-2} = \frac{1}{100}$$

$$x = -1 \quad 10^{-1} = \frac{1}{10}$$

$$x = \quad 0 \quad 10^0 = 1$$

$$x = \quad 1 \quad 10^1 = 10$$

$$x = \quad 2 \quad 10^2 = 100$$

$$x = \quad 3 \quad 10^3 = 1000$$

注意！即使左邊的值變成零或負數，右邊的值始終都會大於零，這是指數函數的特性。

不過十的次方在使用時可能會產生一個思維陷阱，那就是：以指數呈現的形式會使差異很大的兩個數字看上去變得很像。為了避免落入這個陷阱，將十的不同次方在腦中區分成不同概念會很有幫助。有時，人類靠語言與文字就能達到區分的目的：我們會幫十的不同次方各自取不同的名字，好像它們互不相關一樣。在英語中將 10、100 和 1000 分別以三個沒有關連的單字表示，即 *ten*（十）、*hundred*（百）、*thousand*（千）。因為這幾個數字用十的次方表示時，差別只在指數是 1、2、3，但卻是十倍百倍千倍的差異。關於這一點，想想五位數和六位數薪水的差異吧！差一個零可能就差了十幾二十年的工作資歷。

將數字用十的次方表示時要非常小心，因為這會讓原本很大（或很小）很長的數值縮短成很短的數值，然而這也是科學家們喜歡使用這種表

示方法的原因。在實際應用上，如果某個變量的數值跨距太大（例如數值範圍從 10^1 到 10^5），則會用十的次方的指數數值來定義測量時的刻度（其實就是將變量的數值取對數所得到的值，我們在下一節馬上會看到對數是怎麼運算的），常見的例子包括：表示酸鹼的 *pH* 值、芮氏地震規模（*Richter scale*）、以及描述聲音大小的分貝（*decibel*）等等。

我們以 *pH* 值來做說明：假設某溶液的 *pH* 值從 7（如純水般的中性）下降到 2（如檸檬汁般的酸性），一般人容易誤以為酸鹼度只差 5 而已，這沒什麼嘛，但實際上溶液中的氫離子濃度相差了 10^5 數量級。

> 編註：*pH* 值是指液體中的氫離子濃度取對數再乘以 –1 的值，比如說中性水的氫離子濃度是 10^{-7} *mol/L*，取對數後是 –7，再乘以 –1 即為 *pH* 值等於 7。因此 *pH* 值 7 與 2 的差別不是表面上的 5 而已，而是氫離子濃度 10^{-7} *mol/L*（中性）與 10^{-2} *mol/L*（強酸）的差別。

5.5 對數函數

在目前討論的所有例子中，位於等號右邊的數字都是 10、100、1000 這種 10 的次方數，而既然 10 的次方如此方便，如果能將非 10 的次方數也以同樣的方式表示那是再好不過了。以 90 這個數字為例，它比 100 要小一點，而 100 是 10^2，因此我們可以合理推測：10 的次方數比 2 小一點就會等於 90，但具體來說到底是幾次方呢？

對數（*logarithms*，一般簡寫成 log）就是我們回答上述問題的工具。若你在一台計算機上輸入 90，然後按下『 log 』按鈕，會得到：

$$\log 90 = 1.9542\cdots$$

而這正是我們在找的答案：$10^{1.9542\cdots} = 90$。

換句話說，我們可以透過對數把所有大於零的數寫成十的次方數。這麼做不僅可以簡化某些計算，還能揭露一些數字之間令人意外的聯繫。請看，若我們將 90 先乘以 10 或 100 再取對數會發生什麼事：

$$\log 900 \approx 2.9542\cdots$$

和

$$\log 9000 = 3.9542\cdots$$

我們注意到兩件事情：

1) 以上每一個對數的小數部分都相同，即 .9542…

2) 對原始數字 90 乘以 10 會讓對數值加 1，乘以 100 則會加 2，以此類推。

而這兩項事實其實都可以被一條對數的規則解釋：**對於兩個相乘的數字取對數，就等於將兩數字各自的對數值相加**。例如：

$$\log 90 = \log\left(9 \times 10\right) \quad \longleftarrow \text{9 和 10 兩個數相乘取對數}$$

$$= \log 9 + \log 10 \quad \longleftarrow \text{9 和 10 兩個數字各自的對數值相加}$$

$$= .9542\cdots + 1$$

和

$$\log 900 = \log\left(9 \times 100\right)$$

$$= \log 9 + \log 100$$

$$= .9542\cdots + 2$$

以上結果可以類推。現在，我們知道為什麼 90、900、乃至 9000 的對數值都有相同的小數部分（.9542…）了；因為這個小數值實際上源自於對 9 取對數。而十的次方則貢獻了對數值的整數部分（即對數值中的 1、2 或 3）。

如果把上面提到的規則以符號改寫，就會變成：

$$\log(a \times b) = \log a + \log b$$

也就是說，將兩數相乘以後再取對數，其實就等於將兩數各別先取對數以後再相加（而不是相乘）！藉由這個關係，對數能把一個乘法問題轉變為加法問題，而後者要比前者容易處理多了。事實上，這正是對數被發明出來的原因，它大大地減少了處理龐大數字的時間；因為比起去處理乘法、平方根、立方根等耗時耗力的運算，我們現在可以透過對數先將其變成加法問題，再藉由查對數表的方式將實際的數值求出。

早在十七世紀的早期，對數的概念就已經存在於數學界了，不過談到讓它變得普及起來，還得歸功於蘇格蘭的數學家約翰・納皮爾（*John Napier*），以及他在 1614 年出版的《論對數的美妙法則》。在十年之後，當克卜勒在整理記載著行星與其它天體位置的天文圖表時，就積極使用了這項新興的計算工具。對於那個年代的數學家而言，對數就像是超級電腦一樣。

很多人會覺得對數很難懂，不過如果你將它類比成在做木工的話，一切就會很好理解。對數以及其它的數學函數就像是木匠的工具（鎚子、鑽頭、鋸子），每個都有其各自的功能。再對比回來，指數函數能夠描述爆炸性增長，冪函數可以表示較為平緩的成長趨勢。至於對數的功能就像拔釘器，可以將另一個工具造成的效果反轉。更精確地說，對數可以把指數函數的作用抵消掉，反之亦然。

現在，想像我們在科學計算機上輸入了一個指數函數 10^x，並且將 x 等於 3 套入，得到的結果是 1000。而要將上述過程反轉，只要按下『log x』按鈕就行了，如此一來就會得到原來的值，也就是 3。此處我們可以看到，以 10 為底的對數函數（記為 $\log x$）可以逆轉 10^x 產生的效果。從此觀點而言，我們可以說它們是彼此的反函數（*inverse functions*）。

對數也能表達許多自然現象。舉例而言，我們對於音高的知覺也能用對數描述。當某個聲音往上升高八度時，其對應的音波頻率將變為兩倍。『頻率乘以二』是一種『等比』增長，音高增加一個八度，是一種『等差』增長。這實在是很奇怪的一件事。大腦在這件事情上欺騙了我們，當外界刺激變為 2 倍時，它讓我們以為其上升幅度只有 1（個八度）；變為 4 倍時，上升幅度只有 2（個八度）；而變為 8 倍時，上升幅度為 3（個八度），以此類推。換句話說，不知道是什麼原因，人類對於音波頻率的感知似乎是對數性的。

5.6 自然對數與它的指數函數

以 10 為底的對數有過一段全盛時期，但在今日的微積分中已被另外一個數字取代，這個數字雖然乍看感覺莫名其妙，實際上卻比 10 還要來得自然很多。這個數字被記為 e，其數值接近 2.718（一會兒我會解釋這個值是打哪兒來的）。不過，e 的值究竟是多少其實並沒有那麼重要，重要的事情是：一個以 e 為底的指數函數，其成長率正好等於該函數本身。

讓我再說一遍：

函數 e^x 的值成長率就等於 e^x（編註：也就是 e^x 的微分仍然等於 e^x）

這個美妙的性質讓所有以 e 為底的指數函數計算變得簡單，並且沒有其它任何數字可以製造出同樣的效果。無論我們使用的是微分、積分、微分方程、還是其它微積分工具，用以 e 為底的指數函數計算，永遠都

是最乾淨、最簡潔、也是最漂亮的。

就算我們撇開 e 在微積分中的簡潔作用不談，這個數字也會自然而然地在銀行的金融業務中浮現。以下的例子揭示了 e 的值到底是多少，而它的定義又是什麼。

假設你今天存 100 元到銀行帳戶，年利率是超棒的百分之一百。也就是說，過了一年之後，你的 100 元就變成 200 元了。現在，讓我們回到你剛要存錢的那一刻，並且考慮比上述條件更優的第二個方案。想像一下，如果你能說服銀行每年兩次以複利來計算，讓利息也能再產生利息，那麼你能多賺到多少錢呢？首先，因為每年算兩次複利，所以每六個月的利率應該要變為原來的一半才合理，也就是百分之五十。照這樣算，六個月過後，存款將變成 $100 \times 1.50 = 150$ 元。再過六個月，這個金額將再上升百分之五十，即 $150 \times 1.50 = 225$ 元。顯然第二個方案要比一年算一次年利率獲利更多。因為在第二個方案中，你還多得到由前六個月利息再產生出來的利息。

我們接下來要問的問題是：如果存款複利計算的頻率越來越高，而利率也根據計算複利的頻率相應地調低，那麼存款將發生什麼變化呢？你會變成大富翁嗎？很遺憾，並不會。以每三個月計算一次複利為例，等於一年算四次複利，存款金額最後會變成 $100 \times (1.25)^4 = 244.14$ 元，這比之前的 225 元增加的幅度就沒有那麼顯著了。假如我們讓複利計算的頻率再高一點，讓銀行在一年 365 天中，天天都用複利計算，那麼日利率是 $\frac{1}{365}$，一年之後的存款數會是：

$$100 \times (1 + \frac{1}{365})^{365} \approx 271.46$$

此處 365 代表一年中複利計算了 365 次。

最後，讓我們把這場複利鬧劇徹底推向極端吧！假設銀行每年對存款計算 n 次複利，而這個 n 是一個大到嚇死人的數字；同時，每一次計算使用的利率也相應地調為 $\frac{1}{n}$（n 很大，$\frac{1}{n}$ 就會很小），我們可以推知，一年後的存款會變成：

$$100 \times (1 + \frac{1}{n})^n$$

而乘號右邊的式子：

$$(1 + \frac{1}{n})^n$$

當 n 趨近於無限大時，這條式子的極限值等於 2.71828…，我們把這個數值定義為常數 e。如此一來，即可得到 100 元一年的本利和為：

$$100 \times e \approx 271.83$$

當 n 等於 365 與趨近於無限大時，兩者的計算結果也只相差約 0.37 而已。也就是說，當 n 的值很大時，複利計算的倍數會趨近於 e，並不會無限制的變大。

e 的指數函數記為 e^x。或許一開始看上去很怪異，但它其實與 10^x 的運算規則都一樣。舉個例子，若 e^x 等於某一個數值（例如 90），則 x 會是多少？我們一樣可以用對數來解答；只不過必須是以 e 為底的對數。這樣的對數被稱為『自然對數（*natural logarithm*）』，用符號記成 $\ln x$（或是 $\log_e x$）。回到上題，要找到當 $e^x = 90$ 的 x 等於多少，只需要拿出科學計算機，輸入 90 之後再按下『$\ln x$』按鈕就行了，最後的答案會是：

$$\ln 90 = 4.4498$$

然後在計算機上再按下『e^x』按鈕,得到的答案就會回到 90。正如之前所說,對數與指數會相互抵消對方的效果,就像釘書機與拔釘器的關係一樣。

雖然自然對數聽起來很深奧,但它能處理的問題卻非常的實際(只是通常都隱居於幕後就是了)。例如,在投資客與銀行家熟知的『72 法則』中,自然對數便扮演了基礎的角色。所謂 72 法則指的是:若我們想要估算在特定的年利率下,投資金額要花幾年的時間才會增加一倍,那麼只要將 72 除以年利率就行了。也就是說,假設你有一筆資金的年利率是 6%,會在約 $\frac{72}{6} = 12$ 年以後翻倍。這條經驗法則在利率非常低的狀況下可以運作得很好,而它之所以成立的原因,就和自然對數與指數有關。

自然對數也在碳定年法的背後起到作用。該技術不僅可以確定古代動植物遺骸的年代,還解決了一樁名畫真偽的爭議事件。這起案件和一批畫作有關,它們一開始被認為是由畫家維梅爾(*Vermeer*)所作,但後來被證明都是贗品,而證明的方法便是對畫中的鉛(*lead*)與鐳(*radium*)進行放射性同位素定年法分析。從以上幾個例子我們可以知道,自然對數已經滲透進了所有與指數成長或消退有關的領域。

> 編註:該批維梅爾(1632~1675)畫作經碳定年法測定後,認為年代不符,最後發現是由最強假畫製造者漢·范米格倫(*Han Van Meegeren*,1889~1947)所作。

5.7 指數增長與消退背後的機制

在此我想再次重申一個重點:e 之所以那麼特別的原因就在於:e^x 函數值的變化率(即斜率)正好等於 e^x。也就是說,當 e^x 函數曲線上每一點的切線斜率都剛好和該點的高度(即函數的 y 軸)相同。如果用微積分的術語來敘述上面的性質,我們可以說『e^x 就是自己的導函數』。注意!沒有其它任何一個函數有這樣的特性,至少對微積分來說是唯一的。

對於指數函數和增長率之間為什麼會成比例這件事，我們可以很直觀的理解。以細菌數量的成長為例，比較大的族群當然數量增加得也越快，這是因為進行分裂繁殖的個體也越多的關係。相同的道理也可以運用在錢的增長以及固定利率的複利計算上：當我們擁有的錢較多時，它能產生的利息也較多，也因此造成了更快速的成長速度（編註：這就叫錢滾錢，富人的錢就是越滾越多，也因此貧富差距越來越大很合乎數學邏輯）。

以上特性也解釋了為什麼麥克風在接收到擴音器傳出來的聲音時，會發出刺耳的叫聲。擴音器可將音量變大，這在實際運作中是透過將音量乘上一個放大係數達成的。若是這個被增強過的聲音又被麥克風接收，它就會被不斷地重複放大，最後形成一個正回饋循環，使音量瞬間呈指數上升，導致恐怖的尖銳聲音。

同樣的原因也解釋了核連鎖反應（*nuclear chain reactions*）的指數增長。當一個鈾原子分裂時會放射出中子（*neutrons*），這些中子有機會撞上其它原子並導致它們也分裂，釋放出更多中子，以此類推。如果我們放任這種中子數量的指數增長不管的話，將會導致核爆炸。

指數函數也能表示消退。指數型的消退發生在當某物體的消耗速度和其目前的數量多寡成正比的時候。舉例而言，無論在一開始的時候鈾原子的數量有多少，一團鈾原子中的一半發生放射性衰變的時間總是相同，這個衰變時間就是我們所說的半衰期。這個半衰期的概念在其它地方也有應用。例如在第 8 章中，我們談到愛滋病（*AIDS*）在給予 *HIV* 病毒感染者一種蛋白酶抑制劑（*protease inhibitor*）的神奇藥物後，血液中的病毒顆粒數會呈指數下降，且半衰期只有兩天。

你會發現上面的例子來自各種領域：從核連鎖反應、到麥克風的尖銳噪音、再到銀行帳戶中的金額累積，指數和對數函數皆與微積分有著密不可分的關係。而事實上，在現代微積分中，指數增長與消退的確是重要的

研究主題之一。然而，對數成為關注的焦點卻是在微積分被用來處理幾何曲線問題的時候。自然對數是在早期探討雙曲線方程式 $y = \dfrac{1}{x}$ 的曲線下方面積時現身的。

在 1640 年代，人們發現描述雙曲線下方面積的函數行為特別像對數，事實上那就是對數。它遵守著相同的規則，並且就像其它對數函數一樣可以將乘法問題轉變成加法問題。

在當時，人們對於曲線下方面積的瞭解還不是很多，而這也成為微積分發展中最大的兩個挑戰之一。另一個挑戰是系統性的找出一條曲線的切線以及切線斜率。關於以上兩個問題的解答、以及兩者之間關連性的驚人發現，很快便將微積分乃至整個世界帶向了現代。

Memo

6

描述變化的詞彙

The Vocabulary of Change

從二十一世紀的制高點來看,微積分通常被視為處理變化的數學。也就是說,透過微分與積分這兩大概念,就可以將變化這件事做量化處理。其中微分處理的是變化率,這是本章要討論的主題。而積分則能描述變化的累積,我們將會在第 7、8 章中介紹。

導數能夠回答諸如『有多快?』、『有多陡峭?』、以及『有多靈敏?』等等問題,這些問題都和變化率有關。所謂的變化率,被定義為應變數(*dependent variable*)變化量除以自變數(*independent variable*)變化量,它有一個固定的符號表示方式:$\frac{\Delta y}{\Delta x}$,即 y 值的變化量除以 x 值的變化量。注意!雖然有時候我們會使用不同的字母來代表變數,但是變化率的基本架構是不變的。例如,當自變數為時間時,我們通常會用 $\frac{\Delta y}{\Delta t}$ 來表示變化率,其中 t 就代表時間(*time*)。

147

有關變化率最出名的例子當屬速率了。當我們說一輛車每小時走了 100 公里時，實際上就是在談變化率，因為它將速率定義為 $\frac{\Delta y}{\Delta t}$，也就是車子在一定時間內（$\Delta t = 1$ 小時）走了多少距離（$\Delta y = 100$ 公里）。

加速度（*acceleration*）也是類似的概念。它表示速度的變化率，通常被記為 $\frac{\Delta v}{\Delta t}$，其中 v 代表速度。當美國的汽車製造商雪佛蘭（*Chevrolet*）號稱它們的肌肉車 *V-8 Camaro SS* 可以在 4 秒內從 0 加速至 60 英里每小時的時候，便是以變化率表達加速度，即速率變化量（從 0 到 60 英里每小時）除以時間變化量（4 秒鐘）。

一道斜坡的斜率（*slope*）則是變化率的第三個例子，它的定義是斜坡垂直高度 Δy 除以水平長度 Δx。坡的斜度越陡峭，則斜率越大。根據美國法律，給輪椅使用的斜坡其斜率必須小於 $\frac{1}{12}$（編註：台灣規定相同）。完全平坦的地面斜率則為零。

在所有的變化率中，xy 平面上的曲線斜率是最重要且最有用的一個，因為它能被用來表示各種變化率。根據變數 x 和 y 所代表的東西不同，曲線的斜率可以是速率、加速度、匯率、邊際投資報酬率、以及其它任何一種變化率。

舉例而言，當我們將 x 片吐司麵包的卡路里含量 y 畫成圖後，會得到一條斜線，其斜率為每片麵包 200 卡路里，這個斜率（它是一項幾何特徵）可以告訴我們麵包提供卡路里的效率（這是一項營養學特徵）。同理，對於一條汽車行走距離與時間關係的曲線，其斜率即為車子的速率。換句話說，斜率可以說是各種變化率的共通型式；且由於單變數函數可以被畫在 xy 平面上，因此藉由解讀圖形的斜率，我們就能瞭解該函數的變化率為何。

不過在這裡有一個隱藏的小困難：不管在數學還是真實世界中，變化率往往都不是一個固定常數。如此一來，要將其定義清楚便有一定的難

度。所以，在微分當中必須面對的第一個大難題，便是該如何在變化率不斷變動的情況下，將該比率代表的意義給說明白。此問題在車速錶與 GPS 裝置中皆已得到解決，即使是在車子加速與減速的時候，它們也能回報出正確的速率。那麼，這些裝置是怎麼做到的呢？它們又做了什麼樣的計算呢？有了微積分，我們就能一探其中的奧祕。

就像速率不見得是常數一樣，斜率也不一定要保持不變。在像是圓、拋物線、或者其它任何平滑的曲線上（只要不是直線），一定有某些地方的斜率較大而某些地方較小。這一點在現實世界中十分常見，例如山間步道就同時具有險峻的陡坡、以及悠閒的緩坡。因此，我們還是遇到了相同的問題：當斜率不斷改變時，我們應該如何去定義它？

首先必須要瞭解的是，我們對於變化率這個概念的認知需要被擴展。在所有和『距離等於速率乘以時間』有關的代數問題中，速率都被當成是一個固定的數字。但是在微積分中，這一點不一定成立。因為當自變數 x 或 t 改變時，速率、斜率、和其它比率也會隨之改變，所以這些比率本身也應該被視為一種函數。換言之，變化率也會是一個函數，而非單純的數字。

為了知道函數上某一點的變化率是多少，就需要用到導數的觀念（編註：可微分函數的一次微分稱為導函數，重點是函數，而求導函數在某點的值則稱為導數，重點是值，不過一般也將導函數稱為導數，本書後面也如此稱之）。在本章稍後，你會看到導數的定義是什麼、代表的意義為何、以及它為什麼重要。

讓我們先揭露最關鍵的祕密吧！導數之所以重要，是因為它無所不在。自然定律的最深層似乎都能以導數表達，就好像宇宙早在我們之前就已經知道變化率了一樣。從更世俗的角度來看，每當我們想要量化某個變項如何隨著另一個變項改變時，導數便會出現。

一個商品的售價調升對於消費者的購買意願有多大影響？增加他汀類（statin）藥物的劑量將能增強其降膽固醇能力到何種程度、又或者會使副作用（如：肝臟受損）發生的風險提高多少？每當研究某種關係時，我們總是想知道：當一個變數改變時，另一個相關變數的變化程度如何？變化的趨勢又是朝向何方，是向上還是向下？這些問題都和導數有關。從火箭飛船的加速、人口的增長率、邊際投資的報酬率、到一碗湯的溫度漸變等等，用導數就能解決所有問題。

　　在微積分中，導數的符號為 $\dfrac{dy}{dx}$，這應該能讓你回想起變化率 $\dfrac{\Delta y}{\Delta x}$，只不過此處的兩個變化量 dy 和 dx 現在都被假設成無限小了。我們會以平易近人的方式慢慢地介紹這個難以駕馭的概念。從無限的原理可以知道：想要解決一個複雜的問題，我們應先將其分解成無限多個小問題，並對它們進行分析，然後再將所有個別答案加總起來以求得最終解。在微分的脈絡中，無限小的 dx 和 dy 便是那些被分解出來的小問題，而將它們重新組合起來則是積分的責任。

6.1　微積分中的三個核心問題

　　為了能夠了解接下來的說明，我們必須先有一個全面性的概念。在微積分領域中總共有三個核心問題，下圖是它們的圖示化呈現：

1）順推問題：給定一條曲線，找到曲線上每一點的斜率。

2）反推問題：給定一條曲線上每一點的斜率，找到該曲線。

3）面積問題：給定一條曲線，求該曲線下的面積。

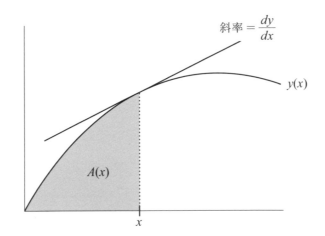

　　圖中的曲線是 $y(x)$ 函數的圖形。此處我並沒有說明橫軸的 x 和縱軸的 y 各代表什麼，不過這並不影響解說。也就是說，這張圖呈現的是一種通用的狀況，圖中的曲線 $y(x)$ 可以代表任何單一變數 x 的函數。

　　我們有兩種方式可以解讀這條曲線，其一是舊式的觀點，其二是現代的想法。在十七世紀早期，微積分還未降臨以前，這種曲線被視為幾何學的物件，它們有自己獨特的魅力。當時的數學家總想將曲線的各種幾何特徵量化，例如，找到線上每一點的切線斜率、弧形的長度、曲線下方的面積等等。但到了二十一世紀，我們對於產生曲線的函數更感興趣，它們能夠為自然現象或技術流程建立一個模型，並且以圖形的方式表達。一條曲線看起來只是繪出資料的圖形，但其背後隱藏著更深層的東西。如今，我們將曲線視作沙灘上的腳印，為我們提供線索以找到其背後的機制，而這個機制正是由函數所描繪的。換句話說，我們真正感興趣的東西是機制，而不是其遺留下來的痕跡。

　　就在上面兩種看法的碰撞中，曲線的研究和運動變化之謎交會在一起，這也是古代幾何學與現代科學融合的契機。不過即使我們身處於現代，我仍選擇使用舊式的觀點來進行論述，因為我們對於 xy 平面再熟悉不過了。它為理解微積分的三大核心問題提供了最清楚的一種說明方式。

透過幾何語言的陳述，這些問題便能輕鬆以視覺化形式呈現（相同的點子若從運動和變化的角度來看，則曲線、斜率等幾何詞彙也能以描述動態的術語來代替，如：速率、距離等，但我會等大家對幾何觀點更為熟悉以後再這麼做）。

注意，從現代的觀點，以上的問題應該以函數為基礎來理解。換言之，當提到『一條曲線的斜率』時，是指曲線上任一點的斜率。隨著 x 的位置不同，斜率也會跟著改變，而我們的目標就是將這樣的變化以 x 的函數來表達。同理可推，曲線下的面積也和 x 有關。在之前的圖中我將它塗成灰色，並且標記為 $A(x)$，表示該面積也是 x 的函數；可以看到，隨著 x 值的增加，圖中垂直的點狀虛線會往右移，灰色區域也會因此而變大，所以 x 的位置會決定曲線下的面積大小。

那麼以下就是我們的三大核心問題：『該如何找到不斷改變的曲線斜率？』、『該如何從斜率反推出曲線的樣子？』、以及『該如何找出不斷變化的曲線下面積？』

從幾何學的角度來看，這些問題可能聽起來有點兒枯燥。然而，一旦我們將它們以二十一世紀的運動與變化觀點重新解釋，使其能與日常生活連結，你就會發現這些問題無所不在。斜率代表著變化率，而面積則表示了變化的累積；因此，它們和各個領域皆相關 — 物理、工程、金融、醫學、以及其它你所能想到的、必須要考慮到變化的地方。瞭解這些問題以及它們的解答為我們開啟了現代量化思考的大門，在此我必須聲明：微積分的內容絕對不僅僅是這些，它還能處理如多變數函數、微分方程等其它東西。我會在適當的時機提到它們。

本章我們會從固定變化率的函數開始談起，之後再聊到變化率會改變的複雜函數。後者正是微分真正能夠大展身手的地方 — 讓不斷變化的變化變得容易理解。

6.2 線性函數具有固定的變化率

日常生活中的許多情形都可以用線性關係來描述，這代表函數中的某一變數和另一變數成固定比例。舉一些例子：

1）去年夏天，我的大女兒利亞找到了第一份工作，地點就在某購物中心內的一間服飾店。她每工作一個小時可以賺到 10 美元，而工作兩小時就能賺到 20 美元。用更廣泛的講法，若利亞每工作 t 小時可得到 y 美元，則 $y = 10t$。

2）一輛車以時速 60 英里的速度在高速公路上奔馳。也就是說，一小時以後該車走過的距離為 60 英里，兩小時後為 120 英里。而經過 t 小時以後，它走過的路程會等於 $60t$ 英里。此處，我們可以得到 $y = 60t$，其中 y 代表在 t 小時內車子所走的英里數。

3）根據美國身心障礙法案，給輪椅使用的無障礙坡道在水平方向上每延伸 12 英吋，其高度上升不得超過 1 英吋。對於一個坡度達到法定上限的斜坡，其上升高度與水平延伸距離之間的關係為 $y = \dfrac{x}{12}$，其中 y 是上升高度，x 是水平延伸距離。

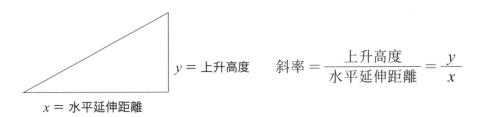

$y =$ 上升高度　　斜率 $= \dfrac{\text{上升高度}}{\text{水平延伸距離}} = \dfrac{y}{x}$

$x =$ 水平延伸距離

在上述這些線性關係中，應變數總是以固定比率隨著自變數改變。我的女兒薪資固定是每小時 10 美元；上例中的車子時速固定是每小時 60 英里；而無障礙坡道的斜率以上升高度除以水平延伸距離來定義的話，其值固定為 $\dfrac{1}{12}$。還有我很喜歡吃的葡萄乾肉桂麵包的熱量是每片 200 卡路里的固定比率。

若用微積分的術語來說，一個比率（rate）是由兩個變化量的商所組成，即 y 的變化量除以 x 的變化量，寫成符號的話為 $\frac{\Delta y}{\Delta x}$。例如：我多吃了兩片麵包，將多攝入 400 卡路里的熱量，以此數據計算出的比率為：

$$\frac{\Delta y}{\Delta x} = \frac{400\,卡路里}{2\,片麵包}$$

　　此結果可被簡化成『每片 200 卡路里』，這並沒什麼特別之處。然而，讓人覺有趣的是該比率永遠是一個常數；無論我吃了幾片麵包，算出來的值都不會改變。

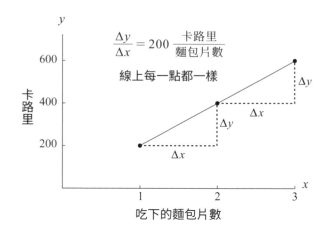

　　當一個比率恆定時，我們喜歡將其簡單地視為一個數字，像是 200 卡路里／每片、10 美元／每小時、或者斜率 $\frac{1}{12}$。這樣的做法在這裡沒有問題，但是在之後可能會帶來麻煩。在一些更為複雜的狀況裡，比率可能不是常數。舉例而言，假設你走在地表起伏不定的地方，有時坡度較陡、有時則較緩，那麼我們便不能把地表的斜率想成一個固定的數字；反之，它應該和你所在的位置呈函數關係。同理，當一輛車加速、或者一顆行星繞著太陽公轉時，它的速率會隨時間連續變化，此時就必須把速率看成是時間的函數才行。所以，我們應該從現在開始培養好習慣，不要再把變化率當成是一個恆定的數字了。變化率應該是函數才對。

　　在之前考慮的線性關係中，比率函數是一個常數：自變數的變化並不會造成比率值的改變。不管我的女兒做了多少工作，她的薪資就是每小時 10 美元；還有，無論是無障礙坡道的哪一段，它的斜率總是 $\frac{1}{12}$。但別被這些例子給矇蔽了，這些比率其實仍然是函數，只不過它們是常數函數罷了。一個常數函數的圖形是一條水平的直線，如同以下圖形中麵包固定每片 200 卡路里熱量，就是一個常數函數圖形：

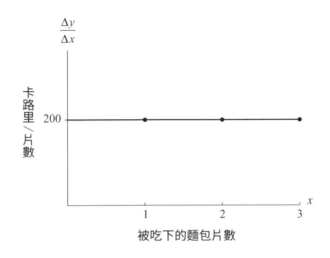

　　這裡我們要留意函數與函數圖形之間的差別。所謂函數是一種對於規則的抽象表達。當它們吞下一個 x 值時，會相應地吐出一個特定的 y 值，且每個 x 值都只與一個 y 值對應。從這層意義上來說，函數是無形的，並沒有一個可供我們觀察的形體；它們就像是幽靈一般的存在，代表著虛無飄渺的法則。舉個例子，一個函數規則可能是『給我任意一個數字，我會把它乘以 10 之後再還給你』。相反的，函數圖形則是可見的，就像有形體的東西一般，具有可以被識別的形狀。以上面的例子來說（前頁圖），描述的函數圖形是一條通過原點、斜率為 10 的直線，它的定義即為方程式 $y = 10x$。然而，這條直線本身並不是函數，產生該條直線的規則才是函數。為了使函數表露出它自身的訊息，你必須一次餵給它一個 x 值，使其得出 y 值，並不斷重覆此過程直到將所有可能的 x 都試過，最後再把所

有結果畫出來。但即使是這樣，函數本身仍是不可見的，你看到的只是它的圖形而已。

6.3 非線性函數與其變化率

當一個函數不是線性時，它的變化率 $\dfrac{\Delta y}{\Delta x}$ 也就不會是常數，函數的圖形也就不會是一條直線。以幾何學的語言來說，這代表該函數的圖形會是一個曲線，且其上每一點的斜率都不相同。底下，我們以一條拋物線做為例子：

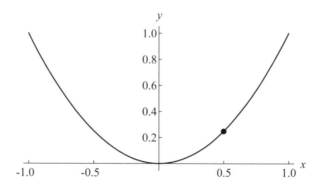

這條曲線的函數是 $y = x^2$；它是最簡單的非線性函數。這個例子可以幫助我們熟悉切線斜率（即函數的導數），並且釐清為什麼導數是切線斜率的定義會和極限有關。

仔細觀察過這條拋物線之後，我們會發現其中某些部分比較陡峭，而另一些部分則較為平坦。其中最平坦的部分就發生在拋物線的最低點，也就是 $x = 0$ 的地方，而這一點的切線很明顯就是水平的 x 軸，因此斜率為零。

但對於此拋物線的其它點來說，其切線的斜率就無法一眼看出來了。事實上，這些斜率一點兒也不好找。為了能求得答案，讓我們進行一個愛因斯坦式的『思想實驗（*thought experiment*）』吧！

假設我們能對拋物線上的任一點 (x, y) 進行放大，就像將這個點的照片擴大一樣，同時我們讓該點始終保持在視野的正中央。上述過程就如同拿顯微鏡檢視一部分的曲線，並且逐漸調高放大倍率。隨著不斷地擴大，我們檢視的那一部分拋物線會看起來越來越直；而當到達無限大的放大倍率時（也就是當點 (x, y) 周圍的放大區域達到無限小的時候），那段被擴大的曲線就會趨近於直線。表示在此極限狀況下的直線，便是曲線上該點的切線，這條切線的斜率我們稱做導數（*derivative*）。

請注意，此處我們使用無限原理 ── 透過將一條複雜的曲線切成無限小的直線片段來對其進行放大。在微積分中，我們總是利用這種方法來解決問題。彎曲的圖形很難處理，而直線則很好處理，即使總共有無限多段直線且每一段都無限短。利用這種方法計算導數是微積分中最典型的做法，同時也是無限原理最基本的應用。

為了能夠進行上面的思想實驗，我們勢必得先選擇一個點來進行放大。我們可以選擇拋物線上的任何一個點，但為了計算簡單起見，選中的是 $x = \dfrac{1}{2}$。在之前的圖裡，我已經用一個黑點將它標示出來了。這個點在 xy 平面上的座標是：

$$(x, y) = (\frac{1}{2}, \frac{1}{4})$$

該點的 y 值就是將 $x = \dfrac{1}{2}$ 代入 $y = x^2$ 中而來：

$$y = x^2 = (\frac{1}{2})^2 = \frac{1}{4}$$

現在，我們已經準備就緒來放大這個點的區域。先將該點 $(x, y) =$ $(0.5, 0.25)$ 放在顯微鏡視野的中央。然後，借助電腦的幫忙將此點周圍的一小段曲線給放大，下圖局部放大了一點：

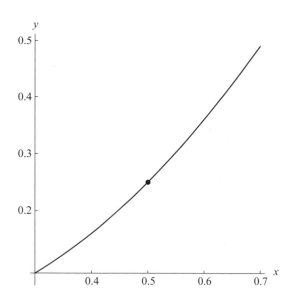

　　拋物線整體的樣子在放大畫面下已經消失了，取而代之的是一個稍微彎曲的弧線。這一小段介於 $x = 0.3$ 和 0.7 之間的拋物線和完整的曲線相比，彎曲程度小了許多。

　　讓我們再將 $x = 0.49$ 至 0.51 這一段放大。結果比起上一個又更直了一些（這仍然是拋物線上的一段曲線，只是更像直線了）。

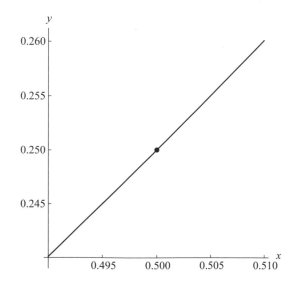

這個趨勢相當明顯：隨著局部不斷放大，我們觀察的曲線片段就會變得更直。而藉由測量此片段垂直距離增加量與水平距離增加量的比值，也就是 $\dfrac{\Delta y}{\Delta x}$，同時不斷地拉大放大倍率，我們就能求得當 Δx 趨近於零時此片段斜率 $\dfrac{\Delta y}{\Delta x}$ 的極限值。此圖形已經告訴我們，這段幾乎成為直線的片段，其斜率越來越接近於 1，相當於一條傾斜了 45 度的直線。

藉由一些代數運算，我們可以證明上述的斜率極限值完全等於 1（關於這個計算是如何進行的會在第 8 章介紹）。更進一步，當對於任意 x（而不只是 $x = \dfrac{1}{2}$）進行這種計算後，會發現該拋物線上任一點 (x, y) 的斜率極限值（也就是切線的斜率）等於 $2x$；或者，以微積分的術語來說：

x^2 的導數就是 $2x$

這個結果告訴我們，此函數在 $x = \dfrac{1}{2}$ 的點上，其切線斜率會是 $2x = 2 \times (\dfrac{1}{2}) = 1$，這正是我們之前在電腦圖形中看到的。這個結果同時也預測了在拋物線的最底部，也就是 $x = 0$ 時，斜率應為 $2 \times 0 = 0$，而我們之前也已經知道這是正確答案了。

最後，這個 $2x$ 的公式同時也預測延著拋物線往右上升，曲線的斜率值也會跟著上升；換句話說，當 x 值變大時，斜率（$= 2x$）也會隨之變大，代表拋物線變得越來越陡峭，而事實也的確如此。

這個拋物線的實驗幫助我們了解一件關於導數的重點：只有當放大到極限狀態，曲線會趨近於一條直線時，導數才能被定義。

有一些病態的曲線（*pathological*，譯註：此處的病態是數學專有名詞，用來描述行為怪異或反直覺的曲線，例如：處處連續但卻處處不可微分的 *Weierstrass function*）就不符合上面的敘述。舉例而言，若有一條 V 字形曲線在某一點上有一個尖銳的轉折，則當我們針對那一點進行放大時，該轉折永遠都是個轉折而不會變成一條直線。因此，在一條 V 字形曲線的轉折點上無法定義出明確的切線或斜率，也因此在該點上不可微

分，亦即沒有導數存在。

注意！曲線被放大足夠多倍後，如果曲線看起來越來越筆直，則該曲線就被稱為是平滑（*smooth*）的。之前，我一直假設曲線都是平滑的，就像微積分早期的先驅研究者一樣。

然而，在現代微積分中，我們也學會了如何處理非平滑的曲線。這種病態不平滑曲線，有時會在一些包含不連續或瞬間跳躍式行為的物理系統中出現。例如：當我們打開某個電路的開關時，電流從原本的不流通，突然轉變成流通狀態；此時電流對時間的變化顯示出一個陡峭到近乎垂直上升，代表當電路被打開時，電流從無到有的不連續狀態。在電流的例子中，使用不連續的躍升函數（*step function*）來描述這種突然的變化非常方便，而在這種情況下，在開關被打開的那個時間點上，該函數便不具有導數。

大多數的高中或大學初等微積分課程都專注在求函數的導數，這些函數不僅包括了上面提到的 x^2，還有其它能在科學計算機上找到的按鈕，例如：『$\sin x$ 函數的導數等於 $\cos x$』、或『$\ln x$ 函數的導數等於 $\dfrac{1}{x}$』等。然而，就我們的目的而言，了解導數的意義及如何應用於生活上顯得更為重要。正因為如此，讓我們將目光轉向現實世界吧！

6.4 以導數描述白天長度的變化率

在第 4 章中，我們曾經研究過白天長度隨著季節變化的資料。雖然那時的目的是說明正弦波、曲線擬合和資料壓縮這幾個概念，但若採用另一個角度，我們也可以利用同一筆資料來解釋變動的變化率，並將導數帶入實際應用中。

之前的那一筆資料顯示的是紐約市在 2018 年每天的白晝分鐘數，即從日出到日落的那一段時間。導數在這裡代表的意義為相鄰兩天之間，白

天長度變長或變短的比率。例如，在一月一日的時候，日出到日落的時間
為 9 小時 19 分鐘又 23 秒；而到了一月二日，這個時間稍微增長了一點
兒，變成了 9 小時 20 分鐘又 5 秒。這多出來的 42 秒日照（0.7 分鐘）便
是我們評斷白天長度在這天中增長有多快的依據：它正在以每天約 0.7 分
鐘的速率變長。

　　為了做個對照，我們檢視兩週後（也就是一月十五日）的變化率。拿
隔日和該日的白天長度相比，會發現日照長度增加了 90 秒，由此可知相
應的增長率為每天 1.5 分鐘，是兩週前增長率 0.7 分鐘的兩倍還要來得多
一點。也就是說，一月裡的白天長度不但正在變長，而且每日變長的速度
還會加快。

　　這個陽光正向的趨勢一直持續到之後的幾個禮拜：隨著春天的逼近，
白天的長度不斷增加，而且增加得越來越快。到了三月二十日春分時，白
晝的增長率來到了每日增加 2.72 分鐘日照的顛峰狀態。你可以在之前第
4 章的圖中找到這一天；那是第 79 天的時候，大約是從左邊數來四分之
一的地方，此處的白天長度波動正以最陡峭的幅度上升。事實上這很合理
—— 在圖形最陡的地方，數值攀升的速度最高，代表該處的導數有最大
值，且白天長度的增加達到最快。這一切都發生在春天的第一天。

　　另外，來看看一年中白天時間最短的幾天。這幾天，不但日照分鐘數
短，而且每日白晝長度的改變不大。這也很合理，白天最短的幾天就發生
在晝長波動的最底部，而在那最底層的地方，波動曲線是趨於平坦的（如
果它不平坦的話，就不會在最底部了，而是處於往上爬或往下墜的狀
態）。這個平坦的底部說明該處的導數等於零，也就是說，這裡的變化率
至少在一段時間內是停滯的。在那些日子裡，春天彷彿永遠都不會到來。

　　為了能追蹤白晝長度變化率如何隨著季節波動，我已經依照一定的時
間間隔將一整年的變化率計算出來了。這個時間間隔是從一月一號開始，
然後每兩週計算一次。最後的結果繪製在下面的圖表中：

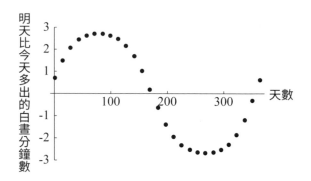

其中，縱軸的部分顯示每日變化率，也就是相鄰兩日之間多出來的白晝分鐘數。橫軸則顯示天數，其數值範圍從 1（代表一月一日）到 365（代表十二月三十一日）。

我們可發現圖中的變化率（編註：請注意！是變化率）有如波的上下擺動。它一開始的時候（那時是晚冬與早春之時）是正值，此時白天的長度不斷增加，並在第 79 天（也就是三月二十日，春分）時達到最高點。正如我們已經知道的，春分是白晝長度增長最快的日子，每日大約增加 2.72 分鐘。但在那之後就開始走下坡。變化率開始越變越小，並且在第 172 天的夏至以後（即六月二十一日）轉變為負數。變化率變為負數是因為白天的長度開始縮短了；換句話說，每一日的白晝長度都比前一日還要短一些。當時間來到九月二十二日左右時，變化率曲線迎來了低谷，此時日照長度縮減的速度是最快的，然後它會一直維持負數的狀態（雖然不像之前那麼負了）直到第 355 天的冬至（十二月二十一日）。在這之後，白晝又會開始變長。

比較此處的波動曲線以及第 4 章中出現過的曲線是一件很有趣的事情。在將它們畫在一起、並將兩者的尺度調成一致後，它們看起會像這樣：

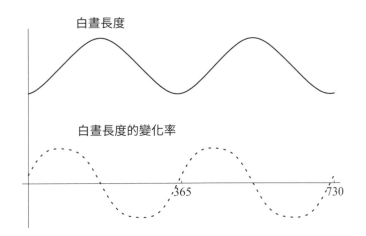

注意！我在上圖中顯示了兩年份的資料，藉此強調這個波動趨勢的重覆性。同時，為了更好的比較兩者，我將圖中的資料點連了起來，並且把縱軸上的數字都移除了，好讓我們把更多的注意力放在波動的形狀以及時間上。

我們首先應該注意到這兩個波並不是同步的，它們的波峰並未出現在同一時間點上。代表白晝長度的曲線約在半年的位置上達到高峰，但其變化率的峰值卻比它早了大概三個月左右出現。也就是說，在兩個波都必須花十二個月完成一次上下振盪的條件下，變化率波動比白晝長度波動早了大約四分之一個週期。

我之所以深入討論上面這些細節，是因為這兩個現實世界中的波動可以讓我們一瞥正弦波的一項奇特性質，即：當一個變數的起伏可以用正弦波描述時，其變化率會是另一個正弦波，只不過週期會往前移動四分之一。像這種自我生成的性質是正弦波獨有的，在其它種類的波身上都看不到，我們甚至可以拿它來定義正弦波是什麼。從這層意義上來說，我們的資料暗示了正弦波與生俱來、能夠自我繁衍的非凡特性，等到了介紹傅立葉分析（*Fourier analysis*，這是微積分最強大的分支之一，有非常多令人振奮的應用）的時候，正弦波還會再度出現，到時候我們會討論更多關於它的內容。

現在，讓我試著解釋那四分之一週期的移動到底是打哪兒來的吧！這個說明也能同時解釋，為什麼當我們計算一個正弦波的變化率時會產生另一個正弦波。此處的關鍵在於：正弦波實際上和等速率圓周運動（*uniform circular motion*）是相關的。回想一下我們之前提到過的：當一個點以固定速率繞行一個圓形軌道時，它每時每刻的上下位置相對於時間的變化剛好可以被畫成一個正弦波（同樣的，它的左右位置變化也是一個正弦波）。請記住這一點，然後我們來看看下面這個圖形：

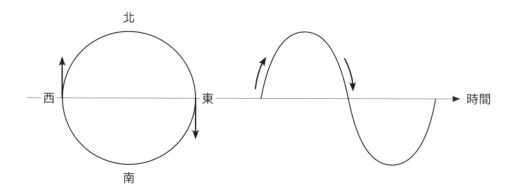

左圖是一個點繞著圓圈進行順時針運動。該點並不具有任何物理或天文意義；它既不代表繞著太陽公轉的地球，和季節變化也沒什麼關係，就只是一個抽象的點，並且在一個圓形軌道上運動而已。

左圖由極西點順時針向上往極北點繞行，同時間，右圖的正弦波也由零開始逐漸增加，到達極北點時就是正弦波的最高點。然後再由極北點朝極東點繞行，正弦波則逐漸往下至零。接下來由極東點朝極南點繞行，同時間，正弦波往下移動直到極南點時的最低點。再由極南點朝極西點繞行，正弦波逐漸上升，當點到達極西時正弦波的值為零。如此繞行一圈即完成一個正弦波的週期。

此時我們的問題是：此點繞到極北點、相應的正弦波也處於頂峰，接下來會發生什麼事情呢？從圖中我們可以看出，點會開始向東移動。但在

羅盤上，北方和東方的方位差了 90 度角，而 90 度角正好是四分之一個圓。啊哈！現在我們知道了，這就是那四分之一週期的由來。正是因為圓形的幾何特徵，任何一個正弦波以及由它的導數（也就是變化率）所產生的波動之間，一定存在著四分之一週期的差異。在這個圓周運動的類比中，此點行進的方向就等於變化率，它決定了點接下來將前往何方，也因此確定了該點的位置將如何改變。

同時，由於指示方向的箭頭也會隨著點的移動而等速在圓形軌道上轉圈，所以箭頭的變化也能畫成一個在時間軸上波動的正弦波。你瞧！這就說明了變化率本身也遵循著正弦的模式波動。

以上的敘述解釋了我們想要了解的事情，即正弦波自我生成的特性、以及兩波之間 90 度的位移（事實上，專家應該能夠看出來，在此我企圖在不使用任何公式的狀況下，說明為什麼『正弦函數的導數等於餘弦函數（*cosine function*)』，其中餘弦函數就是位移了四分之一週期的正弦函數）（譯註：波之間的位移又被稱為『相位差（*phase shift*)』，通常以角度表示，如上文中的 90 度，或者說『正弦和餘弦波的相位差為 90 度』。作者並沒有特別解釋這個詞，不過它在之後的內容中會出現）。

類似的 90 度相位延遲也出現在其它的振盪系統中。例如一個前後搖擺的鐘擺，當它盪到最低點時速率是最快的；四分之一個週期以後，當鐘擺來到右邊最遠的地方時，換成繩子的角度達到最大。若我們將繩子的角度隨著時間的變化、以及擺錘速率隨著時間的變化畫在同一張圖上，那麼我們將得到兩個非常接近正弦波的波動，兩者之間的相位差為 90 度。

另一個例子是生物學中簡化版的『獵食者－獵物互動曲線』。讓我們以鯊魚群捕食魚群為例。當魚群的數量達到最大時，鯊魚的增長速率會是最快的，因為牠們有非常多的魚可以吃。隨後，鯊魚數量持續上升，並且在四分之一個週期之後達到最高點；此時，魚群的數量已經下降了，這是

因為牠們在四分之一個週期之前被大量捕食的緣故。對於上述模型的分析表示，兩個族群數量的振盪曲線之間存在著 90 度的相位差。

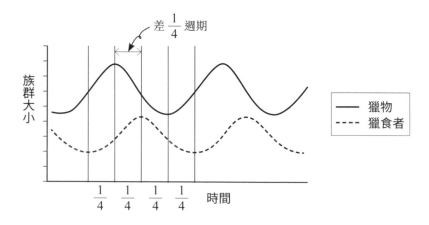

類似『獵食者 – 獵物互動曲線』也能在其它自然情境下觀察到，例如：根據 1800 年代皮草公司的記錄，加拿大地區野兔和山貓族群數量的年變化正是以相似的方式波動（當然，這種波動背後的真正原因比這裡所說的還要複雜許多，生物學中的許多現象都是如此）。

6.5 代表瞬時速率的導數

2008 年 8 月 16 日，晚上十點三十的北京無風，八名全世界最快的運動員排成了一排，準備挑戰奧林匹克運動會 100 公尺短跑項目的最終決賽。其中，來自牙買加的二十一歲短跑選手尤塞恩・博爾特（*Usain Bolt*）算是該項目中的新人，博爾特和其它的短跑選手看起來很不一樣。他的身材瘦長，身高有六呎五吋（1.96 公尺）那麼高，且一步的跨幅極大。

當晚的北京，在每一位運動員的介紹結束、並且於攝影機前露過臉以後，體育場陷入了一片寂靜。短跑選手們將腳踩上起跑架、彎下腰來做出預備姿勢。此時，官方裁判喊道：「各就位，預備」，接著鳴槍比賽開始。

博爾特立刻從起跑架上衝刺出去，但他的爆發力卻不如其他奧運參賽者。因為反應時間慢了半拍，博爾特一開始在八名選手中只排第七。但隨著不斷地加速，三十公尺以後，他已經來到中間的位置。緊接著，他的速度仍像子彈列車一樣持續上升。最後，博爾特成功地拉開與其他人的距離。

到了八十公尺的時候，博爾特朝右邊望了一眼，好確認主要競爭對手的位置。當他察覺到自己已經領先一大截時，博爾特的速度明顯降低了；與此同時，他還將雙手垂到身體兩側，並且在越過終點線時拍打自己的胸膛。對於這樣的行為，一些評論員認為博爾特是在炫耀、其他人則認為這不過是一種慶祝動作，但無論如何，博爾特顯然不認為自己有必要從頭衝到尾，這讓人不禁好奇他真正的速度到底有多快。會這樣問是因為：即使考慮他的慶祝動作（還有他沒綁鞋帶的事實），博爾特仍以 9.69 秒的成績刷新了世界紀錄。一位奧運官方人員曾批評他沒有運動員的態度，但博爾特其實並沒有惡意。在稍後接受記者採訪時，博爾特表示：「那就是我。我喜歡享受整個過程，用輕鬆的態度去面對。」

那麼，他的速度究竟有多快呢？嗯，從『9.69 秒跑完 100 公尺』可以知道答案為 $\frac{100}{9.69} = 10.32$ 公尺每秒；若以更令人熟悉的單位表示，博爾特的速度約等於 37 公里每小時。但是請注意！這是指他在整場比賽中的平均速率。在開始與結束的時候，博爾特跑得較這個速度慢；而在中間的時候他又較平均速度快。

我們可以從每 10 公尺一次的分段時間記錄中取得更詳細的資料。在第一段 10 公尺中，博爾特花的時間為 1.83 秒，換算成平均速率為 5.46 公尺每秒。而他最快的速度則出現在 50 到 60 公尺、60 到 70 公尺、以及 70 到 80 公尺三個區段中，博爾特各花了 0.82 秒就跑完了，平均速率算下來是 12.2 公尺每秒。到了最後一段 10 公尺，當他放鬆下來之後，博爾特的平均速率下降至 11.1 公尺每秒。

由於演化讓人們非常擅於發掘固定模式，因此比起給一大堆數字（像前一段那樣），利用視覺化呈現，往往能帶給我們更多的資訊。以下圖表顯示了博爾特跑過 10 公尺、20 公尺、30 公尺等等距離時所經過的時間，數據一直持續到 9.69 秒他越過 100 公尺終點線為止。

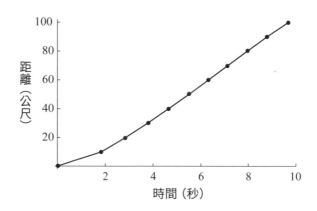

注意，為了視覺效果，我將各資料點以直線連了起來，但請記住只有黑點的部分才代表真實的數據。我們可以看到，這些點和點之間的線段構成了一條折線（*polygonal curve*）。其中，左邊線段的斜率是最小的，對應著博爾特在比賽開始時較慢的速度。往右邊走，線段開始往上彎折，這代表他正在加速。在這之後，這些線段看起來好像融合成了一條直線，象徵他在比賽中的大多數時間都維持著一個穩定的高速。

我們很自然地想要知道：在哪一個時間點博爾特跑出了最高的絕對速度；而在這個時間點時，他正處於跑道的何處。之前的結果已經告訴我們，若將比賽分成數個 10 公尺的片段，博爾特最快的平均速度出現在 50 到 80 公尺之間。然而，10 公尺中的平均速度並不能滿足這裡的需求，我們想找的是他最快的那個瞬間。想像一下，假如他身上裝了一個速度計，我們想看的便是：在什麼時候博爾特的速度到達頂點？此時的速度又是多少呢？

此處我們正在尋找的是一種能測出瞬時速率的方法。瞬時速率這個概念乍看之下有一點兒自相矛盾，因為在任一個瞬間，博爾特都只會出現在一個固定位置上。在那一刻他是靜止的，就像一張快照一樣。那麼，當我們提到『博爾特在該時間點的速率為何』時，指的到底是什麼呢？照理來說，速率只能發生在一段時間之內，而不是一個時間點上。

瞬時速率之謎其實很早以前就已經出現在數學和哲學界了，就在大約公元前 450 年，季諾提出他那令人敬畏的悖論時。請回想一下，在『阿基里斯與烏龜』悖論中，季諾聲稱跑得較快的人永遠也無法追上跑得較慢的人，然而博爾特在北京夜晚的那場比賽已經推翻了以上說法；而在『飛箭不動』悖論中，季諾主張一支飛箭永遠也不可能移動。數學家們至今仍無法確定季諾究竟想透過他的悖論表達什麼，但我的猜想是：『一瞬間的速率』這個微妙的想法使季諾、亞里斯多德、以及其他希臘的哲學家感到困惑。他們對於該概念的無法接受或許解釋了為什麼希臘數學界總是不去觸碰和運動有關的議題；就像無限一樣，這些惡名昭彰的主題似乎被當時的學者們列入了禁忌話題的名單之中。

在季諾之後的兩千年，微分的創造者攻克了關於瞬時速度的謎題。他們找到的直覺解答是將瞬時速率定義成一種極限，更精確地說，是不斷縮短計算平均速率的時間範圍，最後達到的極限狀態。

這和放大拋物線的做法類似；在該例子中，我們用直線來趨近一段範圍越來越小的平滑曲線。然後，我們問自己：當放大倍率到達無限時會產生什麼樣的極限狀態。而藉由研究直線斜率的極限值，我們便能定義出平滑拋物曲線上某一點的導數。

依照拋物線的例子來類推，這時候的 y 軸就是博爾特在賽道上前進的距離，x 軸則是時間。而當我們將時間間隔越縮越小（編註：請想像拋物線上某點附近的圖形不斷被放大），最後使每一段時間的平均速率達到

極限狀態時，此平均速率極限值就是我們所說的：『某個時間點上的瞬時速率』。同時，就像曲線上某一點的斜率一樣，某個瞬間的速率也是一個導數。

為了使上面的程序得以順利進行，我們必須假設博爾特在賽道上的距離變化是連續的。否則，我們想求的極限值將不存在，而相應的導數自然也不會存在；這是因為在不連續的狀況下，當時間間隔小到一定程度時，我們所求得的極限將不具有任何意義。但是，博爾特在賽道上的距離真的是時間的連續函數嗎？事實上，我們無法確定。現在手上唯一的資料是他跑過賽道時的累積時間，這個資料在博爾特每經過一個 10 公尺標記時才取樣一次，所以是不連續的。為了能估算他的瞬時速率，我們必須脫離實際資料，並且利用已知的知識來合理推測在兩個資料點中間時，博爾特所在的位置究竟為何。

一個有系統性的做法是利用所謂的內插法（interpolation）。這個方法的主要想法是：畫一條平滑的曲線通過所有的已知資料點。換句話說，我們不再使用直線將所有點連接起來；取而代之，我們想找的是一條能通過所有點、或者離所有點最近的最佳曲線。在找這條曲線時有以下幾個限制：首先，它不能像一根鬆掉的繩子一樣彎來扭去；其次，它和所有資料點之間都要保持儘可能短的距離；最後，這條曲線應該要能反映出『博爾特的起始速度為零』這一事實，因為我們知道博爾特在伏地準備起跑時是靜止不動的。符合以上條件的曲線不只一條。事實上，統計學家們發展了一堆方法來幫助我們使用曲線擬合資料。然而，在此例中，所有曲線顯示出來的結果其實都差不多；而既然它們多多少少都有一些猜測的成份在裡面，我們也就不必太糾結到底該使用哪一條了。

以下就是一條符合條件的平滑曲線：

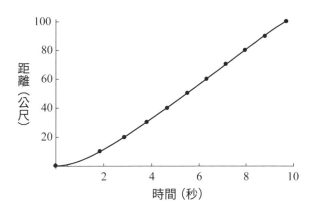

　　既然上面的曲線已經被設計成平滑的，我們就能對任意一點計算導數（導函數的圖形如下），由此所產生的新圖形可以告訴我們：博爾特那天晚上在北京的創記錄賽事中，每一刻的速度到底是多少。

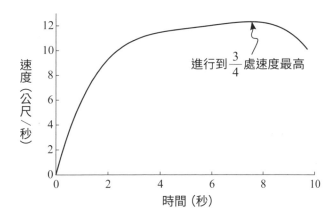

進行到 $\frac{3}{4}$ 處速度最高

　　我們的結果指出，在比賽進行到約四分之三處的時候，博爾特達到了約 12.3 公尺每秒的最高速度。在那之前，他都在加速，因此每一刻的速率都在增加。而在那之後，他開始減速，其幅度之大以致於當博爾特衝破終點線時，速度已降至 10.1 公尺每秒。這張圖的趨勢和大家在比賽現場看到的一致：博爾特在快到終點時明顯減速了，尤其是在最後的二十公尺、當他放鬆下來並開始慶祝時。

隔年，在 2009 年於柏林舉辦的世界錦標賽上，我們終於不用再去猜測博爾特到底能跑多快了。這一次他不再搥胸。直到抵達終點以前，博爾特都在奮力地跑，並且以更驚人的 9.58 秒成績打破之前在北京創下的 9.69 秒記錄。由於外界對於這場比賽懷有高度期待，因此這次現場有手持測速雷射槍的生物力學研究員進駐。這些雷射槍類似於警察抓超速所用的雷達槍，只不過更加高科技，它們讓研究員得以在一秒鐘之內對短跑選手的位置進行一百次測量。在他們計算了博爾特的瞬時速率後，發現了以下結果：

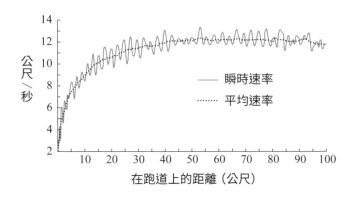

圖中曲線上細小的振動代表了跨步時無可避免產生的速率起伏，畢竟跑步是由一連串腳部的躍起與落下組成的。每次當博爾特的腳與地面接觸時、或者當他將身體向前推進並再次離地時，速度都會發生變化。

雖然這些小振動看上去還挺有趣的，但對於一名資料分析師而言，它們是麻煩而討厭的存在。我們真正關心的東西是大趨勢，而不是微小的擾動。也因為如此，我們之前所用的資料擬合做法其實效果也一樣好，甚至還可能更好；因為在搜集了如此高精度的資料、並把每一個細小的振動都記錄下來以後，研究員最終還是必須將它們去除。只有將這些干擾去掉了，有用的趨勢才能被揭露出來。

　　對我而言，這些擾動具有更大的教育意義。我將它們視為一種能告訴我們使用微積分去描述真實現象時會發生什麼事情的教材。這其中第一項啟示是：如果太過要求測量的精準度，以致於我們能夠觀察到一個現象在時間與空間中變化的細節時，這個現象看上去便不再平滑了。例如，在博爾特的資料中，微小的起伏讓原本平順的曲線看起來和毛絨絨的清潔刷一樣。而事實上，若我們以分子的尺度去測量東西，在微觀的角度進行觀察，運動都是跳動而不平滑的。然而，若我們想看的是整體趨勢，那麼將這些微小的擾動去除可能比較好。微積分在關於萬物運動與變化的議題上為我們帶來了巨大的洞見，這一點足以證明平滑曲線的重要性，雖然它可能只是對於自然現象的一種近似而已。

　　另外我們還能得到最後一項啟示。在數學建模中、乃至於整個科學領域，我們永遠必須去決定哪些資訊是重點、而哪些又該被忽略。提取有用訊息這件事是一門藝術，而其關鍵就在於：我們要有能力區別何為資訊主體或枝微末節、何為有意義的訊息或無用的雜訊、以及何為整體的趨勢或細小的擾動。之所以說這是一門藝術，是因為這種選擇總是伴隨著風險，它有時包含了個人的一廂情願、甚至是技巧性欺騙在裡頭；而那些傑出的科學家，如伽利略和克卜勒，似乎總是能在這危險的邊緣上行走而不至於墜落。

　　畢卡索曾經說過：「藝術，是讓我們看到真相的謊言。」在描述自然這件事情上，同樣的話也能被拿來形容微積分。在十七世紀的前半段，微積分已開始被用於提取和運動變化量有關的重要資訊。而在十七世紀的後半段，某種『藝術的』選擇（能帶來真相的謊言），正準備掀起一波革命。

Memo

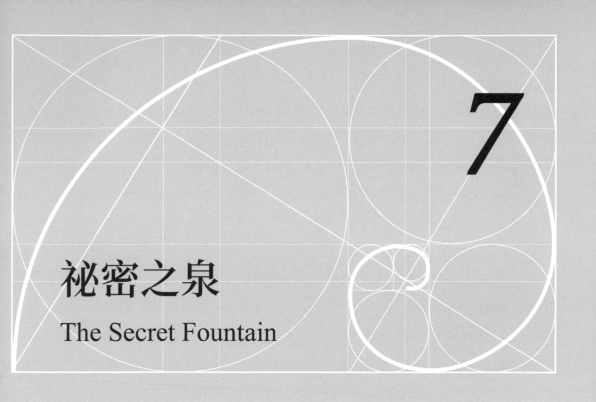

祕密之泉
The Secret Fountain

十七世紀下半葉，來自英國的艾薩克・牛頓和德國的哥特佛萊德・威廉・萊布尼茲永遠地改變了數學界的走向。他們將關於運動與曲線等繁瑣的知識整合起來，最終產生了『一門』微積分（*a calculus*）。

請注意這裡的不定冠詞『一門（*a*）』。當萊布尼茲於 1673 年首次介紹微積分這個詞時，他使用的語言正是『一門微積分』，有時他甚至會使用更深情的說法：『我的微積分（*my calculus*）』。萊布尼茲將該詞當作是一種統稱，用來代指一系列系統性的計算規則和演算法。

又過了一段時間，當萊布尼茲所發展出來的理論更加成熟以後，原本的不定冠詞便被升級成了定冠詞，該領域就變成了『這門微積分（*the calculus*）』。但現在，令人遺憾地，所有的冠詞以及所有格皆已消失，留下來的就只有『微積分』而已。

7.1 面積、積分、以及基本定理

在牛頓和萊布尼茲之前三十年，費馬和笛卡兒就知道該如何使用代數來找出最大值、最小值、以及曲線的切線。剩下來的問題是：該如何求得曲線下的面積；或者，說得更精確一點：如何得到由曲線所圍出來的面積。

這個求曲線面積（*quadrature / squaring of curves*）的問題已經困擾並挫敗數學家們兩千年了。過程中，有許多能夠解決特定情況的聰明技巧被發明了出來，包括阿基米德對於圓以及拋物線面積的計算、和費馬對於 $y = x^n$ 曲線下面積的求解等。然而，這些做法卻缺乏系統。數學家們只能針對個別案例進行各個擊破，並且每次一遇到新的問題便要重頭開始尋找方法。

類似的困難也出現在求弧度物體的體積、以及求弧線長度的問題上。事實上，笛卡兒認為弧線長度的問題已經超出人類認知能力的範疇了。在他的幾何學著作中寫道：「我們並不知道存在於直線和曲線之間的比例為何。甚至，依照我的判斷，人類可能根本沒有能力獲悉這個答案。」以上這幾個問題 — 面積、弧長和體積 — 都牽涉到將無限小的片段進行無限次相加，以現代術語來說就是：它們都和『積分』有關。然而在當時，沒有人知道這些問題該怎麼解。

但事情在牛頓和萊布尼茲之後有了變化。他們各自獨立發現並證明了一項基本定理，使得上述問題有了系統性的解法。這個定理將面積和斜率連繫到了一起，並因此讓積分和導數發生了關聯。這很讓人吃驚。就像狄更斯（*Dickens*）小說裡的轉折一樣：兩個看似沒有關連的人物最後竟然是近親；積分與導數之間也是這樣的關係。

　　這個基本定理造成的衝擊相當巨大。幾乎是在一夜之間，面積問題就變得輕而易舉了。過去學者們要花費大量心力來解決的難題，如今只需要幾分鐘就能完成。如同牛頓在給朋友的信中寫的：即使在不知道曲線方程式的情況下⋯我仍然能在半刻鐘內求出該曲線下的面積。（編註：牛頓將曲線當成是在 xy 平面上一條斜率不斷變化且向右方動態延伸的線，因此只要掌握斜率的變化（相當於導數），自然就能算出曲線下面積。請繼續看後面的內容。）同時，考慮到以上敘述在同時代的學者耳裡聽起來可能太過不可思議，牛頓還補充道：「或許這聽起來像是一個大膽的主張⋯但從我得自祕密之泉的線索來看這是顯而易見的，雖然我並不打算向他人證明此事。」

　　牛頓的祕密之泉就是微積分基本定理（*fundamental theorem of calculus*）。即便他和萊布尼茲都不是首位注意到該定理的人，但由於他們首先對其提出了一般性證明、認清它無與倫比的功用與重要性、並且還將其發展成一套演算法系統，因此該定理便被認定是牛頓和萊布尼茲的成就。如今，他們兩人建立的方法對我們而言已經是司空見慣；積分也早已不再是恐怖的存在，而是連青少年也能完成的課後作業了。

　　在今天的高中與大學課堂上，全球成千上萬的學生正藉著基本定理的幫助，努力地學習如何解開微積分題本上一道又一道的積分問題。然而，大多數的人對於基本定理給予我們的恩惠卻是毫無感覺的。或許這也是可以理解的吧 — 就像那則老笑話所說的一樣：

　　一條魚問牠的朋友：「難道你不覺得水很珍貴嗎？」
　　對方回答；「水是什麼東西？」

　　學習微積分的學生已經習慣徜徉在基本定理的海洋之中，以致於他們早就將其視為理所當然了。

7.2 以運動為例將基本定理視覺化

藉由研究一個移動物體（如：一位賽跑選手或一輛車）所走的距離，我們便能對基本定理產生一個直覺的理解。一旦熟悉了此處介紹的思路，我們便可知道基本定理的內容為何，以及它為什麼正確、又為什麼重要。這個定理不僅僅是一種求取面積的把戲；反之，它是我們預測一切的關鍵，同時也是解開運動與變化之謎的鑰匙。

牛頓最初之所以會發現基本定理，是因為他嘗試從動態的角度來探討面積問題。他的想法是：將時間以及運動因素引入到問題當中，『讓面積動起來』（這是牛頓自己的說法），使其以連續的方式逐漸擴張。

想像有一輛車以時速 60 英里的速度在高速公路上移動。若我們將它的距離對時間的圖畫出來，同時於下方再畫出它的速度對時間的圖，則結果看起來就會像下面這樣：

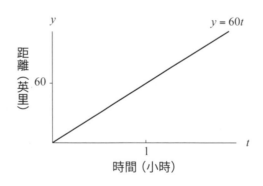

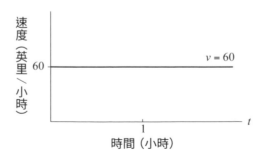

讓我們先看看距離對時間的圖。車子行駛一小時後，它所行走的距離為 60 英里；兩小時後，距離為 120 英里，以此類推。總的來說，距離和時間之間的關係可以用 $y = 60t$ 來總結，其中 y 代表車子在 t 時間內所走的距離。往後，我會使用 $y(t) = 60t$ 來表示距離函數。如同位於上方的圖所顯示的，距離函數的圖形是一條直線，而其斜率正是 60 英里每小時；這個斜率可以讓我們知道這輛車每一瞬間的速度是多少。

從下方的圖可以看到，此處的車速是一個簡單的常數函數，即對於所有 t 而言 $v(t) = 60$，此處的 v 指速度（*velocity*）。

既然我們已經看到了速度在距離對時間圖中長什麼樣子（速度是距離函數圖形的斜率），那麼接下來就可以反過來問：距離又隱藏在速度對時間圖中的哪裡呢？換句話說，速度圖中是否有任何視覺或幾何上的特徵，可以讓我們推測出 t 時間內車子共走了多遠呢？還真的有，車子走過的距離就等於速度函數圖形（也就是那條水平線）從時間 0 到時間 t 的曲線下累積的面積。

為了瞭解背後的原因，假設該車已經行駛了一段時間，比如說半個小時。在這個情況下，車子所走的距離為 30 英里，因為速度乘以時間即距離，而 $60 \times \dfrac{1}{2} = 30$。有趣的是（同時也是此處的重點），藉由計算下圖水平線下方位於 $t = 0$ 到 $t = \dfrac{1}{2}$ 之間的灰色長方形面積，我們便能獲得車子行走的距離：

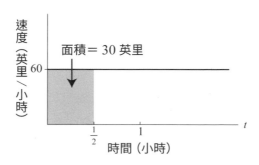

該長方形的高為 60 英里每小時、底為 $\frac{1}{2}$ 小時，因此面積為 30 英里。如同我們之前聲稱的那樣，距離數據就這樣被再次算出來了。

同樣的論證也適用於任意時間 t。因為在這種情況下，長方形的底為 t、而高度仍然是 60，所以其面積為 $60t$。可以看到，這就是我們期望找到的結果：距離函數。

所以，至少對於上面的例子而言（即速度為常數且速度函數圖形為一條水平線），從速度資料重新找回距離資料的方法就是去計算速度曲線下的面積。牛頓對此有進一步的洞察，他瞭解到這個距離等於面積的現象對於所有狀況都成立，即使速度不是常數也一樣。『無論一物體移動的方式再怎麼多變，累積至時間 t 為止的速度曲線下面積一定等於該物於該時間點所走過的總距離』。以上便是微積分基本定理的其中一種表達形式。它太簡單了以至於不像是真的，然而它卻是千真萬確的。

牛頓發現基本定理的原因，是因為他將面積想成一種流動的、會變化的量，而不是傳統幾何學的看法：只是對於某種形狀的固定測量。他將時間帶入到幾何學之中，並將其視為物理問題來處理。

如果牛頓活在今天，或許會使用動畫來說明，讓它看起來更像是一張動態圖而不是靜態快照。為了達成這個目的，讓我們再看一眼之前的圖；只不過這一次，請將它想像成電影裡的一幀畫面、或是翻頁動畫書（*flipbook*）裡的一頁。當我們在腦中播放這段動畫影像時，圖中的灰色長方形將會如何變化呢？答案是：我們會看到它向右側擴張。為什麼會這樣呢？這是因為它的底部長度為 t，因此會隨著時間的流逝而變長。如果我們可以對每個時間都製造一幀畫面，並且以序列方式將它們播放出來（就像我們去翻動一本翻頁動畫一樣），那麼這個動態版的灰色長方形就會向著右方拉長，像一個被推出去的活塞一樣。

這個灰色長方形的面積不斷擴張好像在曲線 $v(t)$ 下方不斷的『累積』。在上例中，累積至時間 t 的面積為 $A(t) = 60t$，而這正好和車子所走的距離 $y(t) = 60t$ 相同；因此，速度曲線下的累積面積可以被表示成距離對時間的函數。以上就是運動版本的微積分基本定理。

7.3 固定加速度

接著，我們朝著牛頓幾何學版本的基本定理前進，它適用於任意一般性曲線 $y(x)$ 以及該曲線下的累積面積 $A(x)$。其中，面積累積這個概念是解釋該定理的關鍵，但我明白它不是輕易就能被接受的；因此，在進入抽象的幾何說明以前，先讓我們再看一個關於運動的具體實例吧！

假設有一個物體正以固定加速度移動，這代表它的速度將越來越快，同時速度加快的速率為一個常數值。這狀況有點類似於你將一輛汽車的油門踩到底。一秒鐘之後，它可能從靜止加速到了每小時 10 英里；兩秒鐘之後，速度變成每小時 20 英里；三秒鐘之後每小時 30 英里，以此類推。在這個例子中，每過一秒鐘，汽車的速度就會增加 10 英里／小時，而這個速度的變化率（每秒鐘 10 英里／小時）我們稱為為該汽車的加速度。

在上述理想狀況中，汽車每個瞬間的速度可以用線性函數 $v(t) = 10t$ 來表示。在這裡，數字 10 就代表車子的加速度。假如這個加速度現在變成了另外一個常數，我們將其記為 a，那麼以上的公式便可以寫成下列一般式：

$$v(t) = at$$

我們想知道的是：當一輛車以這種方式呼嘯而過時，它從時間點 0 到 t 之間走的距離究竟是多少？換句話說，若從出發點開始算起，該如何把這輛車所走的距離寫成時間的函數？以這個例子而言，我們不能使用在

中學裡學到的那個公式：距離等於速度乘以時間，因為這個公式要求速度
必須是一個常數，而我們的車速很明顯不符合條件。事實上，這個例子的
汽車速度每分每秒都在上升。我們早已擺脫無聊的固定速度，進入令人興
奮的固定加速世界了。

有趣的是，中世紀的學者們其實已經知道這個問題的答案。1335
年，牛津大學墨頓學院（*Merton College, Oxford*）的哲學家兼邏輯學家威
廉·海特斯伯里（*William Heytesbury*）已對此提供了解答。1350 年，法
國的神學家兼數學家尼克爾·奧里斯姆（*Nicole Oresme*）則對其進行了更
詳細的解釋，並用圖形的方式分析了此問題。但遺憾的是，他們的研究都
沒有獲得重視，因此很快地便被人們遺忘了。

大約兩百五十年之後，伽利略於實驗中證明了等加速度運動並非一種
學術性的假設，而是真實存在的現象。事實上，這正是一個重物（如一顆
鐵球）在近地球表面自由下落、或滾下一道緩坡時的運動模式。在上述的
兩個例子中，鐵球的移動速度皆會和經過的時間成比例，即 $v = at$，而
這正符合我們對於等加速度運動的預期。

知道了速度是以線性 $v = at$ 的方式增長後，接下來我們要問的是：
那距離又是怎麼增長的呢？基本定理告訴我們，物體行經的距離等於從 0
到時間 t 為止的速度曲線下面積；而既然此處的速度曲線是一條方程式為
$v = at$ 的斜線，我們很容易就能求得目標面積。這個答案就是下圖中三
角形區域的面積：

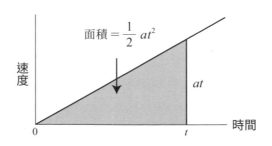

　　和上一個問題中的灰色長方形一樣，此處的灰色三角形也會隨著時間流逝而擴大；唯一的差別在於，長方形只會在水平方向上增長，而三角形則是在水平和垂直方向上都會擴張。為了計算這個面積變大的速率有多快，我們對其進行了觀察，並且發現在時間 t 時，該三角形的底等於 t，而高則等於物體當前的速度 $v = at$。既然三角形的面積等於底乘以高的一半，那麼我們所求的面積即為 $\frac{1}{2} \times t \times at = (\frac{1}{2}) at^2$。最後，根據基本定理，這個速度曲線下的面積實際上就是物體移動的距離：

$$y(t) = \frac{1}{2} at^2$$

　　因此，對於一個從靜止開始一路以等加速度移動的物體而言，它所移動的距離和所經過時間的平方成正比。這一點我們在第 3 章中已經見過了，<u>伽利略</u>用實驗以及他那奇妙的奇數定理闡述了同樣的事實。而之前提過的兩位中世紀學者也同樣知道這個關係。

　　然而，在中世紀、或甚至是伽利略那個年代，大家仍不知道當加速度並非常數時，速度的行為將變成什麼樣子。換言之，假設一物體以任意加速度 $a(t)$ 運動，那麼它的 $v(t)$ 應該怎麼寫？

　　這和我在上一章提到的問題正好相反，而且不好回答。為了對這個問題產生正確的認識，我們最好釐清一下什麼是已經知道的、什麼是未知的。

從 $v(t)$ 算 $a(t)$：前向問題

　　根據定義，加速度是速度的變化率。因此，若物體的速度 $v(t)$ 已知，要找到它的加速度 $a(t)$ 是相當容易的。這個過程被稱為解決前向問題（*forward problem*），我們只需要計算速度函數的變化率就行了，而這可以透過類似於上一章中放大拋物線求斜率的方法來達成。想要找到一個已知函數的變化率真的不用煩惱太多，只要記住導數的定義、並且應用正確的導數計算規則來處理該函數即可。

從 $a(t)$ 算 $v(t)$：後向問題

相對的，後向問題（*backward problem*）就比前向問題要麻煩多了。也就是說，在此類問題中，我們會取得關於速度變化率（也就是加速度）對時間的函數，而我們的目標就是找出哪一種速度函數會產生此加速度函數。這有一點像是小孩子在玩的遊戲：「我現在腦中所想的速度函數具有這樣那樣的變化率，猜猜這個函數長甚麼樣？」

在試圖從速度推測距離的問題中，我們也會遇到相同的反向推理。就像加速度是速度的變化率，速度是距離的變化率。

正向推理很容易；如果已經知道一個移動物體的距離對時間函數，就像短跑選手尤塞恩・博爾特在北京的那場比賽一樣，我們便能很容易地推測出該物體每個瞬間的速度，而在上一章中我們已經做過這樣的計算了。

然而，反向推理就困難了。若我告訴你博爾特在整場比賽中每時每刻的速度有多快，那麼你能夠推測出他在賽道上每個瞬間的位置嗎？再說得更廣一點，給定任意一個速度函數 $v(t)$，你是否能找出相應的距離函數 $y(t)$ 呢？

牛頓的基本定理為這個困難的後向問題（即從一個未知函數的變化率推測出該函數）帶來了思考方向，並且在很多情況下可以完全解決這個難題，而此處的關鍵便是以面積擴張的觀點來重新定義該問題。

7.4 利用油漆滾筒刷證明微積分基本定理

微積分基本定理是十八世紀數學成就的高峰。藉由一個動態的方法，我們回答了一個靜態的幾何難題，而它可能已經難倒了公元前 250 年古希臘的阿基米德以及中國的劉徽、西元 1000 年開羅的海什木、或者西元 1600 年布拉格的克卜勒。

讓我們考慮一下類似於以下灰色區域的形狀：

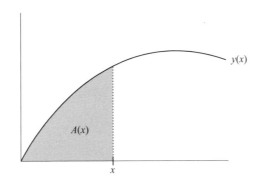

此圖中的曲線可以是任意一個方程式的形狀，是否有方法可以精準地計算其下方的面積呢？該曲線可能是由某種我們感興趣的物理現象的實驗數據，像是某物的拋射軌道、又或者一道光線的行徑軌跡等。面對如此多變的狀況，是否真的存在一種方法可以有系統的去求出曲線下的面積呢？以上疑問正是所謂的面積問題，在我稍早（6.1 節）提過的微積分核心問題中它位列第三項，同時也是 1600 年代中期最迫切的數學挑戰之一。在曲線相關的謎題中，此問題是最後的一塊拼圖；而牛頓使用了全新的思維來處理該問題，一種從運動與變化之謎中得到的靈感。

在過去，解決面積問題唯一的辦法就是夠聰明；你必須找到一種巧妙的方法將一個帶有弧度的區域切絲或碾成碎片，接著再將這些片段在腦中拼接起來、或者放到一個想像的翹翹板上秤重，就像阿基米德所做的那樣。但在大約 1665 年時，牛頓首次在面積問題上做出了重大貢獻。他在其中引入來自伊斯蘭地區的代數學和法國的分析幾何，並在此基礎上又更進了一步。

在牛頓的新系統中，我們首先要做的第一件事，就是將想要計算面積的區域放在 xy 平面上，並且將位於其上的曲線方程式找出來。為了達成此目標，我們必須以一次考慮一條垂直線為基礎（如上圖中的虛線所示），計算出曲線上每一點與 x 軸之間的距離有多遠，即取得該點上的 y

值。這樣的處理可以將曲線轉換成一條將 x 與 y 關連起來的方程式，好使得代數可以作用於其上。事實上，早在三十年前，費馬和笛卡兒就已經知道了這個技巧，並且用它找到了許多曲線上的切線，這在當時是一個相當大的成就。

但是，費馬和笛卡兒兩人不知道的是，切線本身其實並沒有太大的重要性，它們的斜率才是重點，因為這誕生出導數的概念。如同我們在上一章中所見，在幾何學裡，導數非常自然地就從曲線的斜率中浮現了出來；與此同時，導數在物理學中也能從諸如速度等變化率中衍生得到。因此，導數暗示了斜率和速率之間的關連；甚至以更宏觀的角度來看，它將幾何與運動聯繫到了一起。當導數的概念在牛頓腦中成形以後，它身為幾何與運動之間橋樑的身份便促使了最後的突破。換句話說，正是導數使我們最終解開了面積問題。

隨著牛頓以動態的角度去看待面積，隱藏在斜率與面積、曲線與函數、以及比率與導數等觀念背後的關係便開始逐漸明朗。利用上兩節提到的方法，讓我們仔細研究上圖，並想像圖中的 x 正以固定的速率朝向右邊移動；你甚至可以將 x 假設為時間，牛頓就常常做這種事。如此一來，灰色區域的面積便會隨著 x 的位移而改變；也因為這樣，該面積可以被寫成 x 的函數，也就是圖中所標記的 $A(x)$。當我們想要強調曲線下面積和 x 的函數關係時，便可以稱其為累積面積函數（*area accumulation function*），或者簡稱為面積函數（*area function*）。

我的高中微積分老師喬佛里先生，曾對上文中提到的 x 移動與面積變化做過一個生動的比喻。他讓我們想像一個具有魔力的油漆滾筒刷正朝著側面移動；而隨著該滾筒刷穩定的向右前進，曲線下的區域都被它塗成了灰色。

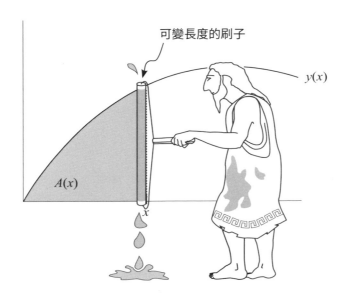

可變長度的刷子

$y(x)$

$A(x)$

x

　　位於 x 處的虛線即刷子目前所在的位置。同時，為了確保目標區域中的每個位置都能被塗到，這個油漆刷還可以像變魔術一樣在垂直方向上快速地伸長或縮短。長度改變後的刷子上端剛好碰到曲線、下端則與 x 軸接觸，並且它永遠都不會超出這兩個界限。此處神奇的地方在於，這個滾筒刷在滾動時會根據 $y(x)$ 自動調整長短，因此油漆能完美無瑕地覆蓋整個面積。

　　現在，根據上面這個虛構出來的場景，我們想問：當 x 往右移動時，灰色面積上升的變化率是多少呢？或者，換另一種方式來問：當刷子到達 x 時，油漆被塗到牆上的效率如何？為了得到這個問題的答案，讓我們思考一下在下一個無限小的時間區段中會發生什麼事吧。

　　首先，刷子會向右移動一個無限短的距離 dx。而在它移動的同一時間，該滾筒刷在垂直方向上的長度 y 則幾乎維持不變；這是因為刷子滾過 dx 的時間實在是太短了，因此它還沒有機會改變長度（我們會在下一章中更深入地探討這件事）。也就是說，在這個短暫的期間內，滾筒刷刷出了一個底部為 dx、高度為 y 的瘦長長方形，並產生了一個超小的面積

$dA = y \, dx$。此時，對方程式的兩邊都除以 dx，我們就能得到此面積累積的速率了，如下：

$$\frac{dA}{dx} = y$$

以上這個簡潔的公式告訴我們：曲線下已被上色的面積 A 成長的變化率，和目前刷子的長度 y 是一樣的。這是一個合理的結果，因為當滾筒刷越長，它在下個瞬間所能上的漆也越多，面積的累積也就越快。

實際上，只要再下一點兒功夫，我們便能證明此處利用幾何觀點說明的基本定理和先前運用在運動問題上的是同一個。還記得在運動問題中，基本定理指出：一物體速度曲線下的面積累積等於該物體的移動距離。不過，我們在此有更重要的任務要進行，即了解基本定理的意義為何、它為什麼重要、以及該定理是如何改變整個世界的。

7.5 基本定理的意義

下圖總結了我們到目前為止所學到的東西：

$$A(x) \xrightarrow{\text{導數}} y(x) \xrightarrow{\text{導數}} \frac{dy}{dx}$$

曲線下面積　　　　　曲線　　　　曲線的斜率

圖中包含我們感興趣的三個函數，並說明它們三者之間的關係。很顯而易見的是，對曲線 y 求導數就可以得到斜率，也就是說曲線與曲線斜率之間存在著導數的關係。其實面積和曲線本身之間也存在著導數關係 — 根據基本定理，對 A 進行微分以後便會得到 y。這是一項相當驚人的事實，而這個古老的謎題之前已經困擾許多聰明人近兩千年的時間了。然

而，在開香檳慶祝以前，我們必須知道：基本定理其實並沒有提供我們真正需要的東西。它並不能讓我們直接算出面積，不過它指出了找到答案的方法。

7.6 積分的聖杯

就像我之前強調的，基本定理並沒有完全解決面積問題。它告訴我們 y 曲線下面積 A 相對於 x 的變化率，但這個面積究竟是多少則仍有待推算。

若以符號來表達，基本定理只說了 $\dfrac{dA(x)}{dx} = y(x)$，其中 $y(x)$ 就是曲線的函數，我們仍需要找到一個符合上述關係的 $A(x)$。但是等一下，這不就代表我們再次面對了後向問題嗎？這個轉折相當重要；因為我們本來是在處理面積問題，即第 6 章中所列的第三項核心問題，但突然之間這個問題就和第二項核心問題相等了。注意！我之所以稱此問題為後向問題，是因為根據之前的圖，從 y 求得 A 必須逆著箭頭的方向前進，即進行求導數的相反程序。若同樣以小孩子之間的遊戲來舉例，那麼這個問題應該會變成這樣：「我現在腦中想著一個面積函數 $A(x)$，它微分以後會變成 $12x + x^{10} - \sin x$，那麼請問我所想的函數 $A(x)$ 長甚麼樣？」

因為如此，發展出一個能夠解決後向問題的一般性方法（不只是針對 $12x + x^{10} - \sin x$，而是對任意函數 $y(x)$ 便成了微積分領域的聖杯；或者說得更精確一些，是成了積分中的聖杯。一旦後向問題解決了，那麼面積問題也就一併解決了，我們也就能根據任何 $y(x)$ 推測出位於該曲線下方的 $A(x)$。這個『擺平了後向問題也就擺平了面積問題』的特性，正是我將它們視為雙胞胎、或是硬幣兩面的原因。

反向問題的解，還可能有更重大的應用，理由如下：根據阿基米德的觀點，面積是許多無限小矩形條狀物的總合；也就是說，一個面積就

代表著一個積分。它將所有零碎的訊息整合在一起，形成對極微小變化的累積。因此，就像導數本身比斜率重要，積分也比面積重要；而這是**因為面積只和幾何有關，但積分和所有東西都有關**，這一點我們在下一章中會看到。

對於困難的反向問題，其中一種處理方式便是將它轉向：因為基本定理說 $\dfrac{dA}{dx} = y$，所以我們就找一些熟悉的函數當 $A(x)$，然後算出它們的導數，即 $y(x)$。每個 $A(x)$ 都算出一個 $y(x)$，好像姐妹一樣，我們稱為姐妹方程式群組。

此處的目標是：如果我們遇到一個反向問題要找 $y(x)$ 的曲線下面積，那麼我們便到剛才的姐妹方程式群組去找找看 $y(x)$ 是否存在，若存在，那 $y(x)$ 對應的姐妹方程式 $A(x)$ 便是 $y(x)$ 曲線下的面積函數。當然，這並不是一個有系統的做法，並且只有當我們運氣夠好時它才會有用，但至少這是一個開始，而且此方法也足夠簡單。

為了再進一步提升解開問題的機會，我們可以編一張巨型的表格，上面列出上百對面積函數與相應曲線函數的組合 $(A(x), y(x))$。如此一來，不斷增加表格上函數的數量與多樣性，我們找到 $y(x)$ 對應的面積函數 $A(x)$ 的機率便會增加；而一旦發現了這個函數對，我們便不用再進行任何處理，因為答案早就已經被列在表格上了。

舉個例子，在下一章中我們將會看到：函數 x^3 的導數是 $3x^2$。x^3 可以扮演 $A(x)$ 的角色，而 $3x^2$ 則可扮演 $y(x)$。也就是說：$\dfrac{dA(x)}{dx} = \dfrac{dx^3}{dx} = 3x^2 = y(x)$。將上面的過程繼續進行下去，我們便能將 x 不同次方的結果製成一張表格。類似的計算告訴我們：x^4 的導數是 $4x^3$、x^5 的導數是 $5x^4$；若寫成一般狀況，則 x^n 的導數可寫成 nx^{n-1}。因此我們的表格每一欄看起來應該會像是下面這樣：

曲線 $y(x)$	該曲線的面積函數 $A(x)$
$3x^2$	x^3
$4x^3$	x^4
$5x^4$	x^5
$6x^5$	x^6
$7x^6$	x^7

在一本大學筆記中，當年二十二歲的艾薩克・牛頓記下了一張非常類似的表格：

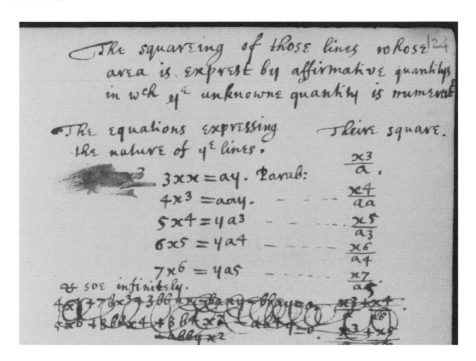

感謝劍橋大學圖書館（*Cambridge University Library*）授權本書使用
http://cudl.lib.cam.ac.uk/view/MS-ADD-04000/260

請注意，牛頓所用的術語和我們使用的有一些不同。他將左欄的曲線標記為『表示 y^e 曲線本質的方程式』，而面積函數則是『它們的平方』（這

是因為牛頓將面積問題視為對曲線取平方）。同時，為了確保所有方程式皆有適當的維度（*dimension*），他認為有必要在結果中除上適當的 a 次方項。例如，牛頓的表格中最右下角所列的 $A(x)$（即從上數來第五列的結果）是 $\dfrac{x^7}{a^5}$，而不是單純的 x^7。這是因為在牛頓眼中，此結果代表這一個面積，而面積的單位應該是長度的平方（譯註：以 $\dfrac{x^7}{a^5}$ 為例，牛頓希望最後的結果看上去像是一個長度的平方項，因此他加入了 $\dfrac{1}{a^5}$，使分子分母次方相消後為平方）。類似上面的計算佔了筆記中數頁的篇幅，這都要歸功於『一個能將曲線平方的方法』— 而微積分基本定理也自此宣告誕生。藉由這項定理，牛頓又在接下來的幾頁中列出了更多的『曲線』以及它們的『平方』。在他的手上，名為微積分的機器開始呼呼運轉。

接下來的任務是找到一個能平方任何曲線（而不只是冪函數）的夢幻方法。乍聽之下，你或許不覺得這有什麼了不起，但重點就在於這個方法必須要能適用於任何曲線上。讓我這麼說吧：這個問題中隱藏著讓積分如此困難的關鍵。如果該問題可以被解決，那麼後續便會發生一連串的連鎖反應；就像推倒一列骨牌一樣，一個接著一個的問題將相繼被解決。

例如，若此問題能獲得解決，我們就能用它來回答笛卡兒認為超越人類認知能力的難題：求任意弧線的弧長。它也能幫助我們找出平面上任何怪異形狀的面積。同時，計算各種表面積、體積、球體重心、拋物面、甕形面、桶形面、或其它能利用旋轉一條曲線創造出來的表面（就像陶藝轉盤上的花瓶那樣）也不再遙不可及。所有關於彎曲形狀的經典問題，包括曾經困擾過阿基米德、以及後繼十八個世紀數學家的那些難題，全部會因為這一項突破而瞬間變得輕鬆簡單。

不僅如此，一些和預測有關的問題也會因此而被克服。以推測一個移動物體未來的位置（如：預測一顆行星在軌道中的所在點）為例，就算該行星遵守的引力法則和我們的宇宙不同，我們也能對其進行預判。這就是為什麼我將此問題稱為積分聖杯的原因；一旦找到了它的答案，太多太多

的問題都將不再是問題。一竅既通，則百竅皆通。

　　以上就是為什麼『找到任意曲線下的面積』是個如此重要的問題。就因為它和後向問題密切相關，面積問題實際上並不只和面積有聯繫。它也不僅僅和形狀、距離與速度間的關係，這個問題是全面性的。從現代的角度來看，尋找面積所代表的意義為：在給定變化率的狀況下，預測任何變化量之間的關係，並瞭解它如何隨著時間改變。可以說：面積問題和銀行帳戶中的金流與結餘有關、和世界人口的增長率以及淨人口數有關、也和化療藥物在病患血液中的濃度與曝露時間有關（在此例中，藥物曝露的時間將決定化療的強度如何、以及藥物的毒性有多強）。換言之，面積之所以重要，是因為未來對於我們而言很重要。

　　牛頓的新數學特別適合拿來描述一個流動的世界，他將之命名為『流數法（*Method of Fluxions*）』。在牛頓的語言中，時間的函數被稱為流動量（*fluent quantities* 或 *fluents*），而它們的導數（或者在時間上的變化率）則稱做流數。此外，他還指出了兩大中心問題：

1) 給定流動量，如何找到相應的流數？這其實就是我們之前提過、相對簡單的前向問題：給定一曲線，找出它的斜率；或者，用更普遍的語言來說：找到一個函數的導數或變化率。這個過程在今天被稱為微分（*differentiation*）。

2) 給定流數，如何找到相應的流動量？（這相當於後向問題，並且是解決面積問題的關鍵。這個相對困難的議題需要我們從一條曲線的斜率去回推出曲線長什麼樣子；或者，用更一般的說法：憑一個函數的變化率來推測該函數。這個過程在今天被稱為積分（*integration*）。）

　　其中第二個問題要比第一個問題難上許多倍，但它對於預測未來以及瞭解宇宙的奧祕也較為重要。在我們繼續討論牛頓在這方面的成果之前，請讓我先嘗試解釋一下這個問題為什麼那麼困難吧！

7.7 微分是區域 vs. 積分是全域

積分之所以比微分難上這麼多的原因，其實和區域（*local*）與全域（*global*）的差別有關。區域問題簡單，而全域問題困難。

微分是一種區域操作。如同我們之前所見的：計算導數的過程其實就像看顯微鏡一樣，我們需要對視野進行重覆的放大，好拉近觀察一條曲線或一個函數。而隨著曲線的一小段區域持續被擴大，它的彎曲程度將變得越來越平直。此時，我們看到的會是該曲線的分解片段，這些片段就像一道小斜坡一樣，它幾乎是平直的，並具有固定的 Δy 和 Δx。當我們放大到極限狀態時，這個小區域將趨近於某種形態的直線線段，而該線段便是位於顯微鏡中央那一點的切線；同時，這條極限線段的斜率就是該點上的導數。在這裡，顯微鏡的作用是讓我們能夠只專注於感興趣的一小部分曲線，至於其它部分則一律被忽略。而這，就是『微分是一種區域操作』的含意。在這個過程中，除了圍繞在某個點周遭的無限小區域，其它區域的細節都被拋棄了。

相對的，積分是一種全域操作。在這裡我們需要的不再是顯微鏡，而是一支望遠鏡。利用它，我們企圖觀察遙遠距離以外的東西、或者應該說遙遠未來所發生的事情（這樣的話，我們需要的好像是一顆水晶球才對）。理所當然的，這樣的問題比起之前要難上許多，因為函數曲線上發生的所有事情都很重要，而且都不能被忽視。

讓我用一個類比來說明區域和全域、以及微分和積分之間的不同，並且更清楚地指出為什麼積分如此困難，而它在科學上的重要性又在哪裡。這個類比帶我們回到了尤塞恩・博爾特在北京創下紀錄的那一場比賽。回想一下，為了找到博爾特在每個瞬間的速度是多少，我們首先使用了一條平滑曲線去擬合他在不同時間點位於賽道上的位置資料，使其變為一個對時間的函數。接著，為了計算特定時間點（例如：第 7.2 秒）上的速度，

我們利用擬合曲線去估算博爾特在一段很短時間過後（例如：第 7.25 秒）的位置為何，並且將兩個時間點位置的差異除以經過的時間，並藉此推論出它當時的速度有多快。上述所有的過程都是區域性的計算；我們所需要的訊息就只有博爾特在那百分之一秒內的跑動資訊，他在比賽前、中、後的其它所有行為都是多餘的。這就是『區域』一詞象徵的意思。

　　與此相反，請思考以下問題。若我們得到了一份長長的紀錄表，上面有博爾特在每個瞬間的速度值，此時有人要求你根據此份紀錄重現出博爾特在比賽開始後第 7.2 秒的位置，那麼我們所需要的訊息有哪些。首先，在他剛從起跑架上起跑時，我們可以利用他的初速、以及『距離等於時間乘以速度』這道公式，計算出博爾特在比賽開始百分之一秒後前進了多長距離。然後，以這個新的位置以及累積時間為起點，我們可以再次利用類似的方式估算出他在下個百分之一秒的移動距離。就這樣，不斷重複上述過程，每次讓博爾特移動一點點，並且以百分之一秒為單位不斷地累積資訊，我們便能重建出他在整場比賽中的位置變化。在計算上，這是一項艱辛的苦差事。同時，這也是全域問題困難的原因：我們必須將每件事都納入計算，直到最終得到想要的答案為止（在此例中，即開始槍聲響起後的第 7.2 秒）。

　　但想像一下，若有一種方法，使我們能夠直接快轉到所關心的那一個時間點上，那將會非常的有用。而這正是處理後向問題的積分能夠達成的效果。它給了我們一條捷徑、或者說是一個能消去時間的蟲洞，並且將一個全域問題轉換為區域問題。這就是把後向問題的解答當成微積分聖杯的原因。

　　而正如許多難題一樣，第一個解開後向問題的人是一個學生。

7.8 孤獨的男孩

艾薩克・牛頓於 1642 年的聖誕節出生於一間石頭農舍中。除了這個時間以外，他的到來並沒有什麼神蹟出現。事實上，牛頓是一名早產兒；他剛出生的時候身子非常小，甚至有人說他可以被放入一個一夸脫的杯子之中（譯註：夸脫（*quart*）是一個容量單位，一夸脫大約等於 0.95 升）。同時，牛頓的童年裡並沒有父親。老艾薩克・牛頓早在他出生前的三個月便離世了；他是一位自耕農，死後只留下了一些大麥、幾件傢俱、以及一些羊。在小牛頓三歲的時候，他的母親漢娜（*Hannah*）改嫁了，並且把他留給了外公外婆照顧。

牛頓一直是一個孤獨的小男孩；他身邊沒有什麼朋友、卻有太多空閒的時間。於是，他開始自己進行一些學術探索，例如：在農場裡建造一個日晷、或者觀察牆上光影的舞動等等。當牛頓十歲時，他的母親再次變成了寡婦，同時還拖了三個孩子回來；其中兩個是女兒，一個是兒子。

她將牛頓丟到一間位於格蘭瑟姆（*Grantham*）的學校去就讀，那裡距離家裡有八英里遠，他沒有辦法每天走路往返，因此寄宿在威廉・克拉克（*William Clark*）先生的家中；後者是一位化學家兼藥劑師，牛頓從他身上學到了治病的方法、加熱與混合的技巧、以及如何使用研缽和杵將東西磨碎。當時學校的校長亨利・史杜基斯（*Henry Stokes*）則教會了牛頓拉丁文、一點點神學、希臘文、希伯來文、一些農夫用來估計土地英畝數的實用數學、以及其它更深奧的東西，像是阿基米德推測圓周率的方法等。雖然，牛頓的學業報告被描述為一位無所事事且無法專心的學生，但當他晚上獨自一人待在房間裡時，牛頓便會在牆上研究各種形狀，例如阿基米德探討過的圓與多邊形等。

在牛頓十六歲時，母親將他從學校裡拉了回來，並且命令他去經營家裡的農場。然而，牛頓痛恨農活。他家的豬經常跑到鄰居家的田地裡撒

野，並把圍籬弄得四分五裂，牛頓也因此被莊園法庭罰過款。他還經常和母親以及同母異父的妹妹們吵架。多數時間裡，他都躺在曠野上一個人看書。牛頓還在小河裡自己搭了許多水車，並藉此觀察它們產生的渦流。

然後，牛頓的母親終於做了一件正確的事。在漢娜的兄弟以及校長史杜基斯的力勸下，她終於同意讓牛頓重新回到學校。而牛頓在學業方面的表現也足夠優秀，因此在 1661 年，他得以用公費生的身份進入劍橋大學三一學院（*Trinity College, Cambridge*）就讀。在當時，身為一名公費生意謂著你必須在餐廳中當服務員，侍奉那些有錢的學生；有時，他還必須吃別人剩下來的飯菜。在學校裡，他很少交朋友，而這個行為模式之後跟隨了他一輩子。牛頓從未結婚，並且據我們所知，他連一段感情史都沒有。同時，他的臉上也很少有笑容。

牛頓在大學生活的前兩年中，都在學習亞里斯多德學派的經院哲學（*scholasticism*，譯註：這是一門將哲學與神學結合起來的學問），這在當時還是主流。但在這之後，他的心思開始不安定了。在讀過一本和占星術（*astrology*）有關的書後，牛頓開始對數學發生興趣。他發現，在不懂三角學（*trigonometry*）的情況下，他根本無法讀懂這本書；而在不懂幾何學的情況下，他不可能了解三角學。於是，牛頓去看了歐幾里得的《幾何原本》。一開始，他覺得書中很多的結果都太過顯而易見了；但在看到畢氏定理以後，他的想法便改變了。

1664 年，牛頓被授予了獎學金，並開始認真地學習數學。他以自學的方式閱讀了那個年代中最經典的六本教科書，進而掌握了基本的十進位算術、符號代數、畢氏三元數（*Pythagorean triples*）、排列（*permutations*）、三次方程式、圓錐曲線（*conic sections*）、和無窮小量（*infinitesimals*）的概念。其中有兩位作者特別吸引牛頓。其中一位是笛卡兒，主要是因為他在分析幾何與切線上的成就；而另一位則是約翰·沃利斯（*John Wallis*），因為他對於無限和求面積上的貢獻。

7.9 冪級數的遊戲

在 1664 年到 1665 年的冬天，當牛頓正在鑽研沃利斯的《無限算術》時，他偶然間發現了一些神奇的事情。那是一種找到曲線下面積的新方法，而且這個方法非常的簡單且有系統。

在本質上，牛頓所做的事情便是將無限原理轉化成了一個演算法。傳統的無限原理告訴我們：若想要計算一個複雜的面積，應該先將其想成由一堆簡單小面積所構成的無限序列。牛頓遵從了這個策略，不過他對其進行了升級，即使用代數符號而不是形狀來做為複雜面積的基本單元。換句話說，他並沒有使用碎片、條狀物、或者多邊形來處理問題，而是使用了諸如 x、x^2、以及 x^3 這樣的符號。時至今日，我們將這樣的做法稱為冪級數方法（*the method of power series*）。

對牛頓而言，冪級數是一種將無限小數（*infinite decimals*）自然展開的方法，因為一個無限小數畢竟是由一系列 10 和 $\frac{1}{10}$ 的次方項所構成的，而小數中的每一位數則可以告訴我們每一個 10 或 $\frac{1}{10}$ 的次方項所佔的比例為何。舉個例子，常數 $\pi = 3.14\cdots$ 可以被寫成如下的連續加總：

$$3.14\cdots = 3 \times 10^0 + 1 \times (\frac{1}{10})^1 + 4 \times (\frac{1}{10})^2 + \cdots$$

當然，要把任何數寫成這種型式，我們必須要使用無限多個數字，這是無限小數的基本要求。依照這個思路，牛頓推測他也可以利用同樣的方法將任何曲線或函數拆解成無限多個 x 次方項的總和。此處的關鍵在於每一個次方項應該佔多少比例；在牛頓之後的研究中，發展出了一些方法可以解決此問題。

牛頓一開始想到的方法，是在思考圓面積的時候。藉由從更一般性的角度來探討這個古老的問題，牛頓發現了一個之前從來沒有人發現過的內

部結構。他並沒有將注意力放在一個完整的形狀上，例如：一個完整的圓、或者四分之一圓；相反地，他考慮的是一個形狀怪異、如下圖灰色的部分圓形區域，其中 x 可以是從 0 到 1 中的任何數字，而 1 是該圓的半徑。

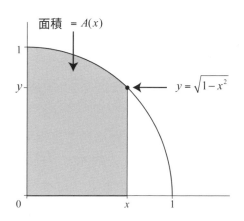

以上便是牛頓發揮創意的第一個地方。這裡引入變數 x 的好處是：它能對上圖灰色區域的形狀進行連續調整，就像轉動一個旋鈕一樣。若 x 的值很小、接近於 0，則位於圓內的灰色區域看起來將非常細長；而隨著 x 值的增加，灰色區域也會變得越來越寬，當 x 向右調到 1 時，便會得到一個四分之一圓。如此這般，透過調整 x 的位置，就可以生成灰色區域的形狀。

憑藉著對 x 值的多次調整嘗試、規律辨識、以及一些有根據的猜想（牛頓是從沃利斯的著作中學到這一招的），牛頓發現此灰色區域面積可以用以下的冪級數來表達：

$$A(x) = x - \frac{1}{6}x^3 - \frac{1}{40}x^5 - \frac{1}{112}x^7 - \frac{5}{1152}x^9 - \cdots$$

至於式子中那些詭異的分數是怎麼來的？還有，為什麼所有 x 的次方數都是奇數？嗯，這些問題的答案就只有牛頓自己知道了。簡單來說，

他獲得上述結果的推論過程可以簡單概括如下：牛頓從解析幾何的觀點出發來處理圓形部份面積的問題。他首先將圓寫成 $x^2 + y^2 = 1$，並且將 y 解出來，得到 $y = \sqrt{1 - x^2}$。

接下來，他利用『平方根就等於二分之一次方』這個觀點，將上式重新寫成 $y = (1 - x^2)^{\frac{1}{2}}$。由於實際上沒有人知道該怎麼計算一個包含二分之一次方的面積，因此牛頓在這裡用了一點小技巧來迴避這個問題：先對整數次方進行計算，然後再回推分數次方的結果；這也是他發揮創意的第二個地方。

要找到和整數次方有關的面積非常簡單，牛頓早就從沃利斯的書中得知作法了。於是，他開始處理以下式子的曲線下面積：$y^2 = (1 - x^2)^1$、$y^2 = (1 - x^2)^2$、還有 $y^2 = (1 - x^2)^3$、依此類推；這些方程式的次方數都是如 1、2、3 的正整數。然後，牛頓使用了二項式定理（*binomial theorem*）將上面幾個式子展開，並且觀察到它們皆變成了一連串簡單冪函數的相加；而這些冪函數的曲線下面積方程式在之前就已經被牛頓整理成表格了，就在他的筆記本之中。在這之後，牛頓從上面幾個以整數次方計算出來的面積函數中尋找規律；並且利用他所看到的結果，推測出二分之一次方的答案應該長什麼樣子，再以多種方式來驗證自己的猜測 — 這是他發揮創意的第三個地方。這個對於 $\frac{1}{2}$ 次方的解答最終讓牛頓找到了他的面積公式 $A(x)$，也就是那個帶有詭異分數係數的冪級數。

對這個和圓形部分面積相關的冪級數取導數，讓牛頓得到了另一個同樣驚人的級數，而這個級數所描述的正是這個圓曲線本身：

$$y = \sqrt{1 - x^2} = 1 - \frac{1}{2} x^2 - \frac{1}{8} x^4 - \frac{1}{16} x^6 - \frac{5}{128} x^8 - \cdots$$

▌編註：把前頁的 $A(x)$ 對 x 微分，就可以得到 $\dfrac{dA(x)}{dx} = y(x)$，和上式完全一致。

　　事實上，我們還有很多可以談的東西，但是以上的結果就已經夠驚人了。牛頓將無限多個較為簡單的單元重新組合成了一個圓（此處的『較為簡單』是從積分和微分的觀點來認定的）。每一個單元都是一個形式為 x^n 的冪函數，其中 n 是正整數。如此一來，只要代入 x 的值，就能簡單算出面積與導數了。

　　在還不到二十二歲的年紀，牛頓已經找到了通往聖杯的道路。只要將曲線寫成冪級數，他便能系統化地找到曲線下的面積。可以說，在冪級數的處理、以及姐妹函數表格的幫助下，反向問題變成了小事一樁。只要能夠找到對應的冪級數，牛頓便能像求圓面積那樣求出任意曲線的面積，而這就是他的強力演算法。

　　在解決圓以後，牛頓嘗試了不一樣的曲線：雙曲線 $y = \dfrac{1}{(1+x)}$，並且發現同樣能將其寫成一個冪級數：

$$\frac{1}{1+x} = 1 - x + x^2 - x^3 + x^4 - x^5 + \cdots$$

　　以上冪級數讓牛頓找到了從 0 到 x 的雙曲線下區域面積，並且定義了一個被牛頓稱為雙曲線對數（*hyperbolic logarithm*）的函數；這個函數在今日稱為自然對數（*natural logarithm*）：

$$\ln(1+x) = x - \frac{1}{2x^2} + \frac{1}{3x^3} - \frac{1}{4x^4} + \frac{1}{5x^5} - \frac{1}{6x^6} + \cdots$$

　　對數讓牛頓感到很興奮，原因有二。第一，它可以顯著地加速計算。第二，它和牛頓正在研究的一個爭議性的音樂理論有關：『如何和諧的等分一個八度音程』（以音樂理論的術語來說：牛頓試圖用對數來分割八度音程，看它的效果是否符合十二平均律的音階）。

今天，多虧了網際網路和參與牛頓計劃的歷史學家，你可以穿越回 1665 年去瞭解年輕牛頓的種種（你可以在 *http://cudl.lib.cam.ac.uk/view/MS-ADD-04000/* 免費看到他的大學筆記手稿）。若將他的筆記翻到第 223 頁（原始編號 105*v*），好站在其肩膀上體會他的視野，你會看到牛頓比較音樂與幾何領域進程的相關內容；拉近到本頁的下方，有牛頓如何將他的計算與對數關連起來的記錄。然後，再翻到第 43 頁（原始編號 20*r*），你便能察看他如何『平方一條雙曲線』（編註：還記得牛頓的平方是計算面積的意思），並且使用冪級數算出 1.1 的自然對數值直到第五十位數。

什麼人會徒手計算五十位的對數值呢？在我看來，牛頓似乎過於沉迷在冪級數帶給他的新力量裡了。在牛頓日後回顧這個狂熱行為時，似乎連他自己都感到：「有點羞於啟齒，那時的我竟然閒到算了那麼多位數；對於這個新發明我實在太過著迷了。」

不過，沒有人是完美的。當牛頓第一次進行這個計算時，他犯了一個小小的算術錯誤，因此其結果只準確到第二十八位數而已。牛頓隨後發現了錯誤，並且進行了修正。

在突擊了自然對數之後，牛頓接著將冪級數延伸應用到了三角函數（*trigonometric functions*）上，這種函數在每次遇到與圓、循環和三角形有關的問題時都會出現，並且在天文、調查、導航等領域中都會用上。然而，在這件事情上，牛頓並不是第一人。早在兩個世紀多以前，位於印度喀拉拉邦（*Kerala*）的數學家便已經發現正弦、餘弦、和反正切（*arctangent*）函數的冪級數了。在 1500 年代的一篇文章中，耶哈達耶娃（*Jyesthadeva*）與尼拉卡莎・薩默亞士（*Nilakantha Somayaji*）兩人將該成就歸功於桑加馬格拉馬的馬德哈瓦（*Madhava of Sangamagrama*）（*c.* 1350 – *c.* 1425），他是數學與天文領域中喀拉拉學派（*the Kerala school of mathematics and astronomy*）的創始人。在牛頓之前約兩百五十年，

馬德哈瓦便推導出了答案，同時還以韻文的形式來表達結果。從某些層面來說，冪級數會出現在印度是可以預期的；十進制也是在那裡發源。並且，如同我們之前所看到的，牛頓認為他對曲線所做的事情，和無限小數對算術的影響是一樣的。

以上我們討論的技術，給了牛頓一把處理微積分問題的瑞士刀。有了它，牛頓便可以進行積分、解代數方程式的根、並計算非代數函數（如：正弦函數、餘弦函數、對數函數等）的值。如牛頓所言：「透過它們的幫助，我可以分析（幾乎能說是）所有的問題。」

7.10　牛頓：一位混搭藝術家

我不認為牛頓自己有意識到這件事，不過在冪級數研究中，他的表現就像是一位混搭藝術師一樣。他使用了古希臘的無限原理來處理面積問題，同時在其中融入了印度的十進制、伊斯蘭的代數，以及法國的分析幾何。

有時，牛頓寫方程式的方式會顯示他的數學知識來自於哪裡。舉例來說，讓我們比較一下阿基米德在研究拋物線面積時用來表示某特定數字的無限級數：

$$\frac{4}{3} = 1 + \frac{1}{4} + \frac{1}{16} + \frac{1}{64} + \cdots$$

以及牛頓在求雙曲線面積時用代數符號寫的無限級數：

$$\frac{1}{1+x} = 1 - x + x^2 - x^3 + x^4 - x^5 + \cdots$$

若把 $x = -\frac{1}{4}$ 代入牛頓的式子中，就會得到阿基米德的式子。也就是說，阿基米德的級數是牛頓級數中的一個特例。

除此之外，牛頓和阿基米德的相似處還展現在兩人所研究的問題上；他們皆對於一個區域的部分面積感興趣。阿基米德使用級數去對一個拋物線子區域進行平方（即求面積），而牛頓則用了升級版的冪級數：

$$A_{\text{circular}}(x) = x - \frac{1}{6}x^3 - \frac{1}{40}x^5 - \frac{1}{112}x^7 - \frac{1}{1152}x^9 - \cdots$$

來對圓形子區域進行平方；並用另一個冪級數：

$$A_{\text{hyperbolic}}(x) = x - \frac{1}{2}x^2 + \frac{1}{3}x^3 - \frac{1}{4}x^4 + \frac{1}{5}x^5 - \frac{1}{6}x^6 + \cdots$$

來對雙曲線子區域取平方。

當然，牛頓的級數要比阿基米德的厲害無限多倍，因為牛頓的公式是用 x 的冪級數寫成的，不管是圓型或雙曲線的面積，只要將 x 的值代入，也就是藉由將 x 的值往右或往左移動，牛頓可以算出對應範圍的圖形面積。冪級數就是如此的強大，讓牛頓可以一次解決無限多個問題。

但話又說回來，沒有前人的肩膀，牛頓也無法憑藉一己之力看到遠處的答案。他統一、合成、並且擴張了偉大先驅的想法。從阿基米德身上，他得到了無限的原理。從費馬身上，他學到了切線的知識，牛頓關於十進制的學問來自於印度。他的變數源自於阿拉伯的代數，他使用方程式與 xy 平面表達曲線的做法是從笛卡兒的著作中學來的，而牛頓處理無限問題的招術、他的實驗精神、以及猜測答案的開放態度與經驗都得自沃利斯。牛頓將所有上述的學問混合起來並產生了新的東西，一個在今天的微積分領域中還在使用的冪級數方法。

7.11 非公開的微積分

就在 1664 到 1665 年的冬天、牛頓正潛心研究冪級數的時候，一場恐怖的瘟疫襲捲歐洲，並且直奔北方而來。這場黑死病橫跨了地中海，經過荷蘭。而當它抵達英國時，一個禮拜便奪走了上百條人命，之後死亡人數在短時間內又上升至幾千人。到了 1665 年的夏天，劍橋大學為了防疫而暫時關閉，牛頓也因此回到位於林肯郡（*Lincolnshire*）的家族農場中。

在接下來的兩年裡，牛頓成了世界上最優秀的數學家。然而，光是發明現代微積分還滿足不了他的腦袋。在這段期間，牛頓還發現了重力的平方反比定律（*inverse-square law of gravity*），同時將其應用於月亮上；發明了反射式望遠鏡（*reflecting telescope*）；並以實驗說明了白光其實是由彩虹的七種顏色組成的。那時他還不滿二十五歲呢！牛頓在之後回憶道：「在那些日子裡，我的創造力、以及對數學與哲學問題的探討皆處於顛峰，比之後的任何時期都還要來得高。」

1667 年，當瘟疫疫情緩和下來之後，牛頓便返回劍橋繼續一個人研究。到了 1671 年，他已經將原本略顯零散的微積分做了整合。除此之外，牛頓還發展出了冪級數方法、藉著對運動的探討增進了人們對於切線理論的瞭解、發現並證明了基本定理（同時解決了面積問題）、編製了一張曲線與對應面積函數的表格、並把以上所有的成就組合成了一部高度協調且系統化的計算機器。

但即便他做了這麼多的事，在三一學院以外的地方他仍是默默無名，而這也是他所希望的，牛頓把他的祕密之泉隱藏了起來。他那孤僻多疑的性格使得他對於批評極度敏感；同時，牛頓也很討厭與人發生爭執，特別是那些不理解他的人。牛頓在之後說道：他不想因為「對於數學的一點兒膚淺認知而遭受折磨。」

牛頓之所以如此謹慎還有另一個原因：他知道別人會質疑自己理論的邏輯基礎，因為他的推理是建立在代數上的，而不是幾何學。還有，牛頓在研究中滿不在乎地使用微積分的原罪：『無限』。

以約翰・沃利斯為例，他的著作深深地影響了學生時代的牛頓，但他卻因為涉足了無限這個禁忌而飽受批評。政治哲學家兼二流數學家湯瑪斯・霍布斯（*Thomas Hobbes*）就曾稱沃利斯的《無限算術》是一堆『符號疙瘩』，因為書中大量依賴代數；他還將這本書稱為『下流書』，因為它使用了無限這個概念。牛頓必須承認，在他的研究中，推理多半是透過『分析』進行的，不是『綜論』（譯註：請回想第 4 章中關於分析與綜論的比較）；而分析只能用來發現事實，不能進行證明。因為如此，牛頓認定他那個包含無限的方法『不值得被眾人討論』，並且在多年以後說：「華而不實的代數適合被拿來揭露一些事情，但卻不適合寫成文字留傳給後世。」

總而言之，因為這樣那樣的原因，牛頓一直沒有公開自己的研究成果。然而，他內心裡還是渴望獲得認可的。例如，當尼古拉斯・墨卡托（*Nicholas Mercator*）在 1668 年出版了一本小書，而書中包含了能夠描述自然對數的無限級數時（牛頓在三年前就已經發現了），他感到悲痛萬分。這種被別人搶先的失落感促使牛頓在 1669 年的時候寫了一張關於冪級數的簡短手稿，並且只讓它在幾位可信任的人之間流傳。日後，這份手稿被稱為《論分析》（*De Analysi*），全名是《論利用具有無限項的方程式進行分析》，其中的內容遠遠超過了對數的範疇。

到了 1671 年，牛頓將手稿擴充成一篇短文，這是他關於微積分的主要著作，題目為《一篇關於級數方法與流數的論文》，簡稱《論方法》（*De Methodis*）。不過，這篇短文在牛頓在世時沒有機會見到陽光，他小心地保守著這個祕密，且只將它用於私人用途。《論分析》一直等到了 1711

年才被出版，而《論方法》更是在牛頓死後的 1736 年才出版。事實上，在牛頓的遺物中，一共有五千頁未被發表過的數學手稿。

正是因為這樣，艾薩克・牛頓這位在劍橋大學裡頭的天才，卻在很久以後才為世人熟知。但，1669 年的時候，擁有盧卡斯數學教授席位（*Lucasian Chair of Mathematics*）的艾薩克・巴羅（*Isaac Barrow*，他近乎是牛頓的導師）退休，同時推薦牛頓接任他的職位。

這個位置對於牛頓而言再理想不過了。生平第一次，他不必為了經濟問題而煩惱。這個職務要求牛頓進行一些教學，但他既不收研究生，給大學生開的課也沒什麼人來上。不過，這或許對他來說也是好事一件吧！因為學生們從來都不瞭解他。面對牛頓那面無表情的臉、銀色的及肩長髮、隱藏於猩紅長袍下的憔悴身軀、以及古怪的性格，他們從來都不知道該怎麼應對。

在牛頓完成《論方法》以後，他的腦袋仍在高速運轉，但此時微積分已經不再是他的主要興趣了。取而代之，他開始深入鑽研聖經預言、大事年表（*chronology*）、光學（*optics*）、和鍊金術（*alchemy*）。他熱衷於利用稜鏡（*prisms*）將光分解成不同顏色，也常用水銀做實驗、或嗅聞化學試劑並拿它們做測試。甚至，他會將鉛放入錫製熔爐中日夜加熱，好將它們變成黃金。就像阿基米德一樣，牛頓一旦做起研究來就經常不吃不睡，他只想揭開宇宙的奧祕，對於任何外界的干擾都不感興趣。

然而，1676 年時，外界的干擾以一封信的形式降臨了。這封信來自巴黎，寄信人署名為萊布尼茲，他對冪級數提出了一些問題。

Memo

8

腦中的虛構之物

　　萊布尼茲怎麼會知道牛頓未發表的研究？這其實並不困難。牛頓的發現早就已經被流傳出去好幾年了。1669 年，艾薩克·巴羅為了提拔自己的年輕門徒，於是將一份匿名的《論分析》拷貝寄給數學界的名人約翰·科林斯（*John Collins*），他是當時英國以及北美大陸數學家聯絡網路的中心人物。科林斯對於《論分析》中的結論大感震驚，並追問巴羅這份文件是誰寫的。於是，在得到牛頓的同意後，巴羅向他介紹：「很高興你能欣賞我那位朋友的論文，他的名字是牛頓先生，我們是同一個學院的同事。他還很年輕⋯但卻對這些東西非常熟練，並有著超凡的天賦。」

　　然而，科林斯並不能保守祕密。他總是用《論分析》中的片段來戲弄與他通信的人，將對方唬得一愣一愣的，但卻從來不說這些內容源自於何處。1675 年時，科林斯將牛頓關於反正弦和正弦函數的冪級數結果展示給丹麥的數學家喬治·波爾（*Georg Bohr*），而波爾又把這件事轉而告訴

了萊布尼茲。萊布尼茲聽聞以後，便寄了一封請求給倫敦皇家學會（*Royal Society of London*）的書記亨利・奧爾登伯格（*Henry Oldenburg*；德國出生的科普講者）：「由於他（波爾）帶給我們的這些研究如此巧妙，尤其是後一個級數具有某種罕見的美感；因此，若您能夠將相關的證明寄給我，先生，我將不勝感激。」

收到了請求的奧爾登伯格把這封信轉交給了牛頓，而牛頓對此並不開心。想要我給你證明？哼！所以他透過奧爾登伯格向萊布尼茲回了信，然而信中並沒有證明，有的只是一頁頁隱晦嚇人的公式，也就是《論分析》中最唬人的部分。當時，在牛頓社交圈以外的人從來都沒看過這種數學。除此之外，牛頓還特別強調這是他的一項老發現：「我只是簡短地敘述了一下，因為我很早以前便對這個理論感到厭倦了，在過去五年的時間裡我甚至都不想提到它。」

但萊布尼茲並沒有因此而死心。他繼續寫信給牛頓，希望能得到更多資訊。萊布尼茲在這個領域還是一位新手；他擁有外交官、邏輯學家、語言學家與哲學家的資歷，但直到最近才對高等數學產生興趣。為了得知數學領域的最新發展，他經常和克里斯蒂安・惠更斯（*Christiaan Huygens*）打交道，後者是當時歐洲最重要的一位數學家。而在經過僅僅三年的學習以後，萊布尼茲的程度已經勝過歐洲大陸上的其他人了。他現在唯一要做的，就是去了解牛頓所知道並隱瞞的事情。

為了從牛頓那裡成功打探到情報，萊布尼茲嘗試了不一樣的方法；只不過這個方法是一項錯誤：他想獲得牛頓的賞識。萊布尼茲將自己的發明 — 一個讓他引以為傲的無限級數 — 寄給了牛頓。表面上這是一項禮物；但實際上，萊布尼茲是想藉此告訴對方自己夠資格知道牛頓的祕密。

兩個月以後，也就是 1676 年 10 月 24 日，牛頓透過奧爾登伯格回了信。他先以讚美開場，稱萊布尼茲『非常優秀』，並且說他的無限級數『讓我們非常期待他未來的成就』。然而，牛頓真的是在稱讚萊布尼茲嗎？

顯然不是，因為他的下一句話充滿了刻薄的嘲諷：「但讓我更感興趣的是，竟然有如此多的方法可以達成同一目的。事實上，因為我早已知道有三種方法可以得出像那樣的級數，所以我幾乎可以預期不會再有另外一種方法了。」換句話說，感謝你和我分享了一個我已經知道如何用三種不同方式推導的事實。

在接下來的信件內容中，<u>牛頓</u>只是在戲弄<u>萊布尼茲</u>。他揭示了一些自己所發明的無限級數方法，並且特別使用一種教小朋友的方式來說明。不過，也多虧於此，這一部分的信件簡單易懂，使後人得以一窺<u>牛頓</u>腦中到底在想些什麼。

但當<u>牛頓</u>提到他最珍視的發現時（即記錄在他的第二篇文章《論方法》中的革命性技巧、以及基本定理；兩者都還未曝光過），他便不再如此樂於分享了：「事實上，我發展出以上方法的基礎是非常顯而易見的，然而，因為我現在還沒辦法證明它，因此我更傾向於將其隱藏起來：$6accdae13eff7i3l9n4o4qrr4s8t12vx$。在此基礎之上，我還嘗試簡化求曲線下面積的方法，並且得到了一個通用的定理。」

藉由上面這串密碼，<u>牛頓</u>用他最寶貴的祕密吊足了<u>萊布尼茲</u>的胃口。這等同於在告訴對方：我知道一些你還不知道的事實，而且就算你之後也發現了它，這串密碼也能證明我才是第一個知道的人。

然而，<u>牛頓</u>不曉得的是，<u>萊布尼茲</u>其實早已憑藉一己之力得知那項祕密了。

8.1 轉瞬之間

在 1672 到 1676 年之間，<u>萊布尼茲</u>也發展了一套自己的微積分。如同<u>牛頓</u>，他發現並證明了基本定理，認識到它的重要性，並且以其為基礎發展出了一套演算法。<u>萊布尼茲</u>寫道：透過該定理的協助，我能在『轉瞬

之間』求出幾乎所有目前所知曲線的面積或切線 —— 除了牛頓至今仍不肯公開的那一些。

當萊布尼茲在 1676 年給牛頓發去兩封信、嚷嚷著要求對方提供證明時，他知道自己太過咄咄逼人了，但他就是克制不了這個衝動。就像有一次他告訴朋友的那樣：「我的缺點就是不曉得怎麼圓融地說話，也因此經常破壞別人對我的第一印象。」

蒼白、駝背、而且瘦弱，萊布尼茲的長相或許並不起眼，但他的腦袋卻非常地出色。事實上，他足以和笛卡兒、伽利略、牛頓和巴哈等人並列為史上最多才多藝的幾個天才之一。

雖然萊布尼茲發現微積分的時間晚了牛頓十年，但因為以下種種原因，他被認為是該門學問的共同創始人。首先，他是第一位將其發表的人。而且他的說明既優美又容易消化，就連其中所用的符號都經過精心設計，也因此直到今天我們仍在使用這些符號。除此之外，萊布尼茲有招收門徒，而這些人更是積極地將萊布尼茲的想法散佈到世界各地。他們不只撰寫教科書，還為這門科目增添了許多的細節。甚至在日後萊布尼茲被指控剽竊牛頓的微積分時，門徒們也不遺餘力地替他辯護，同時向牛頓發起反擊。

萊布尼茲發現微積分的方法比起牛頓的更易理解，並且在某種程度上更加直覺。這同時解釋了為什麼研究導數的學問以及取導數的過程會被稱為『微』分 —— 這是因為，在萊布尼茲的方法中，『微分』這個概念才是微積分的首要主題。反之，導數只是次要，是後來才加入的東西，好讓整個理論變得更完善。

今天，我們似乎總是忘記『微分』的重要性。現代的教科書總是對它們輕描淡寫、甚至於對其進行重新定義或粉飾，只因為其中牽涉到那個概念（唉！）：無窮小量（*infinitesimals*）。事實上，在很多時候，無窮小量

都被視為是矛盾且令人感到畏懼的；有些書甚至害怕到將其深鎖在閣樓裡而不去談它，好像它是《驚魂記》中諾曼·貝茲（*Norman Bates*）的母親人格一樣（譯註：諾曼·貝茲為經典恐怖片《驚魂記》中的主角，具有雙重人格：一個是溫馴的兒子，也就是他自己；另一個則是他的母親，一個殺人狂）。但是說實話，這個概念真的沒有那麼可怕。

現在，就讓我們去見一見這位母親吧！

8.2　無窮小量 *infinitesimal*

無窮小量是一個非常模糊的東西。它應該是你所能想到最小的數字，但卻又不能等於零。以更簡潔的語言來說，它是一個比一切小、但又比『完全沒東西』大的數。

更讓人困惑的是，無窮小量的大小似乎是可變的。一個無窮小量的無窮小部分仍然是無窮小量，這通常被稱為二階無窮小量（*second-order infinitesimal*）。

另外，正如有無窮小的數字一般，我們還可能遇到無窮短的長度以及無窮小的時間間隔。一段無窮短的長度並不是一個點，它比點還要大，但卻又比任何你能想像的線段要短。同樣的，一個無窮小的時間間隔並不是一個時間點或一個瞬間，但它卻比你所能想到的任何時間區間來得小。

無窮小量這個觀念源自於極限。請回想第 1 章中曾經研究過的一系列正多邊形：我們先是從正三角形開始，然後考慮正方形，接著一路往上到正五邊形、正六邊形、以及其它邊數越來越多的正多邊形。我們發現：當這個圖形的邊數越多、且邊長越短時，它看起來就越像是圓形。有鑑於此，我們實在很想說『圓形』就是一個具有無限短邊長的無限正多邊形；然而我們並不能下這樣的結論，因為這個概念本身並不合理。

不過我們也發現：任取圓周上的一點並把它放到顯微鏡下，則隨著放大倍率的上升，任何包含該點的弧都會看起來越來越筆直。當放大到無限多倍時，那條弧線在視覺上就完全變成直線了。從這個角度來看，把一個圓想成一個由無限多條直線組成、每條線無限短的無限多邊形似乎還真有點兒幫助。

牛頓和萊布尼茲兩人都用過無窮小量。只不過，牛頓在稍後使用流數（*fluxions*，它是兩個一階無窮小量的比值，因此是有限且可以表示出來的，就像導數那樣）取代了它，而萊布尼茲則選擇了更務實的想法。萊布尼茲並未去探討無窮小量到底存不存在。相反地，他只是把它視為一個有用的捷徑、一個能處理極限敘述的有效方法。另外，萊布尼茲還將無窮小量當作一種簿記的工具，以便將他的想像力從繁瑣的計算中解放出來，並用在其它更有用的作業上。如同他向同事說明的那樣：「從哲學意義上來說，我不再相信無窮小量比無限大更真實了。我將兩者都視為適用於微積分上的簡練語言。」

那麼，今天的數學家是怎麼想的呢？無窮小量真的存在嗎？這取決於你如何定義『真的』。物理學家會告訴我們：無窮小量並不存在於真實世界中（不過硬要說的話，所有的數學其實都不是真實存在的東西）。而在理想的數學世界中，無窮小量並不存在於實數系統內。不過，在比實數更廣泛的一些非標準數字系統中，無窮小量的確是存在的。對於萊布尼茲以及他的追隨者而言，無窮小量是腦中的虛構之物，但是非常有用，而這也是我們在接下來的內容中所採行的觀點。

8.3 對接近 2 的數字進行立方

為了看出無窮小量到底多有用，讓我們來研究一個非常具體的例子。請思考以下算術問題：2 的立方（代表 $2 \times 2 \times 2$））是多少？答案很明顯，

是 8。那麼 2.001×2.001×2.001 呢？我們當然知道結果會比 8 大一點，但具體來說是大多少呢？

注意！此處的重點在於尋找一種思考問題的方式，而不是算出答案。我們想要探討的一般性問題是：當一個問題中的數字被替換時（在這裡，我們把 2 換成了 2.001），答案會相應地改變多少？（在上例中，最終的答案會從 8 變為 8 加上某個結構未明的東西；這個未知的東西便是我們想了解的）

既然偷看答案是我們的天性，那就先來看看計算機是怎麼說的吧！輸入 2.001 以後再按下 x^3 按鈕，我們得到：

$$(2.001)^3 = 8.012006001$$

這裡要注意的是，小數點後面多出來的數字在結構上其實是由三個尺度非常不同的部分所組成的：

$$.012006001 = .012 + .000006 + .000000001$$

我們可以把它想成是一個很小的數字、加上一個超級小的數字、再加上一個超級超級小的數字。

只要使用代數，我們便可以得知以上結構是怎麼來的。假設有一個數字 x（即上例中的 2）微微地改變了，變成了 $x + \Delta x$（在上例中，變成了 2.001）；其中符號 Δx 代表 x 的差值，即原始 x 值和新值之間的微小變化（此處 $\Delta x = 0.001$）。則當我們問 $(2.001)^3$ 是多少時，其實就是在問 $(x + \Delta x)^3$ 的結果為何。在實際進行乘法後（也可以使用巴斯卡三角形（*Pascal's triangle*）或二項式定理），我們發現：

$$(x + \Delta x)^3 = x^3 + 3x^2 + 3x(\Delta x)^2 + (\Delta x)^3$$

對於上面的例子 $x = 2$，方程式變為：

$$(2 + \Delta x)^3 = 2^3 + 3\,(2)^2\Delta x + 3\,(2)\,(\Delta x)^2 + (\Delta x)^3$$
$$= 8 + 12\Delta x + 6\,(\Delta x)^2 + (\Delta x)^3$$

現在我們可以看到為什麼 8 以外的數字是由三個尺度迥異的部分組成的了。其中很小但最顯著的那一項是由 $12\Delta x = 12(.001) = .012$ 貢獻的。而剩下的兩部分 $6\,(\Delta x)^2$ 和 $(\Delta x)^3$ 則分別對應到超級小的 $.000006$ 與超級超級小的 $.000000001$。當一個項目裡乘上越多個 Δx，它的值就越小。這就是為什麼三個部分的大小會逐步遞減：任何針對微小項 Δx 所進行的乘法都會使本來已經很小的項目再變得更小。

上面這個微不足道的例子為我們呈現了微分背後最關鍵的洞察。在許多牽涉到變數 x 與另一變數 y 之間關係的問題，如：因與果、藥物劑量與藥效、輸入訊號與輸出等，Δx 都會造成變化 Δy，而 Δy 通常包含了我們可以利用的結構 — 也就是一系列不同尺度的項。這些項會根據自身的大小而被歸類到不同的等級中，有很小、超級小、以及其它比超級小還要更小的類別。這種等級制度使我們可以忽略其它東西，即那些超級小或更小的項，只專注於那個很小但卻最顯著的部分。以上就是我們所說的關鍵洞察。注意，雖然很小的項是真的很小，但和其它項目比起來它已經算是非常大了（如同上例中，$.012$ 相比於 $.000006$ 以及 $.000000001$ 是非常巨大的）。

8.4 微分

忽略所有其它項目（Δx^2 和 Δx^3）的貢獻、只考慮最大項目（Δx）的做法看起來只能為我們提供近似答案。事實上，這一點對於有限的變化量（如：之前我們在數字 2 後面加上的 $.001$）來說的確是對的。但是，當我

們考慮無限小的變化量時，這樣的做法是可以告訴我們精確值的。換句話說，Δx 的部分就是一切，忽略 Δx^2 和 Δx^3 項目對結果不會產生任何誤差。而正如我們在本書各章節中所看到的那樣，對於求斜率、瞬時速度、以及帶弧度區域的面積而言，無限小的變化 Δx 這項正是我們所需要的東西。

為了看出上面所說的事情對實際計算的影響，讓我們再次回到之前的例子上，嘗試對比 2 稍微大一點的數字進行立方。只不過這一次，我們將使用 $2 + dx$ 來取代 2，其中 dx 所代表的是一個無限小的變化量。在概念上，dx 其實並不具有任何合理的意義，因此我們沒有必要對其鑽牛角尖；這裡的重點在於：只要引入這個無限小的項，微積分問題就會變得易如反掌。

在根據上述的原則進行處理後，原本對於 $(2 + \Delta x)^3$ 的計算結果：$8 + 12\Delta x + 6(\Delta x)^2 + (\Delta x)^3$ 可以進一步縮減成一個更簡單的答案：

$$(2 + dx)^3 = 8 + 12dx$$

那麼 $6(dx)^2 + (dx)^3$ 跑哪裡去了呢？我們捨棄它們了，因為它們可以忽略不計。這些項目是超級小、以及超級超級小的無窮小量，和 $12dx$ 比起來根本無關緊要。但問題來了：那為什麼我們要保留 $12dx$ 呢？跟 8 比起來，這個數字不也是不痛不癢嗎？嚴格來說它的確不重要，然而，若我們把它也省略了，那麼最終的結果就等於完全沒變了，答案永遠都是 8。因此，我們得到了對付此類問題的原則：在處理無限小的變化時，只保留 dx 的一次方項，其它全部省略。

以上這個利用如 dx 等無窮小量的解題思路，可以被『極限』的語言定義的更清楚嚴謹，而這也是現代教科書所採行的做法。不過，直接使用無窮小量進行敘述其實更快且更簡單。

8.5 透過微分求導數

在引入微分概念後，一些問題可以變得相當簡單。舉例來說，當一條曲線方程式被畫在 xy 平面上時，它的斜率該如何求得呢？就像我們在第 6 章中研究的拋物線一樣，斜率實際上就是 y 的導數，它的定義為：當 Δx 趨近於 0 時 $\dfrac{\Delta y}{\Delta x}$ 的極限值。但若用微分來表達的話，這個定義會變成什麼樣子呢？答案很單純，即 $\dfrac{dy}{dx}$。這就好像一條曲線真的就是由許多微小的直線線段構成的一樣：

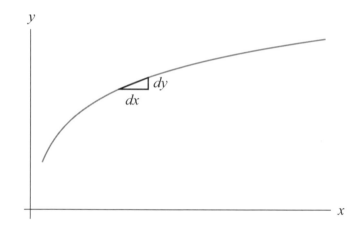

如果將 dy 視為一個無限小的上升高度、dx 為無限小的水平距離，那麼斜率就只是上升高度除以水平距離而已；這是斜率的一般定義，也是 $\dfrac{dy}{dx}$ 的由來。

現在，試著將這個方法應用到一條實際的曲線上，如：$y = x^3$（這和之前『將比 2 稍微大一點的數的立方』的例子對應），則我們會用以下方式計算 dy。先寫下：

$$y + dy = (x + dx)^3$$

然後如同之前那樣，將等號右邊的式子拆開：

$$(x + dx)^3 = x^3 + 3x^2 dx + 3x(dx)^2 + (dx)^3$$

注意，在這裡我們要依循之前所說的原則將 $(dx)^2$ 以及 $(dx)^3$ 拋棄，因為它們並不是無窮小量的一次方項。於是：

$$y + dy = (x + dx)^3 = x^3 + 3x^2 dx$$

而既然 $y = x^3$，上述方程式可以簡化為：

$$dy = 3x^2 dx$$

接著，對等號兩邊都除以 dx 便可得到相應的斜率了：

$$\frac{dy}{dx} = 3x^2$$

當 $x = 2$ 時，我們的結果顯示斜率為 $3(2)^2 = 12$，這和我們之前看到的 12 是相同的。這也解釋了為什麼當 2 變成 2.001 時，y 值變為 $(2.001)^3 \approx 8.012$：因為 y 值在 8 附近的微小變化量（也就是 dy）是 x 值在 2 附近微小變化量（也就是 dx）的 12 倍（即 $dy = 12dx$）。

順帶一提，依照同樣的推理過程，我們會發現對於任意正整數 n 而言，$y = x^n$ 的導數（即 $\frac{dy}{dx}$）將等於 nx^{n-1}，這個結果在之前已經提過了。並且，只要我們再多花一點兒心力，便能證明以上結果也適用於 n 值為負整數、分數、和無理數的情況。

無窮小量（對於一般狀況而言）以及微分（對於微積分而言）的好處就在於：它們為我們提供了一條捷徑，簡化了計算，因而使得我們有更多心

力去進行需要創造力的思考。這和先前代數學對幾何學所做出的貢獻一樣，同時也是萊布尼茲對他的微分如此情有獨鍾的原因。如同萊布尼茲在寫給導師惠更斯的信中所說：「我的微積分讓我在幾乎不用仔細思考的情況下，就能得到很多關於該主題的發現。對於自己所發明的微積分，我覺得最好的地方在於：它使得計算不必再占用想像力。這為我們帶來的優勢如同阿基米德的幾何學之於古代人的幾何學，又如韋達（*Viète*）和笛卡兒在歐幾里得或阿波羅尼烏斯（*Apollonius*）的幾何學上賦予我們的恩惠。」

　　無窮小量唯一的問題就在於：至少在實數系統中，它並不存在。噢，還有一件事 ── 它自相矛盾。也就是說，即使無窮小量真的存在，它本身也沒什麼道理可言。例如：萊布尼茲的其中一位弟子約翰‧白努利（*Johann Bernoulli*）就發現到無窮小量會讓『$x + dx = x$ 且 dx 不為零』這樣莫名其妙的方程式成立。嗯，對於這一點，我只能說：魚與熊掌不可兼得。一旦瞭解了如何使用無窮小量，它就能確實地為我們帶來正確答案，而這個好處已然大過於它所產生的精神折磨。若以畢卡索的話來說：它就是那個為我們帶來真相的謊言。

　　為了進一步展現無窮小量的力量，萊布尼茲用它推導出了司乃耳在研究光線折射時所發現的正弦定律。回想一下第四章的內容，當光線從一種介質進入到另一種介質中時（就假設是從空氣進入水中吧！）它的行經路線將會發生偏折，而此偏折的角度會遵循一道在幾個世紀間不斷地被不同人獨立發現的數學法則。費馬曾經使用他的最短時間定律對該法則提供了解釋，為此費馬必須解決從最短時間定律衍生出來的最佳化問題，而這花了他不少的時間。然而，透過微積分，萊布尼茲輕輕鬆鬆地就得到了正弦定律。對此他寫道，語氣中難掩自豪感：「很多學問淵博的人使用了一些迂迴的方法來得到答案。然而，對於一位熟悉微積分方法的人來說，這個問題只需要幾行算式便能解決，就像變魔術一樣。」

8.6 使用微分得到基本定理

　　<u>萊布尼茲</u>的微分還取得了另一項勝利：它揭開了基本定理背後的祕密。請回憶一下，基本定理和面積累積函數 $A(x)$ 有關，而該函數可以告訴我們在 0 到 x 的範圍內，曲線 $y = f(x)$ 下方區域的面積是多少。根據這個定理，當 x 值不斷朝右邊移動時，曲線下面積變大的速率正好就是 $f(x)$。也因此，$f(x)$ 就是 $A(x)$ 的導數。

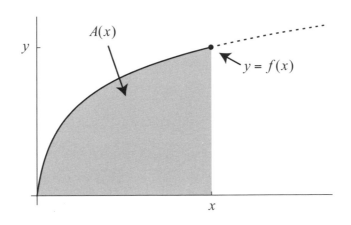

　　為了看出如何使用微分得到此結論，讓我們先假設本來的 x 值發生了一個無限小的改變，成為了 $x + dx$。那麼，相應的面積 $A(x)$ 會發生多少變化呢？這個變化可記為 dA。因此，新的面積就是舊面積加上該變化，也就是 $A + dA$。

　　當我們將 dA 以視覺化的方式表達出來以後，基本定理也就呼之欲出了。如下圖所示：這個無限小的變化量 dA 就是夾在 x 和 $x + dx$ 之間、無限纖細的那個條狀區域：

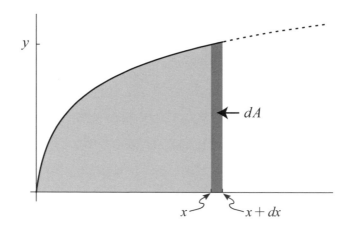

那根條狀區域是一個高度為 y、底部為 dx 的長方形。因此,我們可以用底乘高算出它的面積:$y\ dx$,或者,如果你喜歡,也可以寫成 $f(x)$ dx。

事實上,只有在 dx 無限小的狀況下,上述條狀區域才會等於一個長方形。在現實中,對於任意一個底部為有限 Δx 的條狀區域而言,面積變化量 ΔA 將由兩個部分組成。其中最主要的部分是面積為 $y\ dx$ 的長方形;而另外一個比較小的部分,則是位於該長方形上方、微小、有弧度、形狀類似於三角形的蓋子(cap)。

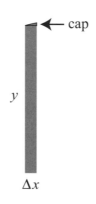

　　以上例子再次告訴我們為什麼無限小的世界比真實世界還要來得美好。在真實世界中，我們必須得要考慮那個小蓋子的面積，而這一點兒也不容易，因為具體的結果將取決於蓋子上方的曲線為何。但當長方形的邊長趨近於零並且『變成了』dx 以後，蓋子的面積與長方形面積相比就像是一個超級無敵小的東西遇上了一個很小的東西，變得可以忽略了。

　　我們最後的結論是 $dA = y\,dx = f(x)dx$。哈！這就是微積分基本定理了。或者，用對今天的我們比較友好的方式來表達（這是現代人錯誤用導數來取代微分的結果）：

$$\frac{dA}{dx} = y = f(x)$$

這正是我們在第七章中透過油漆滾筒刷所發現的結果。

　　還有最後一件事：當我們將一曲線下的面積視為無限多個無窮細條狀區域的總合時，我們會將其寫成

$$A(x) = \int_0^x f(x)dx$$

　　那個有著長脖子、如同天鵝一般的符號實際上是被拉長的 S，它提醒了我們以上結果和加法（*summation*）有關。事實上，這裡的加法只被用於積分之中，非常特殊。它牽涉到將無限多個面積無限小的條狀區域加在一起，並最終形成一個單一且完整的大面積。由於這個符號只用在積分上，因此被稱為積分符號。萊布尼茲於 1677 年的手稿中首度將其引入，此手稿隨後在 1686 年發表。在這之後，積分符號便成了微積分領域中最具代表性的標誌。在上式中，位於符號下方的 0 以及上方的 x 代表積分範圍從 0 到 x，它們被稱為是積分的上下限。

8.7 是什麼讓萊布尼茲發現了微分和基本定理？

　　牛頓和萊布尼茲分別經由兩種不同的途徑推導出了微積分基本定理。前者所用的方法是去思考運動與流動，它們代表了數學中連續的一面；而後者則是從另一面切入。雖然萊布尼茲並不是一位受過正統訓練的數學家，但在他年輕的時候曾經研究過離散數學 ─ 包括整數與計數、排列（*permutations*）與組合（*combinations*）、分數、以及某一類求和問題。

　　在萊布尼茲遇上克里斯蒂安・惠更斯以後，他便在數學的水池中越陷越深了。當時，萊布尼茲正在巴黎進行一項外交任務，但他卻被惠更斯告訴他的數學新知深深吸引，還想要學習更多。或許是惠更斯在教育上有著什麼預見（又或者一切只是巧合？），惠更斯向他的學生提出了一個問題，而該問題便是引導萊布尼茲發現基本定理的關鍵。

　　惠更斯向萊布尼茲提出的問題是去計算以下無限級數的和：

$$\frac{1}{1 \cdot 2} + \frac{1}{2 \cdot 3} + \frac{1}{3 \cdot 4} + \cdots + \frac{1}{n \cdot (n+1)} + \cdots = ?$$

　　為了讓大家對這個問題更有感覺，讓我們先用一個簡單版的問題來暖暖身吧！假設這個級數只包含了 99 個項目，而不是無限多項，那麼我們要計算的東西就是：

$$S = \frac{1}{1 \cdot 2} + \frac{1}{2 \cdot 3} + \frac{1}{3 \cdot 4} + \cdots + \frac{1}{n \cdot (n+1)} + \cdots + \frac{1}{99 \cdot 100}$$

　　如果你並未發現其中的奧祕，那便只能藉由冗長但直接的計算來獲得答案了。只要有足夠的耐心（或是一台電腦），我們就能一步一步地把 99 個分數全部加起來。然而，要是我們真的這麼做，那就放錯重點了。這個問題的主旨應該是去找到一個優雅的解題方法。在數學上，優雅解法的價值不只限於它們本身的美感，還包括了它們的影響力。透過它們，我們通

常可以得到對於其它問題的指引。在這個例子中，萊布尼茲所發現的解題方法將他導向了微積分基本定理。

萊布尼茲使用了一個非常聰明的技巧來解決惠更斯的問題。當我第一次看到他的做法時，我覺得自己正在看一個魔術師從帽子裡變出兔子。如果你也想體會一下這種感覺，那麼你可以跳過我接下來要做的比喻。不過，若你想了解魔術背後的祕密，那麼以下便是它的原理。

想像一下，有一個人正在爬一道很長、並且每一階高度不一的樓梯：

現在，假設這個爬樓梯的人想要測量這道樓梯從底部到最高點的總垂直高度，那麼他應該怎麼做呢？當然，他可以將各階的高度一階一階地加起來，就像之前我們將 S 中的 99 個項目加總起來一樣。這是一個可行的方法，但實行起來卻令人極度不爽，因為這道樓梯的每一階高度都不同。同時，萬一這道樓梯有幾萬階的話，那麼一階一階進行加總就令人望而生畏了。一定有比這更好的辦法。

在這個比喻中，所謂更好的辦法就是使用高度計（*altimeter*），這是一種能測量高度的裝置。假如圖片中的人（就當成是季諾吧！）有一個高

度計，他只要將最高點與最低點的高度值相減即可獲得答案。以上就是這個問題的全部了：樓梯的總垂直高度等於最高與最低兩點的高度差。無論樓梯中間的每一階有多麼不規則，這個做法都有效。

注意，此方法成功的關鍵在於高度計上顯示的讀數必須與樓梯上升的幅度緊密相關，即：每爬一階所產生的高度值變化等於該階的高度。換句話說，每一階的高度也可以利用相鄰高度值的相減來得到。

到這裡你可能會想：高度計和原始的數學問題 ── 將一系列複雜、不規則的數字加總 ── 有什麼關係？對此，我們的想法是：若能在一連串複雜且不規則的級數中找到一個相當於高度計的東西，那麼加總問題就會變得十分容易了：只要找出最高與最低點之間的高度差即可。以上就是萊布尼茲方法的本質。他找到了總和 S 的高度計，這使得他可以將式中的每一項都表示成相鄰高度值的差值，並且依照上面所提的想法來求總和。在完成這件事以後，萊布尼茲還進一步拓展了這個高度計的應用範圍，並最終發現了基本定理。

在了解了上述比喻之後，讓我們回頭來看暖身版本的 S：

$$S = \frac{1}{1 \cdot 2} + \frac{1}{2 \cdot 3} + \frac{1}{3 \cdot 4} + \cdots + \frac{1}{n \cdot (n+1)} + \cdots + \frac{1}{99 \cdot 100}$$

我們打算將式中的每一項都重寫成兩個數字的相減。這就好比是在說：每一階的高度都是該階最高點與最低點的高度計讀數差。對於第一階，重寫的方法如下：

$$\frac{1}{1 \cdot 2} = \frac{2-1}{1 \cdot 2} = \frac{1}{1} - \frac{1}{2}$$

我必須承認，到此為止還看不太出來這麼做會帶來什麼好處，但還是讓我們繼續做下去吧！一會兒你就會發現把分數 $\frac{1}{(1 \cdot 2)}$ 重新寫成兩個

連續單位分數（即 $\frac{1}{1}$ 與 $\frac{1}{2}$）的差值有什麼奇效了（所謂單位分數（*unit fraction*）是指分子為 1 分母為整數的分數。這些連續的單位分數將扮演高度計讀數的角色）。另外，怕有人對上一個式子中的分數運算理解得不夠清楚，讓我們從右到左對該方程式進行說明吧！首先請看最右邊，我們使用一個單位分數（$\frac{1}{2}$）去減另一個單位分數（$\frac{1}{1}$）；在中間的部分，我們使兩個分數的分母相同；而在最左邊，我們簡化了分數的分子。

依照類似的邏輯，S 當中的其它所有項目也可以被寫成兩個連續單位分數的差值：

$$\frac{1}{2 \cdot 3} = \frac{3-2}{2 \cdot 3} = \frac{1}{2} - \frac{1}{3}$$

$$\frac{1}{3 \cdot 4} = \frac{4-3}{3 \cdot 4} = \frac{1}{3} - \frac{1}{4}$$

以此類推。而當我們把所有差值全都加起來以後，S 就變成了：

$$S = (\frac{1}{1} - \frac{1}{2}) + (\frac{1}{2} - \frac{1}{3}) + (\frac{1}{3} - \frac{1}{4}) + \cdots + (\frac{1}{98} - \frac{1}{99}) + (\frac{1}{99} - \frac{1}{100})$$

現在我們看到這個方法的瘋狂之處了。仔細觀察這個級數的結構：幾乎所有的單位分數都重複出現了兩次，而且是一次負、一次正。舉例而言，可以看到 $\frac{1}{2}$ 先是被減掉了，然後馬上又被加了回來，因此 $\frac{1}{2}$ 這一項所產生的淨效果變成了零。相同的事情也發生在 $\frac{1}{3}$ 上，它在式中共出現兩次，並且可以相互抵消。事實上，對於式中所有的單位分數而言（從 $\frac{1}{2}$ 到 $\frac{1}{99}$），這個相互抵消的現象都存在。唯一的兩個例外是第一項以及最後一項，也就是 $\frac{1}{1}$ 和 $\frac{1}{100}$，由於位於級數 S 的兩端，它們並沒有可以與之相消的項目。於是，經過一連串消去處理後，$\frac{1}{1}$ 和 $\frac{1}{100}$ 成為了最後留下來的項目。因此我們所求的和為：

$$S = \frac{1}{1} - \frac{1}{100}$$

從之前的樓梯比喻來看，這裡的結果是完全合理的。它背後所隱含的意思就相當於：一道樓梯的總垂直高度等於頂部高度值減去底部高度值。

總之，對於有 99 項的 S 來說，答案可以簡化成 $\frac{99}{100}$。由此，萊布尼茲認知到他可以用同樣的方法去計算具有任意項的 S。如果現在項目數從 99 變成了 N，那麼結果將是：

$$S = \frac{1}{1} - \frac{1}{N+1}$$

再回到惠更斯所提的原始問題。到此，答案已經相當明顯了：當 N 趨近於無限大時，$\frac{1}{(N+1)}$ 這一項會趨近於零，也因此 S 會趨近於 1。而此處的極限值 1 即是問題的解。

在這裡，萊布尼茲找到級數總和的關鍵在於該級數有著非常獨特的結構：它可以被重新寫成一連串連續差值的和（在上例中，所謂的差值指的是連續單位分數的相減），而這導致了大量消去的發生，如同我們之前所看到的那樣。如今，我們把擁有這種性質的級數稱為裂項和（*telescoping sums*）。其中，英文專有名詞裡的 *telescoping* 源自於經常在海盜電影中出現的那種伸縮望遠鏡。這個詞想要表達的意思是：原本的級數就像是處於伸長狀態的望遠鏡，但由於它本身的結構，我們也可以把它壓縮得很小。在壓縮過後，能夠留下來的項就只有那些找不到對象相消的項目，也就是望遠鏡的頭和尾。

在解決以上問題後，萊布尼茲自然想知道這個裂項技巧可不可以用在其它地方。有鑑於這個技巧實在非常優雅，這的確是一個相當值得研究的課題。對於一連串數字的相加，只要萊布尼茲能將它們全部寫成連續數字的差值，那麼裂項的做法就能再顯神威。

而這讓<u>萊布尼茲</u>想到了面積問題。畢竟，以逼近法計算 xy 平面上的曲線面積牽涉到對一連串數字求和，其中每一個數字代表的是一個垂直且細長的正方形面積。

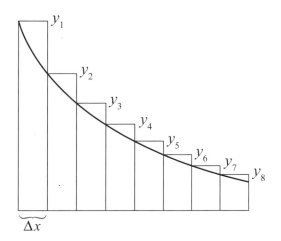

上圖顯示了<u>萊布尼茲</u>的想法。注意，雖然圖中只畫了八個方形區域，但我們實際上應該將其想像成有成千上萬個超細長方形存在；如果你可以接受圖中有無限多個無限細長的長方形，那是再好不過了。不過很遺憾的，上面所說的狀況畫不太出來，這就是為什麼我暫時只畫了八個粗粗的方塊來示意。

為了簡單起見，假設所有長方形的底都一樣寬，並且記為 Δx。相對的，每個長方形的高分別為 y_1、y_2 … y_8。那麼，我們所求的區域面積就近似於：

$$y_1\Delta x + y_2\Delta x + \cdots + y_8\Delta x$$

如果我們想要對以上的八個數字和進行裂項處理，那就必須奇蹟般地找到神奇數字 A_0、A_1、A_2 … A_8，使得每一對相鄰的 A 都對應到一個長方形面積：

$$y_1 \Delta x = A_1 - A_0$$

$$y_2 \Delta x = A_2 - A_1$$

$$y_3 \Delta x = A_3 - A_2$$

以此類推，直到 $y_8 \Delta x = A_8 - A_7$。則上述長方形面積和便可以裂項成以下這樣：

$$y_1 \Delta x + y_2 \Delta x + \cdots + y_8 \Delta x = (A_1 - A_0) + (A_2 - A_1) + \cdots + (A_8 - A_7)$$
$$= A_8 - A_0$$

現在，讓我們將結果推廣到極限狀況，即寬度無限細的長方形。在這種情形下，長方形的寬從 Δx 變成了 dx；而長度不固定的高 y_1、y_2 … y_8 則變成 $y(x)$，$y(x)$ 是長方形高度相對於 x 的函數。於是，這無限多個長方形的面積和變成了積分 $\int y(x)dx$。至於之前討論過的裂項結果 $A_8 - A_0$ 現在則必須改寫為 $A(b) - A(a)$，其中 a 和 b 是目標面積的左右兩端在 x 軸上的值。綜合以上所述，這個無限版本的裂項結果告訴了我們曲線下區域的面積等於多少：

$$\int_a^b y(x)dx = A(b) - A(a)$$

那麼我們該如何找到讓以上結果成立的神奇函數 $A(x)$ 呢？嗯，請看一下之前出現過的方程式，如：$y_1 \Delta x = A_1 - A_0$。隨著長方形的寬度變成了無限小，它們現在應該被寫成：

$$y(x)dx = dA$$

只要對上式兩邊都除以 dx，我們就能把結果從微分的形式改寫成導數的形式：

$$\frac{dA}{dx} = y(x)$$

這就是我們找到神奇數字 A_0、A_1、A_2 … A_8 的方法，它們可以讓裂項技巧成真。在長方形寬度達到無限小的情況下，這些值是由函數 $A(x)$ 給出的，而該函數的導數就是曲線方程式 $y(x)$。

以上內容就是萊布尼茲版本的後向問題與微積分基本定理。根據萊布尼茲的說法：「找圖形面積的問題可以簡化成：給你一個數列，找出它的和；或者（解釋得更清楚一些），給你一個數列，找到另一個新數列，且原數列中的每一項都對應到新數列中某兩相鄰項目的相減。」就這樣，差值和裂項和幫助萊布尼茲發現了微分與積分，然後以此為基礎又發展出了基本定理，這和流數與面積擴張引領牛頓找到他的祕密之泉是一樣的。

8.8 藉由微積分的幫助對抗愛滋病毒 HIV

雖然微分是單純人類腦力構思之物，但自萊布尼茲將它發明出來算起，已經對我們的社會、生命、乃至整個世界產生了深刻的影響。為了看出微分在當代的應用，讓我們來探討一下它在人類免疫缺陷病毒（*human immunodeficiency virus*, *HIV*）的研究與治療上扮演了什麼角色。

在 1980 年代，一種神祕的疾病在美國造成了上萬人死亡，在全世界更是殺死了數十萬人。沒有人知道這種疾病是什麼、來自哪裡、又是由什麼造成的，不過它的症狀相當明顯 — 使病人的免疫系統嚴重弱化，以致於他們對於一些罕見癌症（*cancer*）、肺炎（*pneumonia*）、以及其它機會性感染（*opportunistic infections*，譯註：造成機會性感染的病原體被稱為機會性病原體，他們在宿主免疫力強時不發病，免疫力降低至一定程度後才發病）失去抵抗能力。死於該疾病的過程緩慢且痛苦，還會造成病患毀容。醫生們將其稱為後天免疫缺乏症候群（*acquired immune deficiency syndrome*），簡稱 *AIDS*。在當時，病人與醫生對於此病都深感絕望，因為舉目所及完全找不到治療的方法。

在經過一系列基礎研究後，人們發現一種反轉錄病毒（*retrovirus*）就是該病的原兇，而它致病的機制相當地狡猾：病毒會攻擊一種被稱為輔助 *T* 細胞（*helper T cells*）的白血球（*white blood cells*），而此類白血球是免疫系統中的關鍵成員。一旦進入了細胞，*HIV* 病毒便會劫持細胞內的基因運作，以便控制宿主產生更多的病毒。接著，新的病毒顆粒會從細胞內離開，乘著血流以及其它體液到處流竄，感染更多的 *T* 細胞。對於這種感染，人體的免疫系統會嘗試將病毒顆粒逐出血流、並盡可能地殺死受影響的 *T* 細胞；但與此同時，免疫系統也等於正在破壞自己。

第一個被核准用來治療 *HIV* 的藥物出現於 1987 年。然而，雖然它能藉由干擾病毒劫持宿主細胞的程序來達到減緩 *HIV* 發作的目的，但它的成效卻不如預期，且病毒時常對該藥產生抗性。1994 年，一種被稱為蛋白酶抑制劑（*protease inhibitors*）的新型藥物出現了。該藥能影響新產生的病毒顆粒，使它們無法成熟，因此失去感染能力。儘管這仍不是完美的解藥，但它已經可以算是天賜之物了。

在蛋白酶抑制劑出現後不久，由何大一博士（*David Ho*）領導的研究團隊與阿倫・佩雷爾森（*Alan Perelson*）免疫數學家共同進行了一項研究，他們的成果大大改變了醫生們對 *HIV* 的看法以及治療方式。早在何大一與佩雷爾森的研究發表以前，醫界已經知道 *HIV* 感染後的病程一般可以分為三個階段：為時數週的急性症狀期、最長可以到達十數年的慢性無症狀期、以及最終的 *AIDS* 發病期。

在病程的第一個階段，也就是剛染上 *HIV* 之後，患者會出現一些和流行性感冒類似的症狀，如：發燒、起疹子、以及頭痛等，而血液中的輔助 *T* 細胞（又稱作 *CD4* 細胞）濃度則會急速下降。在正常情況下，*T* 細胞的濃度應該在每立方毫米 1000 個左右，而在 *HIV* 初期感染之後，這個

數字會降至幾百。由於 *T* 細胞的主要功能是協助身體對抗病原體入侵，因此它們的數量降低會造成免疫力持續下降。與此同時，血液中病毒顆粒的數量，即病毒量（*viral load*）會升高，然後又因為免疫系統對 *HIV* 的抵抗而減低。在病毒量變少之後，類流感的症狀也會消失，病人會覺得病情有所好轉。

詭異的是，在第一個階段結束以後，血液中的病毒量就會一直維持固定，並且可能持續好幾年的時間。醫生通常將此時的病毒量稱為平衡點（*set point*）。在這個階段，未經治療的病人可能十數年都不會表現出任何 *HIV* 的症狀；實驗室檢測也不會有什麼重大發現，除了穩定不變的病毒量、以及持續低迷且仍在緩慢下降的 *T* 細胞濃度以外。然而，無症狀期總有一天會結束，*AIDS* 開始發作，此時的 *T* 細胞濃度會進一步走低、而病毒量則會突然竄升。一旦 *AIDS* 達到全盛期，那麼各種機會性感染、癌症、以及其它症狀通常會在兩到三年內奪走一名未經治療病患的性命。

整個病程中最讓人感到不解的地方便是那長達十數年的無症狀期。這段期間究竟發生了什麼事？*HIV* 是在體內休眠嗎？我們知道，有一些病毒也會展現出這種休眠行為。例如：生殖器皰疹病毒（*genital-herpes virus*）就會躲在神經節（*nerve ganglia*）中以逃避免疫系統的攻擊。水痘（*chickenpox*）病毒也是如此，它們會藏身於神經細胞中長達數十年的時間，偶爾才醒來並造成帶狀皰疹（*shingles*）。但對於 *HIV* 而言，這種潛伏期的原因是不明的，直到何大一與佩雷爾森發表了他們的研究。

在 1995 年的一篇研究中，他們給予病人蛋白酶抑制劑，但主要目的不是治療，而是做為一個引子，使病人體內的病毒量偏離平衡點。這給了何大一與佩雷爾森一個史無前例的機會，可以對體內的免疫系統如何對抗 *HIV* 進行動態的追蹤。他們發現：在為病人注射蛋白酶抑制劑後，血流中病毒顆粒的數量將以指數下降。這種下降率非常驚人，每兩天免疫系統

就會從血流中移除一半的病毒顆粒。

微分使何大一與佩雷爾森可以進一步對上述的指數下降進行模擬，並且從中挖掘出令人意外的訊息。首先，他們使用一個未知函數 $V(t)$ 來代表血液中病毒的數量，其中 t 代表從病患攝入蛋白酶抑制劑開始算起的累計時間。緊接著，何大一與佩雷爾森由他們的實驗資料發現：每一天在血液中被清除的病毒數量，與原本病毒數量的比值是一個固定數，而這樣的結論對於一天、一分、一秒或無限小的時間間隔 dt 也適用。當然這個比值也和經過的時間成正比，因此何大一與佩雷爾森的模型可以用微分符號表示成下面的方程式：

$$\frac{dV}{V} = -c\,dt$$

此處的比例常數 $-c$ 為清除率，即病毒顆粒從血液中被移除的速率，因為移除會減少病毒量，所以公式中有個負號。

以上方程式是一個微分方程。它將病毒微小的變化量 dV 和總量 V 以及微小時間變化量 dt 關連起來。將等號兩邊進行積分後，發現函數 $V(t)$ 滿足以下關係：

$$\ln\left[\frac{V(t)}{V_0}\right] = -ct$$

上式中的 V_0 代表初始的病毒量，而 $\ln$ 代表自然對數（即牛頓和墨卡托（Mercator）在 1660 年代研究過的對數函數）。對該式子進行轉換後可得到：

$$V(t) = V_0 e^{-ct}$$

其中的 e 為自然對數的底，也因此我們可以確認模型中的病毒量的確是以指數方式減少的。最後，將這個指數曲線對實驗資料進行擬合，<u>何大一</u>與<u>佩雷爾森</u>估算出了清除率 c。

你也可以將這個模型方程式改寫為：

$$\frac{dV}{dt} = -cV$$

此處的 $\frac{dV}{dt}$ 為病毒量 V 對時間 t 的導數，代表病毒量如何隨著時間上升或下降。若導數所給出的值為正值，則病毒量上升；若為負值則下降。而既然病毒量 V 一定大於零，$-cV$ 就一定小於零，也因此該導數所給出的值為負值，代表病毒量下降，如同實驗結果所顯示的那樣。除此之外，$\frac{dV}{dt}$ 和 V 之間的比例關係還顯示了當 V 越接近零時，病毒數量下降的速度越慢。直觀來看，這和將一個注滿水的水箱放水是一樣的：當箱中的水越少時，水流出的速率越慢，因為將水擠出箱外的水壓變低了。對照 *HIV* 的例子，病毒總量就好比水箱裡的水，而水從箱內流出這件事就相當於病毒被免疫系統移除。

在對蛋白酶抑制劑的效果進行模擬後，<u>何大一</u>與<u>佩雷爾森</u>又進一步修正了他們的方程式，使得包括藥物投放以前的狀況都能描述。他們的方程式變成：

$$\frac{dV}{dt} = P - cV$$

在這條式子中，P 表示未投藥抑制前的病毒增殖率，這在當時也是非常重要的一項未知因子。<u>何大一</u>與<u>佩雷爾森</u>想像在投放蛋白酶抑制劑以前，每一瞬間都會有細胞釋出新的病毒顆粒，進而造成其它細胞的感染。這種如野火般迅速擴散的特質，正是 *HIV* 之所以如此具有破壞力的原因。

然而，在無症狀期中，新病毒顆粒的產生與舊病毒顆粒的移除顯然達成了某種平衡。換句話說，當達到了平衡點，病毒增殖的速度便會和它們被清除的速度一樣快。這樣的洞見讓我們了解到為什麼病毒量會在好幾年當中都保持不變。若拿水箱放水的比喻來說，這就好比你在放水的同時也同時打開水龍頭灌水一樣，水箱中的水位最終會到達一個平衡點，此時水流出水箱的速率和流入速率相同。

　　在平衡點上，病毒的總量不會改變，因此它的導數必為零：$\dfrac{dV}{dt} = 0$。因為如此，穩定期的病毒量 V_0 滿足以下關係：

$$\frac{dV}{dt} = P - cV_0 = 0,$$

$$\Rightarrow P = cV_0$$

　　何大一與佩雷爾森就是用這道簡單的方程式 $P = cV_0$ 來估算一個當時還沒有人知道、但卻相當重要的數字：免疫系統每天清除的病毒顆粒數。結果顯示每天被清除的病毒顆粒約有十億個左右。

　　這個數字令人意外的大，代表在看似平靜且可維持十數年的無症狀期中，病人的身體裡其實正發生一場劇烈的抗戰。每一天，免疫系統都會消滅十億個病毒顆粒，但感染細胞又會釋放出十億個新病毒。可以說，雖然病人的免疫系統不遺餘力地在對抗病毒，但整個戰局停滯不前。

　　1996 年，何大一、佩雷爾森、以及他們的同事進行了一項追蹤實驗，好弄清楚一件他們在 1995 年觀察到、但卻搞不明白的事情。這一次，研究團隊以更短的時間間隔搜集使用蛋白酶抑制劑以後的病毒量資料，因為他們想要瞭解在藥物吸收、分佈、並進入目標細胞時可以看到的初始遲滯（*initial lag*）現象。從藥物投放起到第六個小時，研究團隊每隔兩小時便測量一次病患體內的病毒量；然後是六小時一次，直到第二天；之後一天一次，直到第七天。若以數學的觀點來討論，透過這次實驗，佩

雷爾森改善了原本的微分方程，使其可以解釋初期遲滯；同時，他們還追蹤了另一項重要變數的起伏：受感染 T 細胞的數量變化。

在重新進行了實驗、並比較實驗數據與模型預測後，研究員再次估算了模型中的各項參數，結果他們得到的數字比之前還要令人震驚：每一天，病人體內都有一百億個病毒顆粒被產生與移除。除此之外，研究員還發現：受感染 T 細胞只有兩天的壽命。有鑑於 T 細胞數量降低是 HIV 感染與 $AIDS$ 的標誌性特徵，這短得嚇人的生命週期讓我們對愛滋病的了解又進了一步。

知道了 HIV 病毒複製竟然如此迅速的事實後，醫界治療 HIV 陽性患者的方式也發生了改變。在何大一與佩雷爾森的研究之前，醫生們總是等到病毒從假設性的休眠狀態中重新甦醒後才為病人開立抗病毒藥物的處方。這麼做的理由是因為病毒經常會對藥物產生抗性，讓醫生束手無策，因此應該將祕密武器保留到最後，等免疫系統真正需要幫助的時候再予以投放，也就是病程進行的晚期。

何大一與佩雷爾森的研究將這種認知倒轉了過來。實際上，病毒從來就沒有休眠過，患者的身體每分每秒都在和病毒做勢均力敵的對抗，而他們的免疫系統需要在感染後的關鍵數天內儘早地得到所有可能的協助。同時，我們也瞭解到為什麼任何一種單一藥物的效果都持續不了太長的時間：因為病毒複製與突變（產生抗藥性）的速度實在是太快了，以致於它們總能找到方法逃過幾乎所有的治療用藥物。

佩雷爾森的數學模型可以幫助我們估算應該同時使用幾種藥物才能使 HIV 的數量維持在低點。在考慮了 HIV 病毒的突變率、基因組大小和新病毒顆粒每日產生的數量以後，佩雷爾森以數學證明了 HIV 病毒於一天當中會在基因組的任何位置產生數次突變。由於光是一次突變就可能使病毒獲得抗藥性，因此單一藥物的治療是沒什麼效果的。同時使用兩種藥物的話效果會好一點，但佩雷爾森的計算表明各種可能的雙重突變在一天中

也會發生不少次。然而，要是同時使用三種藥物，*HIV* 病毒便很難與之對抗了。數學模型顯示，*HIV* 病毒能夠避開三種藥物而產生新突變的機率只有千萬分之一。

當何大一與佩雷爾森在臨床實驗中對 *HIV* 感染者使用包含了三種藥物的雞尾酒治療後，立刻獲得了良好的效果。在兩週之內，病毒的數量下降了將近一百倍；到了下一個月，病毒甚至已經檢測不到了。

注意，這並不是說 *HIV* 已經被根除了。後續研究顯示若病患停止治療，則病毒數量可能急遽回升。問題就在於，*HIV* 可能躲在身體內很多地方，例如那些藥物無法到達之處。它們也能潛伏在感染的細胞中而不進行複製，很狡猾地躲避治療；而這些細胞隨時有可能重新發病，開始產生新的病毒顆粒。這就是為什麼 *HIV* 檢測結果呈陽性的人，即使體內的病毒量已經降低或檢測不出來，也絕對不能停止服藥的原因。

但即使三合一療法不能根治 *HIV*，對於接受這種治療的人而言，愛滋病已然變成了一種可以控制的慢性病。這給了病患前所未有的希望。

1996 年，何大一博士被選為《時代》雜誌的年度風雲人物。2017 年，佩雷爾森因為他在『理論免疫學上的傑出貢獻，為我們帶來對疾病的洞見並拯救了許多生命』而獲得大獎。至今，佩雷爾森仍在使用微積分與微分方程描述病毒的活動。他最新的研究和 *C* 型肝炎病毒（*hepatitis C*）有關。這種疾病影響了全球約一億七千萬人，並且每年造成 350,000 人死亡。同時，它也是造成肝硬化（*cirrhosis*）與肝癌的主要原因。2014 年，在佩雷爾森數學方面的協助下，一種既安全又方便的 *C* 型肝炎新療法被研發了出來。這種治療只要求病人一天吃一顆藥丸，但卻能治癒幾乎所有的病患。

遵守邏輯的宇宙

The Logical Universe

9

微積分在十七世紀的下半葉發生了本質上的改變。由於它變得如此系統化、並且在各個領域都擁有無與倫比的影響力，以致於許多歷史學家都說微積分是那時才被『發明』出來的。根據這種觀點，在牛頓與萊布尼茲之前，這門學問只能被稱為原始微積分，在他們之後才變成真正的微積分。我個人並不採用這種觀點。對我而言，自從阿基米德駕馭了無限以後，這支數學就已經是微積分了。

但不論它叫什麼，微積分的確在 1664 年到 1676 年間經歷了戲劇性的轉變，而整個世界也隨之發生了變化。在科學領域，微積分使得人類可以讀懂大自然這本書，如同伽利略夢想的那樣。它在科技領域開啟了工業革命與資訊時代。而在哲學與政治領域，微積分也在現代人權、社會概念以及法律等地方留下了痕跡。

如同之前所述，我並不認為微積分是在十七世紀晚期才被發明出來的，事實上，我更傾向於認為微積分在當時進行了一次突破性的進化。這就好比生物學中的關鍵性演化事件：在生命誕生的初期，有機體的構造相對簡單；它們是單細胞生物，就像今天的細菌。這個單細胞生物時期持續了約三十五億年的時間，成為了地球歷史上最主要的一個時期。但在五億年前左右，種類多到驚人的多細胞生物突然大量出現，生物學家將此事件稱為寒武紀大爆發。在這為期數千萬年的時間中（這在整個演化史中只相當於幾秒鐘），許多主要的生物門（*phyla*，編註：動物界分類法的門）無預警地現身。

與上面生物演化類似之處，微積分就是數學界的寒武紀大爆發。自它到來的那一刻起，無數支數學領域便開始發展。這一系列衍生出來的領域都擁有和微積分有關的名字，通常是在前面加上如：『微分（*differential*）』、『積分（*integral*）』或『分析（*analytic*）』等形容詞，也因此可以輕易辨別出來。這些進階的數學分支就像多細胞生物的眾多種類分支一樣。在這個類比中，單細胞生物就相當於數學界早期的研究主題：數字、形狀以及語言代數，它們支配了數學史中絕大多數的時間。但在三百五十年前微積分寒武紀爆發之後，新數學就像新生命一樣開始增殖、繁盛，並進而改變了它們周遭的地景。

對於大多數生物而言，演化的方向都是朝著比其祖先精細且複雜的方向進行，在微積分中亦是如此。但這具體是如何進行的呢？微積分的演化是否具有某種模式？又或者像許多人認為的生物演化那樣，是隨機發生的？

在純數學的世界裡，進化是透過微積分與其它領域混種、將自己的好處帶入而達成的。許多舊的數學分支在和微積分融合以後，都得到了新的面貌。例如：古代對於數字與其模式的研究就因為與積分、無限級數與冪級數等微積分工具結合，因此變得煥然一新；而由此衍生出來的混合學問

被稱為解析數論（*analytic number theory*）。同樣的，微分幾何（*differential geometry*）使用微積分來探究平滑曲面的結構，並進而找出它們未曾被發現過的近親，也就是那些存在於四維或更高維度空間、無法被想像出來的彎曲形狀。藉著如上所述的方式，微積分寒武紀大爆發使得數學變得更加抽象且有力。與此同時，數學各領域也變得更像是一家人，因為微積分揭露了將它們連繫起來的隱藏關係。

至於在應用數學中，微積分造成的演化則體現在我們對於『變化』知識的拓展上。如同我們之前所見的，微積分起源於對於曲線的研究，這牽涉到方向上的變化；接著是運動，這是關於位置的變化。而在寒武紀大爆發的後期，特別是在微分方程出現之後，微積分能描述的變化更為廣泛。如今，微分方程可以幫助我們預測流行病的傳播、颶風登陸的位置、以及我們應該花多少錢去購買一支股票的選擇權。在任何一個我們感興趣的領域中，微分方程都提供了一種共通的架構，讓我們得以描述裡裡外外的各種變化，從次原子領域到最遠端的宇宙皆如此。

9.1 自然界的邏輯

微分方程的早期成就，改變了整個西方文明的進程。在 1687 年，牛頓提出一套關於世界如何運行的系統，藉此展現了理性推理的威力，並開啟之後的啟蒙時代。他發現了一小組方程式 — 也就是他的運動與萬有引力定律 — 可以解釋伽利略與克卜勒的發現：發生於地球上的自由落體現象、以及太陽系中各行星的移動軌道。透過他提出的系統，牛頓消除了天體與地球的分野；在牛頓的系統下，我們有了一個統一的宇宙，相同的定律在宇宙中的任何地方、任何時間都適用。

在牛頓的權威性著作《自然哲學的數學原理：*Principia*》（通稱為《原理》）中，牛頓將他的理論用在各種地方，包括：解釋地球由於自旋離

心力導致在赤道處略微凸出的形狀、朝夕的節奏、彗星的偏心軌道、以及月球的運動（事實上，該課題困難到牛頓曾經向他的朋友愛德蒙‧哈雷（*Edmond Halley*）抱怨：這個問題總是讓他頭痛而且睡不著覺，他再也不要去想它了）。

今日大學生學習物理時，他們都會先接觸古典物理學 — 即那個由牛頓與其繼承者所發展出來的力學體系。然後，他們會被告知以上理論已經被愛因斯坦的相對論（*relativity*）、以及由普朗克、愛因斯坦、波爾、薛丁格、海森堡、和狄拉克共同創建的量子理論（*quantum theory*）所取代。這件事是千真萬確的，因為以上這些新理論推翻了牛頓的時空觀、質量與能量的概念、和其背後的決定論（*determinism*）思維，並以一種更加隨機、需要以機率統計來描述的自然圖像取而代之，如同量子理論中描述的那樣。

但即便如此，微積分扮演的角色未曾改變。在相對論與量子力學（*quantum mechanics*）中，自然定律仍然是由微積分的語言寫成的，其中包含許多由微分方程構成的句子。對我而言，這才是牛頓最珍貴的遺產：他向我們展示了自然界是遵循邏輯的。因果關係在大自然中的表現就像是一道幾何學證明一樣，可以由一項事實合理地推導至下一項。

這種數學和自然之間的奇妙連繫，讓我們又想起了畢達哥拉斯學派的信條。由於發現了音樂和聲與數字間的關係，他們宣稱世間萬物皆數字。實際上，他們說得的確有幾分道理，數字對於宇宙的運作非常重要；還有形狀也是，在伽利略幻想出來的自然之書中，幾何圖形就扮演著文字的角色。然而，即便數字與形狀再重要，它們也不是趨動一切的動力。在這齣宇宙戲劇中，形狀與數字更像是演員，被微分方程的無形邏輯指揮著。

牛頓是第一位揭發出此種宇宙邏輯、並且為其建立系統的人。事實上，在他之前的人是不可能辦到這件事的，因為其中所必須的概念還沒有成形。阿基米德並不曉得微分方程，伽利略、克卜勒、笛卡兒與費馬對此

也一無所知。萊布尼茲雖然知道，但卻不像牛頓一樣如此傾心於自然科學，或者說他在這方面的熱情遠不如對於純數學的研究。也因為這樣，只有牛頓有幸窺見了宇宙背後的祕密法則。

牛頓理論的中心就是下面這道運動的微分方程：

$$F = ma$$

這是歷史上最重要的幾道方程式的其中一個。它告訴我們：作用在一個運動物體上的力（force）F 等於該物體的質量（mass）m 乘以它的加速度 a。之所以說這是一條微分方程，是因為加速度其實是一個導數（即物體速度的變化率）；或者，若以萊布尼茲的語言來說，它可以被記為兩個微小差異的比值：

$$a = \frac{dv}{dt}$$

此處的 dv 是物體速度 v 在一個無限小的時間間隔 dt 中發生的變化量。因此，一旦知道作用於一個物體上的力是多少、並且得到該物體的質量，我們便能使用 $a = \frac{F}{m}$ 來算出它的加速度，而這個加速度可以決定此物體將以何種方式移動。更精確地說，加速度可以告訴我們下一刻的速度為何，而速度又可以告訴我們位置將如何改變。透過這種方式，$F = ma$ 成了預見未來的先知，一步步地預測出物體未來的行為。

讓我們思考一個最簡單的例子：假如有一個與世隔絕的物體存在於一個空無一物的空間中，那麼它將會如何運動呢？嗯，既然該物體周圍並沒有任何東西可以推動或吸引它，作用在它身上的力必然等於零：$F = 0$。同時，由於質量 m 不為零（我們假設該物體是具有一定質量的），因此牛頓運動定律告訴我們：$\frac{F}{m} = a = 0$，而這也意謂著 $\frac{dv}{dt} = 0$。這裡請注意，$\frac{dv}{dt} = 0$ 代表目標物體在無限小時間間隔 dt 中的速度是恆定的；而

且在接下來的所有時間點上，該物體的速度皆保持恆定。從以上訊息我們得到結論：當 $F = 0$ 時，物體的速度將永遠不變。而這正是伽利略的慣性定律（*principle of inertia*）：在沒有外力的情況下，靜者恆靜，動者恆以等速度做直線運動；換句話說，該物體的速率和運動方向永遠也不會改變。在此我們看到：順著 $F = ma$ 這條由牛頓提出的、更為深層的邏輯，慣性定律便自然而然的被推導出來。

牛頓還是大學生的時候，就已經認知到了加速度與力之間存在著比例關係。這是他在看到伽利略的『無外力時，靜者恆靜、動者恆做等速度直線運動』時所獲得的靈感。牛頓了解到，力並不是產生運動的必要條件，而是讓運動狀態改變的關鍵。換句話說，力解釋了一個物體為什麼會加速、減速、或者從一條筆直的路徑上偏離。

以上的洞察，是自亞里斯多德以來的一次重大進步。我們知道，亞里斯多德並不相信慣性，他認為力是讓一個物體維持運動狀態所必須的東西。說實話，在一個被摩擦力主宰的世界中，這樣的觀點並沒有錯。例如，若你想要將一張桌子從一個位置推到另一個位置上，那麼你必須持續不斷地推動它才行；只要一停手，桌子就不再前進了。然而，對於天體在太空中的運動、以及蘋果從空中墜落地面而言，摩擦力的重要性就沒那麼高了。就算我們將其忽略，也不會扭曲這些現象的本質。

在牛頓的宇宙觀中，占有主導地位的力是重力，而不是摩擦力；這使得牛頓和重力在大眾心目中被緊密地聯繫到了一起。當大多數人提起他，便會立刻想起小時候學過的：一顆蘋果落到牛頓的頭上，使他發現了重力。在此我們必須澄清：這並不是事實，牛頓並沒有發現重力。事實上，人們早就知道有重量的東西會掉落地面了。他們不知道的事情是：重力的作用範圍到底有多廣，它們會延伸到天空外面嗎？

直覺告訴牛頓，重力的範圍應該延續到月球上，或甚至更遠的地方。他的想法是：月球的繞地軌道，實際上是由於它不停地向地球墜落所導致

的。但是和蘋果墜地不同的是，月球並不會和地球相撞，因為它同時也會受慣性影響而朝著橫向移動。月球就像<u>牛頓</u>的加農砲一樣，在高山上朝水平方向發射砲彈，它會往側邊移動、但也同時往下墜落，形成一道圓弧形的軌跡；只不過這個砲彈橫移的速度實在太快了，以致於它永遠也碰不到地表，因為地球表面的彎曲程度和砲彈的軌道是一致的。

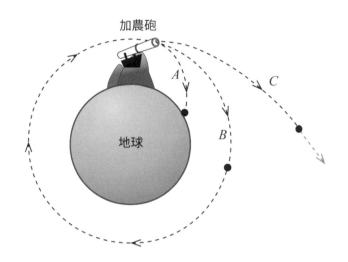

A：初速不足，掉落地面　　*B*：初速足夠，環繞地球　　*C*：初速過大，飛離地球

同時，由於月亮的軌跡並不是一直線，我們可以推斷它正在不停地加速，只是這種加速所改變的是月亮運動的方向，不是速率。而那個讓月亮軌道不再保持直線的東西，就是持續將月球拉向地球的引力。以上所述的加速度稱為向心加速度（*centripetal acceleration*），即一種能讓物體往一個中心移動的趨勢 — 而在本例中，所謂的中心便是指地心。

藉由克卜勒第三定律，<u>牛頓</u>推測重力會隨著距離的變長而減弱。這解釋了為什麼行星距離太陽越遠，它經過太陽的時間就越長。事實上，<u>牛頓</u>的計算顯示：若地球吸引蘋果的力和讓月球保持在軌道上的力，以及太陽吸引行星的力都是同一種力量，則這個力的大小會和距離的平方呈反比。

因此，若地球和月亮間的距離變為目前的兩倍，那麼兩者間的重力將會變弱四倍（即四分之一）（也就是二的平方，而非單純的兩倍）；若這個距離進一步變成三倍，則重力將減弱九倍（即九分之一），而非三倍。不可否認地，在牛頓的計算中其實存在著許多可疑的假設，如：重力可以瞬間作用在一個遙遠的物體上，就好像隔在中間的空間不存在一樣。牛頓並不曉得這究竟是如何發生的，但這個平方反比定律的確勾起了他的好奇心。

為了以實際的數字驗證他的想法，牛頓利用地球與月亮間已知的距離（大約是地球半徑的 60 倍）、和已知的月球週期（大約 27 天）來估算月亮的向心加速度。接著，他將這個加速度與物體在地表附近自由墜落的加速度進行比較，後者在伽利略的斜坡實驗中已經被測量過了。結果顯示：兩者之間的差距大約等於 3,600 倍，也就是 60 的平方，而這和他的平方反比定律所預測的一致。畢竟，月球到地心的距離大約是蘋果到地心距離的 60 倍，也因此我們可以預期月球的加速度比起蘋果會降低 60 的平方倍。在數年過後，牛頓在回憶中提到：他還比較了使月亮保持在軌道中的力、以及地表上的重力，結果發現兩者非常接近。

在當時，這種假設地表上的重力會延伸到月球上的想法是非常瘋狂的。還記得亞里斯多德的教條嗎？任何位於月亮底下的東西都是不潔、不完美的，而任何位於月亮之上的東西都是完美且永恆不變的。牛頓打破了這樣的觀點。透過他的理論，牛頓將天界與地球合二為一，並且揭示了同樣的物理定律能同時適用於二者的事實。

大約在牛頓發現平方反比定律的二十年之後，他暫時放下對煉金術與聖經年代學的興趣，並且因為重力的緣故而再次對運動主題進行探討。這件事的契機是牛頓的同事以及來自倫敦皇家學會的競爭者向他發起了挑戰，他們希望牛頓能解決一個比所有他之前想過的問題都難、而且任何人都毫無頭緒的難題：假如真的有一種從太陽發射出來的吸引力，其強度衰弱的方式符合平方反比律，那麼太陽周圍的行星應該如何運動？

據說，牛頓在聽到愛德蒙‧哈雷提出了這個疑問以後，立刻答道：「橢圓軌道。」大吃一驚的哈雷接著問：「但你是怎麼知道的？」牛頓回答：「你問為什麼嗎？因為我算過啊！」而當哈雷繼續追問他的推理過程時，牛頓便下定決心要重新整理他過去的研究。這個想法給了他源源不絕的動力，讓他的創造力再次瘋狂運轉，就像學生時期躲避瘟疫的那幾年一樣，並且最終誕生了《原理》一書。

藉由將他的運動與萬有引力定律設為公理（*axioms*），並且使用微積分做為推論工具，牛頓證明了克卜勒的三大定律都是邏輯推理的必然產物。其它能夠藉由這種方式得到的定理還有伽利略的慣性定律、單擺的等時性、球滾落斜坡時所遵循的奇數法則、以及拋射物體時所產生的拋物線。以上所有東西都是平方反比律與 $F = ma$ 所產生的必然結果。

這種訴諸於理論推理來研究自然的做法震撼了不少牛頓的同事，並且讓他們陷入了哲學思考中。這些人大多都是經驗主義者。對於他們而言，邏輯只適用於數學領域，而關於自然的問題則應該要透過觀察與實驗來研究。也因為如此，自然背後竟然存在著數學結構、而且一些現象還能從公理（如：運動和重力定律）與邏輯推論得到，這著實把那些經驗主義者嚇得不輕！

9.2 二體問題

哈雷考牛頓的問題其實非常非常困難，它牽涉到將區域資訊轉換為全域資訊。正如我們在第 7 章所言，這正是積分與預測問題的核心困難點。

請思考一下：若想推測兩個物體之間萬有引力的交互作用將如何發展，那麼我們需要知道些什麼？為了簡化這個問題，先假設它們其中之一（設定為太陽）具有無限大的質量，因此不會移動，而另一個物體（設定為在軌道中運動的行星）則繞著前者旋轉。一開始，行星位於某固定位置，

與太陽隔了一段距離，並且朝向特定方向以固定速率移動。在下一個瞬間，行星的速度便會將其帶至下一個位置，而這個新位置與原位置之間有著無限小的距離差。既然行星現在已經抵達一個稍微不同的地點，它感受到的太陽引力不管是在方向還是大小上都會有些微的不同。這個新的力（可以透過平方反比定律計算）將再次拉動行星，以致於在下一個瞬間，它在移動速率與方向上又將發生一次無限小的改變（可以透過 $F = ma$ 計算），以上過程會無止境地重複下去。而為了能得到該行星運動的完整軌道，我們勢必得找到一種方法將這所有的微小步驟整合起來才行。

這種二體問題（*two-body problem*）就可以用牛頓的運動方程式 $F = ma$ 求解。阿基米德等人曾經將無限原理用於解決曲線之謎，但牛頓卻是將其用在運動研究的第一人。總之，儘管二體問題看上去是那麼的嚇人，在微積分基本定理的協助下，牛頓還是將它解開了。並且，比起在腦中一寸一寸慢慢地拼湊出行星向前運動的方式，微積分使他能夠在這個問題中快速推進，就像變魔術一樣。牛頓的公式可以預測行星在未來任意時間點上的位置以及運動速度為何。

無限原理和微積分基本定理還與牛頓理論中的另一個環節有關。在第一次探討雙體問題時，牛頓將行星與太陽理想化地假設成了兩個點粒子。現在問題來了：若依照實際情況，真的把行星與太陽當成兩個巨大的球體，他還有辦法找出答案嗎？就算可以，答案會和之前的結果相同嗎？

對於那個微積分剛發展出來的年代，這又是一項極為困難的計算。想想看我們需要考慮些什麼，才能清點出巨大的球體太陽對於稍小但仍然巨大的地球所產生的淨引力。首先，太陽的每一顆原子都在吸引著地球的每一顆原子，而由此所產生的難題就是：這所有原子彼此間的距離皆不盡相同。位於太陽背面的原子由於距離地球較遠，由它們產生的重力也就比太陽前方的原子弱。除此之外，太陽左側與右側的原子吸引地球的引力方向是剛好向反的，至於強度則取決於各原子到地球的距離。以上提到的所有

影響因素都必須被加總起來；而將如此大量的資訊結合在一起的難度，已經超越當時人們在積分領域中處理過的任何問題。如今，我們會使用一種名為三重積分（*triple integration*）的方法來處理這件事，而這個方法也是同樣折磨人。

　　牛頓最後仍舊解開了這個三重積分，並且得到了一個非常簡單而優雅的答案。事實上，即使時至今日，這個答案仍然簡單優雅到讓人不敢相信。他發現，『假設整個球形太陽的質量都聚集在中心點』的做法是完全沒有任何問題的，對於地球而言也是如此；不管是是考慮質量散佈於整個球體還是聚集在中心的情況，最後計算的結果都是一樣的。換句話說，就算將兩個巨型球體以兩個無限小的點取代，我們的結論也不會產生任何誤差。這還真是對於『從謊言得出事實』這句話最真實的體現！

　　不過，在牛頓的計算中存在著一些假設，它們引發的問題可能更加嚴重。例如，為了簡化起見，牛頓完全忽略來自其它行星的引力；同時，他還是假定重力的作用可以在一瞬之間到達任何位置。事實上，牛頓也知道以上兩項假設不可能是真的，但除了這樣，他找不到任何辦法可以在此議題上有所進展了。牛頓還坦言，他並不曉得重力的本質到底是什麼，也不知道這個現象為什麼會遵循他所建構出來的數學。由於這些原因，牛頓了解其它人可能會質疑他的整套理論；於是，為了使自己的作品看起來更有說服力，他在整本書中都使用了幾何的語言來敘述，因為這是當時人們普遍認可的一種嚴謹論述方式。不過，牛頓採用的絕對不是傳統的歐氏幾何，而是一種怪異、混合了幾何與微積分的新幾何學；或者說得再更精確一點，這就只是披著幾何學外皮的微積分而已。

　　即便如此，牛頓已經竭盡所能地為自己的理論穿上一層傳統的外衣，以致於整部《原理》的寫作風格完全符合舊式歐氏幾何的標準。依循傳統幾何的格式，牛頓先從對公理的敘述開始（此處指得就是他的運動與重力定律），並且將他們視為不可動搖的推理基石。然後在它們之上，牛頓開

始建構一道道引理（*lemmas*，或稱為輔助定理）、命題（*propositions*）、定理與證明；它們全都是透過邏輯推導得到的，並且彼此之間相互串連成一條沒有斷點的邏輯鏈，直通一開始的那幾條公理。就像歐幾里得為世人留下了十三本不朽的《幾何原本》那樣，牛頓也為我們帶來了三部傳世經典；它們的內容是如此地無所不包，以致於牛頓也不再故作謙虛了，直接將最後一部命名為《世界的系統》。

牛頓的系統將整個世界描述成了一個機械裝置。在接下來的數年裡，人們經常會拿機械鐘來比喻它；就好像宇宙中真的有許多轉動的齒輪與伸縮的彈簧，而且這些零件全都有條不紊地連繫著，形成一系列奇妙的因果關係。透過對微積分基本定理的應用、一點心靈手巧、與幾分運氣，牛頓往往都能完美地解開手上的微分方程。也因為如此，他並不需要一步一步地去考慮物體的運動，而是能一步到位地預測出這個宇宙機械鐘在未來任意時間點上的狀態，就像他在雙體運動中描述行星如何繞行太陽時那般。

在牛頓之後的幾個世紀，他提出的系統又受到多位數學家、物理學家與天文學家的精鍊。人們對於這套理論極為信任，以致於當某項行星運動的觀測數據與預測不符時，天文學家通常會認為他們一定漏看什麼東西了。事實上，海王星（*Neptune*）就是這樣被發現的。在 1846 年，人們觀測到天王星（*Uranus*）的軌道和理論預期有出入，這表示其外圍附近應該還有一顆行星存在，而這顆看不見的鄰居正以自身的重力影響著天王星。隨後，微積分推測出了這顆未知行星理論上的位置；而當天文學家往那個方向望去，海王星也的確就在那裡。

9.3 當牛頓遇上《關鍵少數》

一直要到二十世紀，人們才終於脫離了牛頓提出的力學體系，並以量子理論和相對論取而代之。但即便如此，牛頓力學仍在美國與蘇聯

(*Soviet Union*)的太空競賽中,扮演了關鍵的角色。

在 1960 年代初期,凱薩琳‧強森(*Katherine Johnson*,即電影《關鍵少數(*Hidden Figures*)》片中敘述的非裔美籍數學家)使用了和二體運動有關的計算,成功將太空人約翰‧葛倫(*John Glenn*,第一位進入地球軌道的美國人)安全地送回地面。強森在這個過程中做出了多項突破。在她的計算裡,所謂的二體指的分別是地球以及太空艙,而不是牛頓版本裡的太陽以及行星。強森利用微積分預測了太空艙在地球軌道上的位置,並且計算出艙體重新進入大氣層之後的墜落軌跡。為此,她必須考慮許多牛頓曾經忽略的因素,而其中最關鍵的一項就是:地球並不是一個完美的球體,它在赤道部分略為凸出,兩極處則略扁平。在這個案例中,確保所有細節的正確性是生死攸關的事情。太空艙必須以一定的角度切回大氣層中,否則它將會燒燬。與此同時,它得在海上正確的位置降落才行;若它落在距離預定地點太遠的地方,則葛倫極有可能在被找到以前就淹死於太空艙內了。

1962 年 2 月 20 日,約翰‧葛倫上校已經完成繞行地球軌道三圈的任務。隨後,他依照強森的計算重返大氣層,並最終安全地在北大西洋(*North Atlantic Ocean*)降落。自此,葛倫成了國家英雄,幾年之後他甚至被選為美國的參議員。但鮮為人知的是,在葛倫創造歷史的那一天,他一直等到凱薩琳‧強森將最後一刻完成的所有計算都檢查過一遍之後才肯執行返回任務。在那一趟飛行中,葛倫將自己的性命完全交給了她。

對於當時的美國國家航空暨太空總署(*NASA*)而言,計算工作一直是交給女性負責,而不是機器,而凱薩琳‧強森便是這其中的一員。她在 *NASA* 剛成立不久後便加入了,幫助艾倫‧雪帕德(*Alan Shepard*)成為第一位登上外太空的美國人,且一直留任在 *NASA* 到遲暮之年,並為第一次登月任務進行軌道計算。在這數十年的歲月裡,她的付出一直不為人所知。但幸運的是,強森那開拓性的貢獻(以及她那極具啟發性的人生故

事）最終還是得到了表彰。2015 年時，凱薩琳・強森以九十七歲高齡從時任總統巴拉克・歐巴馬（*Barack Obama*）手中接過總統自由勳章（*Presidential Medal of Freedom*）。一年之後，*NASA* 將一棟建築物以她的名字命名；在大樓的落成典禮上，*NASA* 的官員提醒觀眾：「全世界上百萬人見證了艾倫的飛行任務。但他們當時不知道的是，那些讓他成功登上太空並安全返家的計算，都是由我們今天的貴賓完成的，她就是凱薩琳・強森。」

9.4 微積分與啟蒙運動

牛頓相信世界是由數學支配的，這種觀點在科學以外的地方也獲得廣泛的迴響。在人文領域，它被許多浪漫主義的詩人厭惡，包括了威廉・布萊克（*William Blake*）、約翰・濟慈（*John Keats*）以及威廉・華茲渥斯（*William Wordsworth*）。在一場於 1817 年舉辦的喧鬧晚宴上，華茲渥斯與濟慈一行人達成共識，認為牛頓的稜鏡實驗將彩虹中蘊藏的詩意全部都給破壞掉了。為此，他們舉杯：「牛頓萬歲！去你的數學！（*Newton's health, and confusion to mathematics.*）」

至於在哲學領域，大家對牛頓的評價就稍微好一點了。他的想法影響了諸如伏爾泰（*Voltaire*）、大衛・休謨（*David Hume*）、約翰・洛克（*John Locke*）等一票啟蒙時期的思想家。大家都對牛頓系統中那強而有力的推理、以及對自然現象解釋的成功心服口服，進而認同了宇宙如同機械鐘一般受因果驅動的看法。與此同時，牛頓那建立在事實與微積分上、通過經驗與推理進行研究的手段，也逐漸取代早期哲學家所用的先驗（*a priori*；譯註：即無需經驗而獲得的知識）與形上學（*metaphysics*）方法（說的就是你，亞里斯多德）。事實上，在科學領域之外，牛頓的思想幾乎和所有在啟蒙運動中誕生的概念有關，包括決定論與自由主義、自然定律、以及人權等。

　　舉例而言，讓我們看看牛頓對湯馬斯‧傑弗遜（*Thomas Jefferson*）產生了什麼影響，後者是一名建築師、發明家、農夫、第三任美國總統、以及獨立宣言的起草人。仔細看的話，你會發現獨立宣言中到處都有致敬牛頓的影子。首先，位於開頭處的這句話：『我們認為以下幾項真理是不言而喻的』奠定了整篇文章的架構。如同歐幾里得的《幾何原本》與牛頓的《原理》，傑弗遜在一開始先為接下來要討論的主題立下了不證自明的公理。緊接著，憑藉著邏輯的力量，他推導出了一系列由公理所衍生出來的必然結論，而其中最重要的一項便是：殖民地有權將自己從英國的統治中切割出來。對於這項權力的正當性，獨立宣言以其為『自然法則和自然之神的旨意』為之辯護（順帶一提，此處的『神』不僅被擺在了自然法則之後，而且還隸屬於自然，變成了自然之神）。

　　以上論述全都和『致使（殖民地）不得不（從英國統治）脫離的原因』緊密相關；這些原因在這裡扮演的角色就像牛頓力學中的力一樣，推動著機械鐘前進，並最終導致了某個必然結果，即美國革命（*American Revolution*，亦稱美國獨立戰爭）的發生。

　　到此，如果你認為『獨立宣言中有牛頓的影子』這一說法有一點兒太過牽強了，那麼請記住一件事：傑弗遜是非常崇拜牛頓的。事實上，傑弗遜對於牛頓的敬仰是如此之深，他甚至還想方設法獲得一個牛頓的死亡面具（*death mask*）複製品（譯註：所謂死亡面具，即以石膏或蠟將死者面容拓印下來的一種面部塑像）。1812 年 1 月 21 日，在傑弗遜卸任總統之後，他寫了一封信給他的老朋友約翰‧亞當斯（*John Adams*），信中描述他對於總算能遠離政治的喜悅之情：「我現在所讀的東西已經不再是報紙了，而是塔西佗（*Tacitus*）與修昔底德（*Thucydides*）、或者牛頓和歐幾里得的著作。而我發現，這樣的生活快樂多了。」

　　傑弗遜對於牛頓法則的迷戀還延伸到農業上的愛好。舉例而言，他曾經思考過以下問題：一把犁的犁板（*moldboard*）應該設計成什麼形狀才

最好（犁板是犁上頭的一種彎曲構造，可以翻動被犁頭挖出的土壤）。傑弗遜將這個問題重新定義為和效率最大化有關的疑問：犁板應該要如何彎曲，土壤對其產生的阻力才會達到最小？他設想，犁板前端的表面應該要和地面平行，如此一來它才能從下方將犁頭掘出的土翻起來；然後，它必須緩緩地往上彎，最後在末端與地面垂直，好將翻上來的土壤推向兩邊。

傑弗遜請了一位數學家朋友為他解決這道最佳化問題。從許多層面來看，這道題都和牛頓寫在《原理》中的另一個問題很像，該問題探討的是：一個在水中移動的物體應該被設計成什麼形狀，受到的阻力才會最小。受此理論啟發，傑弗遜成功造出了一把犁，其中木製犁板的設計正是出自於他本人之手。編註：請讀者搜尋 *"Jefferson's Moldboard"* 即可找到其圖片。

對於這一項成就，傑弗遜於 1798 年寫道：『這五年來的經歷給了我信心這麼說：這把犁實踐了理論所承諾的效果。』而這也可以算是牛頓的微積分在農業上的應用。

9.5 從笛卡兒到連續系統

在大多數情況下，牛頓只會將微積分用在單個、或最多兩個物體上 — 晃動的單擺、飛行中的砲彈、繞著太陽旋轉的行星等，原因很簡單：處理和三個物體有關的微分方程完全是一場惡夢，過去血淋淋的教訓教會了牛頓這一點。他曾考慮過太陽、地球與月球之間的重力交互作用，而這已經讓他感到頭痛不已，更別提分析整個太陽系了，這早就超出了牛頓的能力範圍。如同他在一篇未發表的論文中所說的：「除非是我弄錯了，否則憑人類的智力無法同時考慮那麼多物體的運動。」

　　但讓人意外的是，若持續增加物體的數量到無限多個粒子，則微分方程將再次變得容易處理；前提是，這些粒子必須處在一個連續的向度中，而不能是一顆一顆離散的。讓我們看一下兩者的區別：一群離散的粒子就像是散落在地板上的彈珠，它們之間彼此存在著間隙，因此當你的手指碰到一顆彈珠後，必須移動一段距離才會再碰到另一顆，以此類推。相反的，在一個連續系統中，例如一根吉他弦，粒子之間緊密連在一起，因此當你的手指延著弦移動時，不會感覺到任何斷點。當然，從原子的尺度來看，一根吉他弦並不是真的連續；就像其它所有物體一樣，它也是由許多顆粒組成的。然而，在我們的腦中，將吉他弦視為一個連續系統顯然更方便一些，而這樣的假設也免除了我們處理無數粒子的必要。

　　藉由探討連續系統如何運動與改變（例如：一根吉他弦如何震動、或者熱量如何從溫度較高的地方流向較低的地方等），微積分終於在改變世界的道路上又邁進了一步。但在此之前，微積分自己必須先做出改變；更具體地說，微分方程的概念以及它們的適用範圍都必須被擴張才行。

9.6　常微分方程與偏微分方程

　　當艾薩克‧牛頓在解釋行星的橢圓形軌道、以及凱薩琳‧強森計算太空艙的軌跡時，他們實際上都是在解一種被稱為『常微分方程（*ordinary differential equations*）』的微分方程式。此處的『常』字並沒有貶低的意思（譯註：『常』的英文 *ordinary* 有『平凡無奇』、甚至是『差勁』之意），它想表達的是這些微分方程只有一個自變數。

　　舉個例子，在牛頓的二體運動方程式中，行星的位置是時間的函數。換句話說，每分每秒，行星都會根據 $F = ma$ 的指示改變它所在的地點，而此處的常微分方程描述的便是：在下一個瞬間，行星的位置將會如何變化。在這個例子中，行星位置就是應變數（會隨自變數的改變而改

變），因為它的值取決於時間（也就是自變數）。同樣的，在阿倫・佩雷爾森的 HIV 動態模型中，時間再次扮演自變數的角色。研究中，佩雷爾森描述了在投放抗反轉錄病毒藥物後，血液中病毒顆粒的濃度將如何降低；這同樣也是一項隨著時間變化的議題，即病毒量在每個瞬間的改變程度為何。在這裡，病毒量就是應變數；而自變數則如同之前所述，仍舊是時間。

說得更明白一點，一道常微分方程描述的是一個變數（如：行星的位置、或者病毒的總量）如何隨著另一個變數無限小的改變（如：微小的時間變化）而產生相應的無限小變化。而它之所以會被冠以『常』這個形容詞，便是因為這裡的應變數只和另『一個』變數（不是另兩個、另三個、或另 n 個）有關；換句話說，自變數就只有那麼一個。

有趣的是，一道方程式中應變數有幾個對我們來說完全沒有任何影響；只要自變數的數量保持唯一，它就可以被稱為常微分方程。例如：為了描述一艘飛船在三維空間中的位置，我們需要三個數字，即 x、y、z；這些數字會告訴我們飛船在某個時間點上的左右、上下、與前後資訊，並且指出它和某個任意參考點（一般稱之為原點）之間的距離有多遠。一旦飛船移動了，則 x、y、z 座標值也會隨著時間變動，因此它們是時間的函數。為了強調它們和時間的依賴關係，我們可以將其表示為 $x(t)$、$y(t)$ 和 $z(t)$。

常微分方程是為了描述由一個或多個物體所組成的離散系統而存在的，例如：一個太空艙落入大氣層之後的運動、一個單擺的來回擺動、以及一顆行星環繞太陽進行公轉等。此處的關鍵在於，我們必須把每個獨立的物體都假設為一個點粒子，即一個體積無限小的微粒；如此一來，我們才能認定該物體存在於一個特定的座標 x、y、z 上。以上所說的策略也適用於多粒子的系統上，如：一大群的飛船、一連串被彈簧連起來的單擺、一個有著八顆或九顆行星的太陽系，所有的這些系統都可以用常微分方程來描述。

在牛頓去世以後，數學家與物理學家發展出無數解常微分方程的聰明技巧，並因此而得以對他們感興趣的真實系統進行預測。這些數學技巧包括：對牛頓的冪級數方法進行延伸、萊布尼茲的微分、以及對問題進行轉換好讓微積分基本定理得以發揮作用等。它們構成了一個龐大的體系，並且直到今日仍在不斷擴張。

然而，並非所有系統都是離散的，或者應該說，並非所有系統都適合被當成離散系統來處理，例如我們之前提過的吉他弦就是一例。也因為如此，常微分方程無法描述世界上所有的系統。為了理解這背後的原因，讓我們用一碗在廚房中逐漸冷卻的湯來說明吧。

從某個角度來說，一碗湯其實就是一群不連續分子的集合，它們全都在碗裡不規則的移動著。然而，我們看不見它們，無法對它們進行測量、也不好一一將它們的運動量化。基於這個理由，沒有人會想要用常微分方程來描述一碗湯的冷卻：其中牽涉到的粒子實在是太多了，而且移動方式過於混亂，我們根本無法處理。

比較實際的方式是將一碗湯視為一個連續的系統。私底下，我們知道這並非事實，但此策略的確非常有用。在這個連續的近似中，我們假設『湯』充斥著碗內三維空間中的每一點，且每一點 (x, y, z) 的溫度 T 都會隨著時間 t 而變化；以上所有資訊都包含在函數 $T(x, y, z, t)$ 之中。我們很快就會看到，這個函數在時間與空間上的變化必須以另一種微分方程來描述。這種微分方程並不是常微分方程式，因為它不只和一種自變數有關；事實上，它與四個自變數有關，即 x、y、z 和 t。這是一個全新的東西，我們將它稱為『偏微分方程（*partial differential equation*）』，因為其中每一個自變數對於變化都有一部分貢獻。

偏微分方程能描述的東西比常微分方程要多太多了。它們可以告訴我們一個連續系統如何在空間與時間向度上同時發生變化，或者是物體如何在二維或更高維度中運動。除了上面提到的冷卻問題以外，偏微分方程也

能被用來描述吊床的下垂、污染物在湖中的散佈情形、以及戰鬥機機翼附近的氣流狀況。

但相對的，偏微分方程非常難以駕馭。常微分方程本身就已經夠困難了，但是在偏微分方程面前，它們就像小孩子扮家家酒一樣簡單。與此同時，偏微分方程也特別重要，每當我們坐飛機飛上天空時，我們的性命都掌握在這些方程式手中。

9.7 偏微分方程與波音 787

現代航空學是微積分創造的奇蹟之一。但事情一開始並非如此。在飛行器剛誕生、結構還較為簡單的那個年代，人們是靠模仿鳥類或風箏、對工程學知識的瞭解、以及持續嘗試錯誤來製造飛機的。例如：萊特兄弟（Wright brothers）便是憑藉著他們對腳踏車的認識，才設計出一種能在空中控制並穩定飛機的三軸系統。

然而，隨著飛機的結構越來越複雜，我們的製造手段也必須越來越精密才行。以風洞為例，它讓工程師們得以在地面研究一架飛行器的空氣動力學特性。同時，對於比例模型的運用（即製造一架真實飛機的等比例縮小模型）也能讓我們在不花大錢打造全尺寸機體的情況下，對飛行器的適航性進行評估。

在第二次世界大戰之後，航空工程師又多了電腦這項工具可以使用。當時的電腦仍是以真空管為主體的龐然大物，在被用於設計現代化的噴射機以前，它們主要的功能是密碼破譯、彈道計算、以及天氣預報。電腦對於解決偏微分方程問題也很有幫助，這些方程式是飛機設計過程中無可避免的產物。

因為許多原因，航空學中的數學困難得嚇人。首先，一架飛機的外形非常複雜。它並不是一個單純的球體或風箏形、也不像輕木滑翔機那麼簡

單。飛機的形狀繁複,並且擁有許多構造,包括機翼、機身、引擎、機尾、襟翼、以及起落架等。以上每一個結構都可能導致快速流過飛機周圍的氣流轉向;而一旦氣流轉向了,它們就會在使其轉向的結構上施加一個力(任何一位在車子高速移動時把手伸出車窗外的人都應該知道這件事)。此時,如果飛機的機翼設計得宜,那麼氣流所造成的力便會將其推向空中。接下來,只要飛機在跑道上的速度夠快,這股推升的力量便會使它離地而起,並且在空中保持飄浮。

不過,相較於這個作用方向和氣流垂直的升力,還有一種方向與氣流平行的力也會影響飛行,它們被稱為阻力。阻力就像摩擦力一樣,它們會抵抗飛機的運動,進而降低它的速度,使得引擎必須花更多力氣運轉,並且消耗更多的燃料。對於升力與阻力大小的計算是一道非常麻煩的微積分問題;若我們談的是一架真實飛機的話,那麼僅憑人類的力量根本處理不來。然而,這個問題在飛機的設計中占有至關重要的地位,因此我們勢必得想個辦法解決它才行。

讓我們來看看波音 787 夢幻客機(*Boeing 787 Dreamliner*)的例子吧。2011 年,波音公司(世界最大的航空製造商)推出了它的新一代中型噴射機,波音 787 一次可搭載兩百到三百人進行長途飛行。根據宣傳資料,和波音 767 相比(波音 787 就是為了取代波音 767 而設計的),這架飛機的安靜程度提高了 60%,省油效能則提升 20%。波音 787 最創新的一點就是用碳纖維強化聚合物製成的機身與機翼了。比起鋁、鋼、和鈦等傳統噴射機材質,這種為太空時代打造的聚合物更加的輕而強韌。也因為它們的重量比金屬更低,波音 787 所需的燃料更少,加速起來也更為容易。

不過和波音 787 有關的最強黑科技,應當要屬在設計階段所用的數學和電腦模型預測了。和之前的型號比起來,這次用的技術先進了一大截。微積分和超級電腦的使用為波音公司省下了大量時間,因為模擬一台

原型機要比實際製造一台快多了；它同時也為波音降低了開銷，因為電腦模擬的成本較風洞測試小很多，後者的費用在過去數十年上升了好幾倍。波音公司『致能技術與研究 (*Enabling Technology and Research*)』部門的首席工程師道格拉斯・鮑爾 (*Douglas Ball*) 在一次採訪中就指出：在 1980 年代設計波音 767 時，公司製造並測試了七十七個機翼原型；而二十五年之後，透過使用超級電腦來模擬波音 787 的機翼，他們僅製造並測試了七個原型。

在整個設計過程中，偏微分方程在多個地方都發揮了作用。例如，波音的應用數學家利用微積分對升力與阻力進行了計算，並且由計算結果預測出在六百英里每小時的時速下，機翼將會如何彎曲。值得一提的是，當機翼受到升力影響時，它會往上彎折並發生扭轉；此時，工程師必須避免氣動彈性顫振 (*aeroelastic flutter*) 的現象發生。該現象和風吹過百葉窗時葉片發生的顫動類似，只不過後果更加嚴重。在一些比較好的情況中，這種機翼多餘的震動只會使飛機上下搖晃，讓坐在其中的旅客感到不適。而在那些最壞的情況中，這種震盪會形成一個增強迴饋：機翼顫振使得周圍的氣流被擾動，而氣流擾動又反過來使機翼抖得更厲害。氣動彈性顫振在過去曾經破壞過許多測試機的機翼，並造成結構失效與墜機（洛克希德・馬丁公司的 *F*-117 夜鷹戰鬥攻擊機就曾因為這個原因在一場飛行表演中墜毀）。若是這種顫振發生在商業航班上，那麼數百名乘客的生命都將受到威脅。

用來描述氣動彈性顫振的方程式和之前討論臉部手術時所提到的內容有很深的關係（譯註：詳見第 2 章 2.7 節）。當時我們說過，建模師會使用數十萬個帶有稜角的多面體或多邊形來近似出病人的面部軟組織與頭骨構造，而這樣的作法實際上源自於阿基米德。憑藉著類似的方法，波音的數學家們使用了數十萬個微小的立方體、角柱、以及四面體來模擬機翼。這些較為簡單的形狀形成了建模時的基本單元。和臉部手術的情形一樣，

這些形狀都被賦予了不同的堅硬度與彈性屬性，並且受到來自鄰近單元的推力或拉力。由此，和彈性理論有關的偏微分方程便可以預測出每一個形狀對於受力的反應為何。最後，透過超級電腦的幫助，我們便能將計算出來的反應結合在一起，進而對機翼整體的震動情形做出預測。

偏微分方程還被應用在最佳化航空引擎的燃燒程序上。這是一個相當複雜的問題，並且非常難以模擬，因為它和三支不同科學領域的交互作用有關，它們分別是：化學（在高溫下，燃料會經歷數百項化學反應）、熱流（當化學能被轉換為機械能並轉動渦輪葉片時，熱能會重新分佈）、以及流體流量（熱空氣會在燃燒室中迴旋，由於它們會產生亂流，因此預測其行為特別地困難）。

和之前一樣，波音公司的團隊使用了阿基米德式的方法：先將問題切成小片段，解決這些小片段，再將所有答案結合起來。這是對於無限原理的實際應用，而這種分而治之的作法正是整個微積分領域的基礎。雖然在此處的例子中，我們還必須求助於超級電腦與一種被稱為有限元素分析（*finite element analysis*）的數值方法（*numerical method*），但從其中的微分方程來看，在本質上這仍是一個微積分問題。

9.8　無處不在的偏微分方程

微積分在現代科學中最大宗的應用，便是對於偏微分方程的製定、求解、並瞭解它所代表的意義。馬克士威的電磁學公式就是偏微分方程。和彈性相關的定理、聲學、熱流、流體流量、以及氣體動力學也都和偏微分方程有關。我們還可以列出更多，例如：用於估算金融選擇權價格的布萊克—舒爾斯模型（*Black-Scholes model*）、描述電脈衝如何在神經細胞中傳播的何杰金—赫胥黎模型（*Hodgkin-Huxley model*）等等。一切都和偏微分方程有關。

即使是在現代物理學領域的最前線，偏微分方程仍為各種理論提供了基礎的數學架構。以愛因斯坦的廣義相對論為例，它將重力重新定義成四維時空的曲率（*curvature*）。對於以上理論的標準比喻是將時空想像成一塊可以伸縮變形的布，就像一張蹦床的表面一樣。平時，這塊布被拉得很平直，但若你在其上放了一個很重的東西（例如一顆保齡球），則它的表面便會因此而彎曲；而實際上，一些如太陽一般的巨大星體就是根據類似的機制而使周圍時空發生彎折。

現在回到我們的比喻上，想像有一顆彈珠（代表一顆行星）在彎曲的蹦床表面移動。由於該蹦床已經因為保齡球的重量而下垂了，因此彈珠移動的軌道也受到了影響。具體來說，這顆彈珠不會進行直線運動，而是沿著蹦床表面的弧度移動，並最終在保齡球的周圍週期性地旋轉。依照愛因斯坦的說法，這就是行星之所以會繞行太陽的原因了；它們其實並沒有感受到任何力，只是在彎曲的時空中選擇了一條最好走的路而已。

和廣義相對論本身一樣驚人的是，此理論的數學核心依然是偏微分方程。同時，描述微觀世界的量子力學也是如此，其中具有統治地位的薛丁格方程式本身也是一條偏微分方程。我們在下一章就來仔細探討這些方程式，好讓你瞭解它們到底是什麼東西、怎麼來的、又為什麼和日常生活息息相關。我們將會看到，偏微分方程不僅可以描述一碗湯冷卻的過程，它也能解釋微波爐將湯加熱的原理為何。

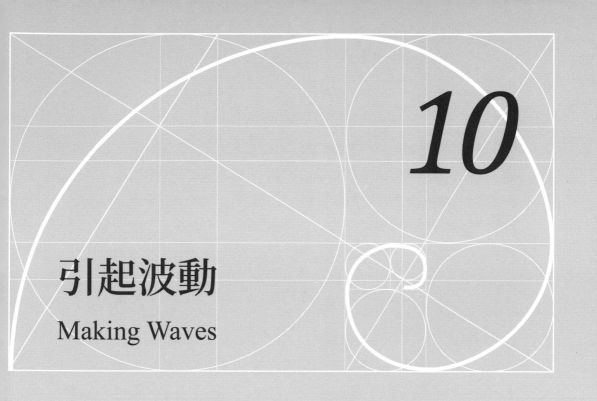

引起波動
Making Waves

在 1800 年代之前，熱（*heat*）完全是個謎。它到底是什麼？是像水一樣的流體嗎？因為它好像也會流動的樣子。然而，你卻沒有辦法將它盛在手中，也無法看見它。唯一能做的，就是透過記錄物體的溫度變化來間接測量熱的流動。但即便如此，沒有人知道一樣東西溫度變化時，其內部究竟發生了什麼事。

關於熱的祕密是由一個非常怕冷的人發現的。在十歲時成了孤兒的讓·巴普蒂斯·約瑟夫·傅立葉（*Jean Baptiste Joseph Fourier*）年輕時體弱多病，還兼有消化不良和氣喘等症狀。長大以後，傅立葉相信熱是維持身體健康的關鍵因素。因此，他總是把自己的房間弄得很熱，還用大衣將自己包裹得密不透風，即使夏天也是如此。在傅立葉的整個科學生涯裡，他都對熱這個主題異常的執著。事實上，全球暖化（*global warming*）這個概念便是源自於他。另外，他也是第一個提出溫室效應（*green-house effect*）如何調節地表溫度的人。

1807 年，傅立葉使用微積分解開了關於熱能的謎題。他寫出了一道偏微分方程式，而該方程式讓他得以預測一個物體（例如：一根加熱到發紅的鐵棒）在冷卻過程中的溫度變化。令人感到訝異的是，傅立葉發現無論一開始整根鐵棒的熱度分佈有多不規則，對他來說都不成問題。換句話說，即使該鐵棒上的冷熱點在初始狀態時混雜不清，也沒關係，因為傅立葉的分析方法都可以應付。

現在，想像一下我們有一根在熔鐵爐中加熱過的細長鐵棒（譯註：此處作者假設鐵棒為一維，即沒有面積或體積，只是一根線），且由於受熱並不均勻，鐵棒各處的溫度是不相同的。為了簡化問題，讓我們假設該鐵棒的外側圍了一層完美的隔離層，這使得熱能無法散播到周圍的空間中，只能從棒上的熱點往冷點的方向流動。傅立葉猜想（並且隨後以實驗證實）鐵棒上某一點的溫度變化率，應該和該點溫度以及該點周圍平均溫度間的差異成正比。注意，我們在這裡所說的『周圍』真的就是指『周圍』— 想像我們所關注的那個點被另外兩個點包圍著（譯註：記得作者假設鐵棒是只有一個維度的線段，因此對於鐵棒上的一點而言，最多只會有兩個點與之相鄰），則這些點之間的距離是無限小。

在這樣的理想條件下，熱流的物理性質便相當簡單了。若某點的溫度低於它的鄰居，則它的溫度就會升高；反之，若高於鄰居，則它的溫度會降低。且溫度的差異越大，熱傳導的速度就越快。而要是某點的溫度剛好和其兩側鄰居的溫度相同，則熱流達成平衡，該點的溫度在下個時間點將維持相同，不會變化。

上述研究某個點與其鄰居之瞬時溫度差的過程，讓傅立葉找到了如今被稱為熱傳導方程式（*heat equation*）的偏微分方程。該方程包含了和兩個自變數有關的導數，其中之一是在時間上的微小變化（*dt*），而另一個則是在位置上的微小變化（*dx*）。

在這裡，傅立葉給自己出的難題是：在冷卻剛開始的時候，熱點與冷點所在的位置是隨機分佈的。為了解決這個一般性問題，傅立葉做了一個理想到有些有勇無謀的假設：他認為自己可以透過簡單正弦波的疊加來模擬任何一種溫度分佈。

正弦波在這裡成了傅立葉建構模型的基本單元。他之所以選擇正弦波是因為它們可以讓問題變得比之前單純。傅立葉清楚地知道，若鐵棒在冷卻之前的溫度分佈情形符合某個正弦波所描述的模式，那麼它在冷卻之後仍會符合該模式：

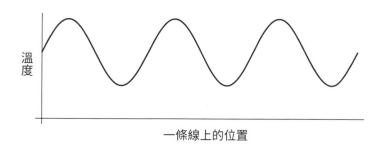

換句話說，鐵棒上正弦波的位置不會改變，只有振幅會發生變化，而這就是此處的重點。當然，隨著熱點的溫度下降與冷點的溫度提升，該正弦波的起伏程度的確會降低，但這樣的衰變是很好處理的。事實上，此處溫度波動曲線的改變很單純：它只會隨著時間的流失而變得較為扁平，如此而已，沒有其它改變了。如同下圖所示，鐵棒的溫度分佈一開始看起來就像是虛線所示那樣，但接著它就會漸漸趨於平坦，變成如實線描述的狀態：

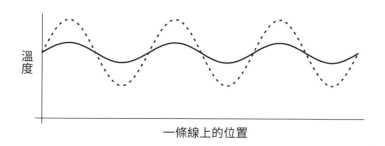

這邊要注意的地方是，圖中正弦波的波峰在下降時位置保持不變；像這樣的波我們稱之為駐波（standing waves）。

依上所述，只要傅立葉能夠找到方法將任何初始溫度分佈拆解成許多正弦波的組合，那麼他就可以透過處理個別的正弦波來解決熱流問題。而實際上，傅立葉早就知道單一正弦波的行為了：它們會呈指數衰減，且衰減的速度與它的波峰波谷數量有關。一個正弦波的波峰越多，則衰減的速度越快，因為這代表熱點與冷點分佈的非常緊密，熱在它們之間流動的速度上升，系統會更快達到熱平衡。在瞭解了這一點以後，傅立葉只要在處理完個別正弦波之後將它們再次合而為一便等於是解決原來的問題了。

不過，傅立葉的解決方案中有一個麻煩點，那就是他隨意地使用了一個由正弦波構成的無限級數。也就是說，傅立葉不僅再次把『無限』這個怪物引入了微積分。同時，他並不像前人那樣對於這個概念小心翼翼。以前的數學家頂多把無限多個三角形碎片或數字加起來，而傅立葉則直接將無限多個波相加。傅立葉的級數其實和牛頓的冪函數 x^n 級數有異曲同工之妙，但牛頓可從來不敢宣稱他的級數可以用來表示任何一種複雜曲線，包括那些具有不連續部分或尖角的恐怖圖形。然而，傅立葉顯然沒在怕尖角和斷點，他認為所有曲線都在自己的掌握之中。另外，傅立葉的波級數其實是由他的熱傳導微分方程推導出來的；從某種意義上來說，這些波就是方程式最自然的振動（或者應該說是駐波）模式。

傅立葉大膽使用正弦波來建構級數的做法曾引來不少爭論，並且讓其它數學家花了將近一世紀的時間去確認它是否足夠嚴謹。但時至今日，不管是在電腦聲音合成技術還是醫學上的核磁共振造影（MRI），傅立葉的想法都扮演了非常重要的角色。

10.1 與弦相關的理論

音樂是正弦波的來源之一。當吉他、小提琴、鋼琴的琴弦自然振動時，它們產生的波就是正弦波。藉由將牛頓的力學與萊布尼茲的微分應用於一條理想化且緊繃的弦上，我們便能得到描述此種振動的偏微分方程式。在這個模型中，弦被視為是一排無限小粒子的集合，它們彼此肩並肩地排列，並且被具有彈性的力連結在一起。在任意時間點 t 時，構成弦的每一顆粒子都會依照作用於它們身上的力來運動。這些力是由相鄰粒子間相互拉扯時所產生的張力造成。只要知道了這些力，粒子的運動便能用 $F = ma$ 來預測。

由於以上所述在弦上的每一點 x 都會發生，因此描述此系統的微分方程同時和變數 x 與 t 有關，因此屬於偏微分方程的範疇。並且由於一根弦最典型的運動模式為波動，所以它又被稱為波動方程式。

我們在熱流問題中發現到某些正弦波非常有用，因為它們在振動時會不斷地自我再生。如果一條弦的兩端被釘死了，那麼其上的正弦波便不會向外傳播，而是待在原地振動。此時若將空氣阻力與弦內部的磨擦力忽略不計，那麼只要此理想化的弦一開始是以正弦波的模式波動，它之後便會永遠處在正弦模式之中，且振動頻率不會改變。

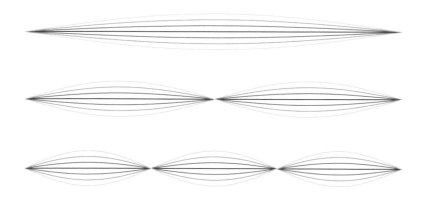

至於其它類型的波動，它們可以透過無限個正弦波的疊加來得到。以 1700 年代主流的大鍵琴（*harpsichords*）為例，其內的弦在被琴撥（*quill*）釋放以前，通常會被拉成三角形的模樣：

注意！雖然三角形的波具有尖角，但它仍然可以被表示成無限多個正弦波的相加。換句話說，我們不一定要用有尖點的波去組成另一個有尖點的波。例如在下圖中，我便使用正弦波組合出三組近似三角波（純正的三角波以虛線顯示在最下方）的波形，每一組的精準度都比上一組來得好：

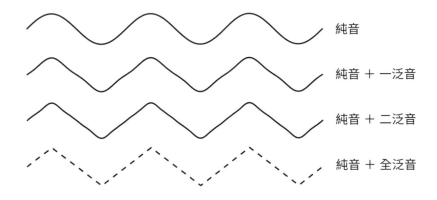

純音

純音 ＋ 一泛音

純音 ＋ 二泛音

純音 ＋ 全泛音

圖中的第一組近似是由單一個正弦波構成。第二組近似是兩個正弦波的最理想組合，而第三組則是三個正弦波的和。以上所有近似結果的振幅皆符合由傅立葉發現的一條式子：

$$三角波 = \sin x - \frac{1}{9}\sin 3x + \frac{1}{25}\sin 5x + \frac{1}{49}\sin 7x + \cdots$$

　　這個無限級數被稱為三角波的傅立葉級數（*Fourier series*）。注意其中幾個非常有趣的數字模式：每個正弦波的頻率都是奇數，即式中的 1, 3, 5, 7, …；且波的振幅即這些奇數的倒數平方，它們的正負號交替出現。很遺憾地，我沒辦法在這裡以簡單的語言來解釋這個式子為什麼長這樣；若真要瞭解這些神奇的振幅是怎麼來的，我們就必須得討論一大堆關於微積分的計算，所以我們只需要知道就好了。透過這種方式，他便可以利用簡單的正弦波來合成三角波、或者其它任何一種複雜的曲線。

　　傅立葉的這個想法也為電子音樂合成器的運作提供了基礎。為了看出兩者的關聯，讓我們考慮一個特定的音，例如位於中央 *C* 上方的 *A*（譯註：*C* 和 *A* 分別是 *do* 和 *la* 的音名；而 *do* 和 *la* 則分別是 *C* 和 *A* 的唱名）。若想要發出這個音高，我們可以敲響一支頻率為 440 次／每秒的音叉（*tuning fork*）來達成。每當橡皮槌擊中音叉時，音叉便會以每秒來回 440 次的方式振動。這樣的振動會影響周圍的空氣。當音叉的金屬片的振動方向朝外時，空氣被壓縮；朝內時，空氣則變得稀薄。而伴隨著空氣分子的抖動，一種正弦形態的壓力變化隨之生成，並且傳播到我們的耳中而被解釋成純音 *A*（*pure tone*，譯註：所謂的純音即只包含了單一頻率的聲音），也就是一種單調而乏味的 *A*。

　　純音並不具有音樂家們所說的音色（*timbre*）。舉例而言，我們也可以使用小提琴或鋼琴來演奏出 *A* 這個音，而這兩者聽起來都相當地溫暖而生動。要知道，雖然小提琴與鋼琴演奏出來的 *A* 同樣是每秒振動 440 回的波，但由於這些波還包含了一組獨特的泛音，因此它們的聲音和音叉的聲音（以及它們彼此的聲音）比起來可以說是南轅北轍。而事實上，泛音這個音樂術語所對應的東西就是上述三角波公式中的 $\sin 3x$ 或 $\sin 5x$、…等項目；也就是說，透過加入一些頻率為基本頻率之倍數的波，泛音可以讓一個音聽上去更具溫度。以上面的 *A* 為例，除了每秒振動 440 次的基本正弦波以外，一個合成的三角波還具有一個頻率為三倍 440（每秒 $3 \times 440 = 1320$ 次）的正弦泛音。這個泛音的強度並沒有基本

的 $\sin x$ 波那麼強，它的振幅只有原來的 $\dfrac{1}{9}$，而在它之後的奇數倍頻率泛音強度甚至比這還要更弱。在音樂領域裡，這些振幅值決定了泛音的響度（*loudness*）；小提琴的聲音之所以聽起來豐富多彩，正是因為這些響度大小不同的泛音組合所致。

傅立葉的想法給了我們統一所有波的力量。換句話說，只要有了一組由無限多個音叉組成的陣列，任何樂器的聲音都可以合成出來；我們要做的事情只是以正確的力道、在正確的時間敲響這些音叉，然後，就像變魔術一樣，小提琴、鋼琴、甚至是小號或雙簧管的聲音就會產生，而這一切都源自於單調的正弦波。實際上，這就是第一個電音合成器的運作原理：藉由組合巨量的正弦波，它們能模擬出任意樂器的聲音。

在我讀中學的時候曾經修過一門和電音有關的課，這讓我對正弦波的威力有了一番體悟。當時是 1970 年代，科技還不發達，電子音樂是從一個看起來像早期電話交換台（*switchboard*）的大盒子中產生的。我和同學必須把許多線接到各種插孔裡頭，並且將旋鈕調上調下，以此讓機器發出正弦波、方波和三角波等聲音。根據我的記憶，正弦波聽起來清晰、明亮，就像長笛一樣；方波聽起來很刺耳，有點像火災警報鈴；而三角波則非常的粗糙。

這個合成器上有一個旋鈕，它能讓我們調整波的頻率，進而改變聲音的音高；另一個旋鈕則則可以更改波的振幅，將聲音的音量變大或變小。透過同時插入多條電線，我們便能產生各種波和泛音的組合；這和傅立葉在紙上所做的事情一樣，只不過我們是透過感官實際體會到了這種變化。在聆聽各種波的同時，一台示波器（*oscilloscope*）還會顯示出它們的波形。如今，你可以在網路上獲得這些體驗。只要查詢如『三角波的聲音（*the sound of triangle waves*）』之類的關鍵字，你便可以找到一些互動式的合成器模擬頁面。在頁面上，你可以愉快地操弄各種波形，就像我們一起上了 1974 年的那一堂電音課一樣。

傅立葉的研究工作還有一項更重大的意義：他為使用微積分預言一群連續粒子的行為邁出了第一步，這比牛頓預測離散粒子運動的研究更為重要。在接下來的幾個世紀裡，科學家又將傅立葉的方法延伸運用到對其它連續介質的行為預測上，如：波音 787 機翼的顫振、面部手術後的外觀、動脈內的血流、以及地面在地震時所產生的轟隆聲等。

今天，這項技術已被廣泛地使用到了各項科學與工程領域中。人們用它來分析核爆炸造成的震波、通訊用的無線電波、腸道為了消化吸收養份和排出廢物產生的蠕動、和癲癇（*epilepsy*）與帕金森氏症（*Parkinson's disease*）之顫抖有關的腦部病態放電、以及一種在『莫明塞車（*phantom jams*；即車流在缺乏任何原因的狀況下減慢）』中會出現的間歇性車流擁塞。傅立葉的理論以及它的分支讓以上所有和波相關的現象都可以用數學的方式來理解；有時透過公式、有時則藉助大型的電腦模擬，人們開始可以對它們進行解釋、預測、甚至在某些例子中達到控制與預防的目的。

10.2 為什麼使用正弦波？

在結束對一維正弦波的討論、並且將注意力轉向它在二維和三維的應用之前，我們先說明一下它們的特別之處到底在哪裡。畢竟，其它種類的曲線也可以被當成建構另一曲線的基本素材，而且有時候它們的效果還比正弦波好。例如在模擬指紋的區域特徵上，*FBI* 便採用了小波（*wavelets*）做為他們的工具。事實上，在許多與地震分析、藝術品修復與鑑定、以及人臉辨識領域有關的圖片或訊號處理應用中，小波通常都能取得比正弦波更優良的成效。

那麼，為什麼正弦波會如此適用於波動方程式、熱傳導方程式、與其它林林總總的偏微分方程呢？關鍵就在於它們的導數非常容易處理。說得更明白一點，一個正弦波的導數就是另外一個正弦波，只不過它的週期起

始點比起原本的早了四分之一。這是相當不得了的性質，因為其它所有的波動曲線都沒有這種特性。一般來說，當我們對於一條曲線進行微分時，微分後得到的曲線樣貌都會因此而發生扭曲，變得和之前完全不同；換言之，微分對於這些曲線的形狀是具有破壞性的。但正弦波則不一樣。它的導數仍然保有正弦波的樣子。而它們唯一的改變，就是在時間軸上的位置不同：新正弦波的波峰會比原來早四分之一週期出現。

在第 6 章中已經帶各位看過一個近似的實例，當時我們檢視了 2018 年紐約市每日白晝長度的曲線，並將其與每日白晝長度變化的曲線（即某一天日照分鐘數與下一天日照分鐘數的差）進行了比較。結果我們發現，兩條曲線看起來都非常接近正弦波，唯一的差別是後者比起前者在時間軸上要早了三個月。用比較簡單的方式表達，在 2018 年中白天長度最長的一天是 6 月 21 日，而白天長度變長最多的一天則出現在約三個月前，即 3 月 20 日。這正是我們期待中正弦資料該有的行為。假如白晝長度資料剛好是一個完美的正弦波，並且我們不再追蹤其天到天之間的變化，而是計算每一瞬間的日照長度變化，那麼白晝長度的瞬時改變率曲線（也就是白晝長度曲線的導數）也將是一個完美的正弦波，且週期起始點較原本提前了四分之一。在第 6 章中我們還解釋了這四分之一週期的差異是怎麼來的；簡單來說，它和正弦波與等速率圓周運動間的深層連繫有關（如果你對這段討論的印象已經模糊了，不妨復習一下之前的討論）。

此處談到的四分之一週期變化會造成一個很有趣的結果：若我們對一個正弦波取了兩次導數，那麼此波的週期起始點將會往前移動兩個四分之一週期；也就是說，它會一口氣向前半個週期。這代表原本波峰所在的地方現在變成了波谷，反之亦然，整個正弦波看起來就像是上下顛倒了一樣。以上現象要是以數學語言來說明，則可以表示成以下公式：

$$\frac{d}{dx}\left(\frac{d}{dx}\sin x\right) = -\sin x$$

其中源自於萊布尼茲的微分符號 $\frac{d}{dx}$ 代表『對右側的任何東西取導數』。這條公式告訴我們：對 $sin\ x$ 取兩次導數的結果，其實和將該函數乘以 -1 沒有任何區別。此種將取兩次導數的過程以一個簡單乘法替代的做法，大大地簡化了我們的計算；前者必須完全仰賴微積分，而後者則只需要初中程度的數學就夠了。

到這裡，你可能會問：怎麼會有人想把一個東西取兩次導數呢？對於這個問題的答案是：因為大自然會這麼做，而且還是經常做。舉例而言，在<u>牛頓</u>的運動定律 $F = ma$ 中，加速度 a 的部分就和雙重導數有關。回想一下，加速度是速度的導數，而速度是距離的導數。因此，加速度是距離導數的導數；用更精鍊的語言說就是：加速度是距離的二階導數（*second derivative*）。事實上，二階導數遍佈於物理與工程學中的各個角落；除了<u>牛頓</u>的方程式以外，它們也是熱傳導方程式與波動方程中的重要部分。

這就是為什麼正弦波與那些偏微分方程如此契合的原因了，因為對它們取兩次導數的操作就等於單純地乘上 -1。於是，只要我們將焦點限制在正弦波上，那些原本讓熱傳導與波動方程難以被分析的微積分問題便不再是問題，只要使用乘法來取代它們就可以了，弦的振動問題與熱流問題也因此而變得容易許多。

現在試想一下，如果任何一條曲線都可以透過正弦波組合出來，那麼該曲線就會繼承正弦波的這項美妙性質。唯一需要注意的地方是：我們必須把許多個正弦波加起來，但這只是一點小小的代價而已。

在本節中，我們使用微積分的觀點來說明為什麼正弦波如此特別。而事實上，物理學家對此有自己的一套看法。對物理學家而言，正弦波（針對振動與熱流問題）非凡的地方在於它們能產生駐波。換句話說，它們會待在原地上下振動，而不會沿著弦或鐵棒傳播出去。更特別的是，正弦波

的振動頻率是唯一的。這一點在波動的世界中非常罕見，大多數的波都具有數個不同的頻率，就像白光本身是由彩虹中的七種顏色構成的一樣。從這個角度來看，駐波是一種單純而無混雜成份的波。

10.3 將振動模式視覺化：克拉德尼圖形

吉他的溫暖、以及小提琴那帶點憂鬱的樂音都和樂器本身的振動有關。在它們的木材與空腔中，聲波得以迴蕩並且發生共鳴，而由此所產生的振動模式就決定了這些樂器的音質與聲音特色為何。事實上，這就是史特拉迪瓦里琴（*Stradivarius*，譯註：由義大利弦樂器製造師安東尼奧・史特拉迪瓦里生產的小提琴非常有名，於是以他的姓來統稱他製作的琴）之所以特別的原因之一：它具有非常獨特的木材與空氣振動模式。我們至今仍無法準確說出為什麼某些小提琴的音色比其它的好，但可以肯定的是，這一定與它們的振動模式有關。

在 1787 年，一位德國的物理學家兼樂器製造師恩斯特・克拉德尼（*Ernst Chladni*）發表一篇文章，其中說明了一種能夠將此種振動模式視覺化的聰明方法。不過，他並沒有使用像是吉他或小提琴這樣形狀複雜的物體進行研究，相反地，他演奏了一種更為簡單的樂器 — 一塊超薄金屬板。藉由將小提琴的弓擦過金屬板的邊緣，克拉德尼可以使板子振動並發出聲音（這就像是用手指磨擦一只半滿酒杯的杯口好使其發出樂音一樣）。

而為了要把振動視覺化地呈現出來，克拉德尼在演奏金屬板前先在上面灑了一些細沙。如此一來，當他開始磨擦板子時，沙子便會從振動最劇烈的地方跳開，轉而聚集到那些不振動的地方。透過此方法產生的圖形如今被稱為克拉德尼圖形（*Chladni patterns*）。

感謝 *Matemateca IME-USP/Rodrigo Tetsuo Argenton* 授權本書使用

也許你曾經在某些科學博物館內看過關於克拉德尼圖形的演示。一塊金屬板被放在一個擴音揚聲器上，上面覆蓋著沙粒。接著，一個電子信號產生器會發出聲音使其振動。隨著聲音頻率的調整，金屬板上由沙粒組成的共振圖案也會發生變化；而當揚聲器發出的聲音到達某特定的共振頻率時，沙子便會重新排列出一組不同的駐波樣式。此時，我們可以將這塊板子區分為許多相鄰的區域，它們的振動方向相反，並且彼此之間以靜止的彎曲節線隔開（譯註：即克拉德尼圖形中，沙子停留的位置，作者在後面會解釋）。

或許，金屬板上有些地方是靜止的這件事看起來有些奇怪，但這其實並不讓人意外，因為我們在發生於弦上的正弦波中也見過相同的情況。那些在弦上保持不動的點被稱為波動的節點（*nodes*）。而在一塊板子上，我們也能找到相似的靜止區域，只不過它們並非以獨立的點出現，而是由許多點相互連結形成節線（*nodal lines*）的形式出現。這些線便是克拉德尼透過他的實驗所展現出來的東西。在當時，大家對於這個結果都感到相當驚訝，克拉德尼甚至還因此受邀在拿破崙（*Napoleon*）本人面前展示了這

些圖案。而受過一些數學與工程教育的拿破崙對此現象深感興趣，以致於他立即向全歐洲最屬害的數學家們發起了挑戰，好徵求那些可以解釋克拉德尼圖形的人。

然而在拿破崙那個年代，說明該現象所必需的數學還未出現。也因此，那時在歐洲赫赫有名的數學家約瑟夫·拉格朗日（*Joseph Louis Lagrange*）認為這個問題已經超出了當時的知識水平，無人能解。而實際上，只有一個人嘗試過對該現象進行解釋，她的名字是索菲·熱爾曼（*Sophie Germain*）。

10.4 最崇高的勇氣

索菲·熱爾曼在非常年輕的時候便自學了微積分。做為一名有錢人家的千金，她曾經在父親的圖書室中看過一本和阿基米德有關的書，並從此愛上了數學。當熱爾曼的雙親察覺到她對數學的愛好，並且發現她會熬夜學習時，他們便將熱爾曼的蠟燭給拿走，讓她沒有照明設備；甚至還將她的睡衣沒收了。但這並沒有使熱爾曼放棄。她會使用眠被裹住身體，並藉著偷來的蠟燭繼續研究數學。最後，她的父母終於態度軟化，並對女兒的興趣表示祝福。

熱爾曼就像所有生活在那個年代的女孩一樣，是無法進入大學就讀的。因此她只好持續自學，並利用『安托萬·奧古斯特·勒布朗（*Antoine-August Le Blanc*）先生』這個假名，向附近的巴黎綜合理工學院（*École Polytechnique*）索取課程教材。其實熱爾曼的假名是該校一名已離校學生的名字，然而校方並沒有意識到這件事，因此他們仍繼續為該名學生準備教材與練習題，並讓熱爾曼使用這個名字來提交作業。這樣的情形一直維持到該校的知名數學家拉格朗日，意識到勒布朗的成績進步太多為止。拉格朗日約見了勒布朗，這才揭開了『她』的真實身份。在知道真相後，

拉格朗日非常驚訝，但同時也感到很開心，於是便將熱爾曼收為學生。

熱爾曼最早期的成就和數論（*number theory*）有關。具體來說，她的研究為解決當時該領域最困難的問題 — 費馬最後定理（*Fermat's last theorem*）做出了重要的貢獻。在察覺到自己有了一項重大突破後，熱爾曼便再次使用勒布朗這個假名，寫了一封信給當時最厲害的數論學家（同時也是史上最偉大的數學家之一），卡爾・弗里德里希・高斯（*Carl Friedrich Gauss*）。

高斯很欣賞這位與他通信的神祕客，並與其保持書信來往長達三年的時間。然而，1806 年時，一場劇變突然發生，並威脅到了高斯的性命。拿破崙的軍隊開始在普魯士（*Prussia*）肆虐，而高斯生活的城市布倫瑞克（*Brunswick*）也被佔領了。得知此事後，熱爾曼寫了一封信給她在法軍中的將軍朋友，請求他保障高斯的安全。這件事後來被高斯知道了，原來自己的人身安全是因為一名叫做索菲・熱爾曼的女子才得到保障的。對此高斯非常感激，但同時也感到相當困惑，因為他一點兒也不知道對方是何許人物。終於，在熱爾曼給高斯的下一封信中，她揭露了自己的真實身份。高斯非常訝異自己一直以來都是在跟一名女子通信。感嘆於熱爾曼的聰敏與她必然承受著的種種偏見與阻礙，高斯告訴她：「毫無疑問地，妳擁有最崇高的勇氣、出眾的才華、與超人的智慧。」

正因為有了這樣的認可，在知道解開克拉德尼圖形之謎的競賽後，熱爾曼便毅然決然地參賽了，她也因此成了唯一一位有勇氣從零開始建構所有必要理論的人。熱爾曼對此問題的解答產生了一支全新的力學分支。那是一個適用範圍超越了一維弦的彈性理論，可用於二維的平坦薄板。它的基礎建立在力學、位移與曲率上；同時，熱爾曼還使用了微積分來處理和克拉德尼圖形有關的偏微分方程。不過，由於熱爾曼並沒有受過太多正規訓練，因此在她最初提交的答案中評審仍發現了一些瑕疵，致使他們認為該問題並沒有得到完全的解決。在那之後，這項競賽又被重開了兩次，每

次為時兩年，一直到熱爾曼第三次嘗試後才終於獲獎。就這樣，熱爾曼成為了第一位被巴黎科學院（*Paris Academy of Sciences*）表彰的女性。

10.5 微波爐

克拉德尼圖形讓我們得以看見二維的駐波。而在實際生活中，每當我們使用微波爐時，便是在應用三維版本的克拉德尼圖形。微波爐的內部有一個立體的空間，在你按下開始按鈕後，這個空間便會充滿微波產生的駐波花紋。雖然這些電磁波振動是不可見的，但就像克拉德尼與他的沙一樣，只要透過類似的方法，我們便可以間接地觀測到它們。

首先，拿出一個可以微波的盤子，並用一層加工乳酪的碎屑將其完全覆蓋住（你也可以使用其它能夠平鋪於盤子上且容易融化的東西，像是一片非常薄的巧克力、或是灑一些迷你綿花糖在上面）。這裡要注意的是，在你把它們放入微波爐之前，記得先將裡面的旋轉盤拿出來。這一點很重要，因為那一盤起司（或任何你所使用的材料）必須要靜止不動，你才能從中看出微波聚集的熱點。然後將微波爐的門關起來，加熱大約三十秒的時間（不要超過三十秒）。接著，將盤子拿出來。此時，你會看到盤子上某些地方的起司已經完全融化了，而這正是微波的熱點所在。它們相當於微波圖形中非節點的地方，也就是振動最劇烈的地方。若以正弦波來說，相當於波峰與波谷所在的位置。要是和克拉德尼圖形做對應的話，那便是金屬板上沒有沙子的地方（因為劇烈的震盪會將沙粒甩走）。

對於一台微波頻率為 $2.45GHz$（代表波每秒鐘來回振動 24.5 億次）的標準微波爐而言，兩個比鄰的融化點之間應該隔著大約 2.5 英吋，也就是 6 公分的距離。請記得，這個數字僅代表從一個波峰到相鄰波谷的距離，即半個波長。若我們想得到一個完整的波長，那就得把這個距離乘以二才行。換言之，一台微波爐中駐波花紋的波長大約是 5 英吋，也就是 12 公分左右。

順帶一提，你還可以用家裡的微波爐來測量光速。只要將微波的振動頻率（通常會標在微波爐門的邊框上）乘上波長，你就能得到一個非常接近光速的值了。以下就用我剛才提到的數字進行計算：頻率 24.5 億次每秒，波長（每個週期）12 公分，兩者相乘後等於 294 億公分每秒，這和一般所認知的光速（300 億公分每秒，也就是我們熟悉的 3×10^8 公尺／秒）非常接近。對於如此粗糙的測量而言，這樣的結果還算挺不錯的。

10.6 為什麼微波爐曾經被稱為雷達爐

在第二次世界大戰末，雷神公司（*Raytheon Company*）開始為自家的磁控管（*magnetrons*，一種用於雷達上的高功率真空管）尋找新的應用。磁控管就像是電子領域中的口哨，只是後者發出的是音波，而前者則會釋放出電磁波。這些電磁波碰到頭頂上的飛機後會反彈回來，進而告訴我們該飛機的距離有多遠、移動速度又有多快。在今日，雷達已被用於追蹤任何東西的運動，從船隻與高速移動的車輛，到棒球中的快速球、網球發球、以及偵測天氣變化模式等。

1946 年二戰結束後，雷神公司還是對該如何應用自家生產的一大堆磁控管毫無頭緒。直到有一天，一名叫做帕西·斯賓塞（*Percy Spencer*）的工程師無意間發現在他使用一根磁控管時，口袋裡的一根花生棒竟然融化了。他意識到，磁控管發出的微波或許可以有效地加熱食物。為了進一步驗證這個想法，斯賓塞將一根磁控管對準一顆雞蛋，生蛋立刻變得奇熱並爆了開來，蛋汁濺了別人一臉。另外，斯賓塞還證明了他可以用這種方式製作爆米花。這層雷達與微波之間的關係就是為什麼第一台微波爐被稱為雷達爐（*radar ranges*）的原因了。

只不過，在 1960 年代後期之前，這項產品一直都不受市場青睞。初代的微波爐體積太大了，足足有六英尺高，而且要價非常昂貴，大約等於

今天的數萬美元。但最終，微波爐的體積和價格都下降了，變成一般人負擔得起的產品。時至今日，在工業化的國家中，大約有百分之 90 的家庭都有購置微波爐。

有關雷達與微波爐的故事向我們證明了各門科學之間是互相連繫的。試想一下這兩項設備用上了哪幾門學科：物理學、電機工程學、材料科學、化學、以及以意外為基礎的經典發明方法。同時，微積分也在其中扮演了很重要的角色；它為我們提供了描述波動的語言，以及分析它們所需的工具。

以波動方程式的發現為例，這條源自音樂、與弦振動有關的方程式，最後被馬克士威用來預測電磁波的存在；而在那之後，人們便相繼發明了真空管、電晶體、電腦、雷達以及微波爐。在上述過程中，傅立葉的方法始終都是必要的。事實上，我們馬上就會看到，這項方法還使我們發展出了一項對於高能量電磁波的應用。像這樣的高能波動是二十世紀之交的意外發現，由於沒有人知道它們的本質為何，因此人們便根據數學中的未知數，將其命名為 X 光。

10.7 電腦斷層掃瞄與腦部造影

微波可以用來煮東西，而 X 光則可以幫助我們『看到』身體的內部。有了它，我們就可以對斷骨、顱骨骨折、與脊椎側彎進行非侵入式的診斷。但遺憾的是，傳統的黑白 X 光片對於組織密度的細微變化不敏感，這大大限制了它在軟組織與器官檢查上的應用。好在現代醫學中有一種比傳統 X 光片還要靈敏數百倍的成像技術，我們稱之為電腦斷層掃瞄（*CT scanning*），它所提供的準確度徹底改變了醫學界。

CT 掃瞄中的 C 代表電腦（*Computerized*），而 T 則代表斷層攝影（*Tomography*），後者的意思是將一個物體切分成多層，並分層進行造

影。一台電腦斷層掃瞄儀會利用 X 光對組織或器官進行成像,而且一次只成像一個切面。病患被送進掃瞄儀後,X 光會從四面八方穿過他的身體,然後被位於另一端的偵測器接收。正是有了這些來自於不同角度的資訊,我們才能精準地推測出 X 光到底穿過了哪些東西。換句話說,CT 這項技術不只是製造影像那麼簡單,它還包含了許多的推論、回溯與計算。實際上,CT 中最厲害且最具革命性的部分是它對複雜數學的應用。透過微積分、傅立葉分析、訊號處理、以及電腦的協助,CT 的軟體可以從 X 光的資料推測出組織、器官、或骨頭的各種數據,進而產生身體上目標部位的詳細影像。

為了瞭解微積分在這其中所扮演的角色為何,我們首先必須知道 CT 需要解決的問題是什麼、解決方法又是什麼。

想像一下,我們發射了一束 X 光,並使其穿過一層腦組織的斷面。在這束光行走的期間,它經過了灰質(*gray matter*)、白質(*white matter*)、可能還有一些腦部腫瘤(*tumors*)或血栓(*blood clots*)等等。以上這些組織會根據其生理組織種類不同,吸收不同程度的 X 光能量,而 CT 的目標便是將整個斷面中各部位的吸收率給繪製出來,並藉此資訊揭露出腫瘤或血栓可能存在的位置。從這個角度來看,CT 並非直接對腦部進行觀測,它所測量的東西是大腦對於 X 光的吸收圖像。

處理上述問題的數學原理如下:當一道 X 光穿過腦斷層上的某一點時,它的強度將會減弱一些,就像一道普通的光線穿過了一副太陽眼鏡而亮度降低了一樣。此處的困難點在於,X 光行進的路線上存在著一系列不同的腦組織。這就好比將好幾副太陽眼鏡疊起來戴,並且每一副的透光程度都不太一樣。同時,這些透光度的數據是未知的,而我們現在想要做的便是求得它們的值!

由於不同組織對於 X 光的吸收率不同,因此不同束 X 光從腦組織穿出並被偵測器接收時,強度衰弱的幅度是不一樣的。為了估計這些衰弱的

淨效果，我們必須先瞭解在 X 光穿過組織的過程中，每移動一個無限小距離後強度降低了多少，接著再把全部的結果以適合的方式加總起來。像這樣的計算顯然和積分有關。

積分會在這個問題中出現其實並不讓人意外，因為它是我們所能找到最自然的方法，它能夠使如此複雜的難題變得容易處理。和之前一樣，我們再次用上了無限原理。首先，想像將 X 光的路徑切分成無限多步，每步距離無限小；然後，找出在每一步中射線強度變弱的程度；最後，再把所有答案組合起來，以得到該條直線路徑上的淨衰減量。

不過即使這樣做，我們也只能得到某一條特定路徑上的 X 光總衰減量而已。這對於我們瞭解整個大腦斷面其實並沒有太大的幫助。事實上，這項資訊甚至沒辦法告訴我們太多關於該路徑本身的訊息。它只能告訴我們 X 光在此路徑上總共變弱了多少，而非其上每一點所對應的個別衰減值。

在此讓我用一個比喻來說明我們遇到的困難：請思考一下，若把數字 6 拆成兩個數字的和，那麼一共會產生幾種不同的答案。正如 6 可以被拆解成 1＋5、2＋4、和 3＋3 一樣，一個 X 光的淨衰減量可能是由很多種不同的區域衰減狀況所造成。舉例而言，有可能路徑一開始的衰減量很高，到了末尾卻變得很低，或者可能反過來，又或者也有可能整條路徑上的衰減量都落在一個大約固定的中間值上。單憑一次測量，我們無法決定到底哪一個可能性才是真的。

然而，在瞭解了這個困難點後，我們馬上就能想到對策了：必須對多個不同的方向發射 X 光才行。而這就是電腦斷層掃瞄的關鍵。藉由從多個方向朝組織上的同一點放出 X 光、並且重複以相同方式測量不同點後，我們理論上就能將腦部各處的衰減量給畫出來了。這和直接去觀察大腦不同，但這個方法所提供的結果是一樣好的，因為它同樣能顯示出大腦

的某個區域具有哪些種類的腦組織。

我們接下來要面對的數學挑戰是把所有直線的測量結果組合起來，變成一個二維大腦斷層圖像。這裡就必須用上傅立葉分析了，一位名為阿蘭·科馬克（*Allan Cormack*）的南非物理學家用它解開這個組合問題。因為斷層掃描是繞著一個圓圈放射 *X* 光，因此光線由 360 度射出的路徑會構成一個二維平面的圓形，而圓和正弦波有關，就可以寫成傅立葉級數，於是科馬克成功地把原本的二維難題簡化成了一個較簡單的一維問題。如此一來，他便不再需要處理 360 種可能的入射角度了。緊接著，借助積分的強大威力，科馬克順利解開了這道一維組合問題。最後的結果是：只要有一圈 360 度的 *X* 光測量值，他便可以將整張吸收率分佈圖給畫出來，並進而推測出內部組織的性質。這和實際看到大腦幾乎沒有區別。

1979 年，科馬克和高弗雷·豪斯費爾德（*Godfrey Hounsfield*）一起獲得了當年的諾貝爾生理學／醫學獎（*Nobel Prize in Physiology or Medicine*）。然而，他們兩人其實都不是醫生。科馬克在 1950 年代後期發展出了一套以傅立葉方法為基礎的 *CT* 掃瞄數學理論；而身為英國電機工程師的豪斯費爾德則於 1970 年代早期與一名放射科醫師合作，實際將掃瞄儀給發明了出來。

電腦斷層掃瞄儀的發明再次為我們展示了數學那強到不合理的力量。在這個例子裡，使 *CT* 掃瞄成為可能的理論早在半個世紀多以前就存在，而且它一開始和醫學是毫無關連的。

關於 *CT* 發展的下半段故事是從 1960 年代晚期開始的。當時，豪斯費爾德已經用豬腦對他的發明進行過測試。他急於找到一名願意幫忙的臨床放射科醫師，好將測試對象擴大到病人身上。但是，所有豪斯費爾德聯絡過的人都拒絕見他，並且一致認為他是個瘋子。原因很簡單，醫生們都

知道軟組織無法用 X 光來成像。以傳統的頭部 X 光片為例，雖然頭骨在片中清晰可見，但大腦的部分看上去卻像是一坨沒有任何特色的雲；什麼腫瘤、出血、血栓，一律看不到。

然而皇天不負苦心人，總算有一名放射科醫生願意聽聽豪斯費爾德的說法了。雖說如此，但整個談話的過程並不順利。面談的最後，多疑的醫生甚至還拿出了一個含有腫瘤的罐裝人腦，並要求豪斯費爾德用他的掃瞄儀將該腫瘤的位置給顯示出來。很快地，豪斯費爾德就帶著大腦的照片回來了，而且上面不僅標出了腫瘤的位置，還另外找到了一個出血的區域。

放射科醫師對於這樣的結果感到很吃驚。這件事很快就傳了出去，並且有越來越多的醫生加入到這個計劃中。而當豪斯費爾德在 1972 年發表了第一批電腦斷層掃瞄圖時，震驚了整個醫界。突然之間，X 光能讓放射科醫師看見腫瘤、囊腫、灰質、白質、以及充滿液體的腦室。

有趣的是，我們知道波動理論和傅立葉分析一開始其實源自於對音樂的研究；而就在電腦斷層掃瞄發展的一個關鍵時期，音樂再次成了必要的助力。1960 年代中期，就在豪斯費爾德正在為 *EMI*（*Electric and Musical Industries*，電機與音樂工業公司）工作時，他無意間有了這個突破性的想法（譯註：即建造一台 *CT* 掃瞄儀）。

由於豪斯費爾德曾為 *EMI* 建造他們的雷達與導引武器，之後還研發出了英國第一台全電晶體電腦，且兩者都取得了非凡的成功，因此 *EMI* 決定資助豪斯費爾德並讓他主導自己的下一個專案。那個時候，*EMI* 是一間很有錢的企業，因此承擔得起這個風險：自從他們簽下了一支來自利物浦（*Liverpool*）的樂隊披頭四（*Beatles*）之後，其收益便爆增了一倍。

關於如何使用 X 光把器官成像的想法、以及 *EMI* 那極深的口袋讓豪斯費爾德踏出了第一步。他自己發明了一套數學方法來解決組合問題，殊

不知科馬克早在十年以前便攻克這個問題了。而事實上，科馬克最初也不曉得，還有另一位理論數學家約翰・拉東（*Johann Radon*），在沒有任何實際應用的指引下，早了他四十年解開了組合問題。換句話說，早在 *CT* 掃瞄出現的半個世紀以前，純數學就已經準備好必需的工具了。

　　在科馬克的諾貝爾獎得獎感言中，他提到自己和一位名為托德・奎多（*Todd Quinto*）的同事正在研究拉東的方法，並且打算將其拓展應用到三維、甚至四維領域中。我想當時台下的觀眾一定覺得莫名其妙吧！我們所生活的世界是三維的，難道有人還想研究四維的大腦？對此，科馬克解釋道：

　　這些結果有什麼用呢？答案是我也不知道。幾乎可以肯定的是，它們會為我們多帶來一些和偏微分方程有關的新定理，而其中有些會在 *MRI* 或超音波技術上得到應用，但這一點誰也說不準，並且也不是重點。奎多和我研究這些主題純粹是因為其中的數學問題很有趣，而這正是研究科學的意義所在。

Memo

11

微積分的未來
The Future of Calculus

　　對於認為微積分已經發展到盡頭的人來說，本章的標題可能會引來一些質疑。這門學問不是已經發展得很完整了嗎？還能有什麼未來？事實上，這樣的聲音在數學界裡出乎意料地常見。根據這種看法，微積分是在牛頓與萊布尼茲之後突飛猛進的，他們的發現在 1700 年代造成了一股像是淘金熱的風潮。在當時，無限這頭怪物可以自由地亂跑，使得那個年代在微積分領域中有許多不正經到幾乎讓人頭暈的研究。藉由鬆開束縛住無限的韁繩，數學家們發現了一大堆驚人的結果，但與此同時也創造出了許多的矛盾與疑惑。

　　因此，到了 1800 年代，一群態度較為嚴謹的新生代數學家們又把無限關回籠子裡去了。他們將無限大與無限小的概念從微積分中移除，使得該學科的基礎更加穩固，並且最終對極限、導數、積分和實數等名詞做了清楚的定義。而到了 1900 年左右，以上的收尾工作也就差不多結束了。

對我而言，上述對於微積分的看法實在太過簡略了。這門學問絕對不只和牛頓、萊布尼茲、以及他們的追隨者有關。微積分起源於更早，而且時至今日它仍然活躍。在我的心目中，微積分代表著以下精神：當你遇到一個困難的連續問題時，先將它切成無限多個小問題，然後再去處理它們；最後，藉由把所有的答案重新組合起來，你便能對原始題目有一個完整的理解。我將這個精神稱為『無限原理』。

無限原理自始至終都存在著。從阿基米德對彎曲形狀的探索、科學大革命、牛頓的世界系統、一直到我們今天的居家生活、工作、汽車等，此原理無所不在。它賜予我們 *GPS*、手機、雷射、和微波爐。*FBI*（美國聯邦調查局）用它來壓縮上百萬個指紋檔案，而阿蘭·科馬克則憑藉著它創造出 *CT* 掃瞄的理論基礎。無論是 *FBI* 還是科馬克，他們都是透過將一群簡單的單元組合起來以解決複雜問題的：在指紋的例子中，小波起了作用，對於 *CT* 而言則是正弦波。從這個觀點來說，微積分就是一群想法與方法的集合，而這些想法或方法可能和任何連續且平滑的東西有關 — 各種模式、曲線、運動、自然過程、系統或現象等，它們都在無限原理的適用範圍內。

以上這條廣義的定義將微積分的範圍從牛頓與萊布尼茲的理論延伸至由它們衍生出來的眾多科目，如：多變數微積分（*multivariable calculus*）、常微分方程、偏微分方程、傅立葉分析、複變分析（*complex analysis*）、以及其它和極限、導數與積分有關的高等數學領域。這樣說起來，微積分的成長還遠遠沒有結束。事實上，它的胃口正大著呢！

然而，我的觀點實際上是少數意見。或者應該說，就只有我一個人是這麼想的。所有我在數學系的同事都不會同意『以上所提到的東西都是微積分』這樣的說法，而且他們有一個很好的理由：這個看法太荒謬了；要是真的這麼做，那麼課表上將近一半的科目都得重新命名才行。我們現在已經有微積分（一）、（二）、（三）了，看來未來還得加開微積分（四）到

（三十八）才行。由於這樣的課名實在不怎麼有趣，因此為每個微積分的分支都取了獨立的名字，以致於它們彼此之間看起來好像沒有關聯。換句話說，我們把微積分這一門學科拆解成了許多較小、學生可以消化的單元。這看上去好像有點兒諷刺，但其實也在情理之中吧！畢竟微積分本身就是藉由拆解大問題好使其容易理解的一門學問。

總之，在此我想澄清一點：個人對於課程的命名完全沒有意見，我想說的重點是：將一個事物分成小部分有時是會產生誤導的，那會讓我們忘了這些小部分原來是在一起的、是某個大主題的分支。而在本書中，我的目標就是將微積分完整的呈現出來，好讓讀者能夠感受到它的美、統一性和廣泛性。

那麼，微積分到底還存在著哪些未來呢？這個嘛，如同俗諺所說：預測總是困難的，特別是關於未來的事情（譯註：這句話是物理學家尼爾斯・波耳說的），但我想我們可以預期，以下這些趨勢將會在接下來的幾年中變得重要起來：

- 微積分在社會科學（*social sciences*）、音樂、藝術與人文領域中找到新的應用。

- 微積分繼續被運用在醫學與生物學中。

- 處理在金融、經濟、以及氣象領域中蘊含的隨機現象。

- 微積分和大數據相輔相成。

- 非線性、混沌和複雜系統領域持續為微積分提供挑戰。

- 微積分和電腦科學攜手進化，其中包含人工智慧領域。

- 擴張微積分在量子領域中的應用界限。

要將以上幾點說清楚，我們必須解釋很多基礎知識。在此我不想每個

主題都沾一點；相反的，我會著重探討其中的幾個項目。在快速討論 *DNA* 的幾何結構以後（這是個曲線和生命的奧祕交會的問題），我們會介紹幾項研究，希望能激發你的哲學思考。這些研究和由混沌（*chaos*）、複雜性理論（*complexity theory*）、電腦科學、與人工智慧產生的挑戰有關。但在此之前，我們先要對非線性動力學（*nonlinear dynamics*）有基本的認識才行。如此一來，讀者才能更容易了解擺在眼前的課題是什麼。

11.1 DNA 纏繞數

　　微積分傳統上都是被應用於『硬』科學上，諸如：物理、天文、以及化學等。但在最近的幾十年裡，它的觸角已經伸入醫學與生物學的領域中，如：流行病學（*epidemiology*）、族群生物學（*population biology*）、神經科學（*neuroscience*）以及醫學影像技術。在之前介紹過的故事裡，我們已經看過好幾個生物數學的應用實例了，從利用微積分預測面部手術的效果，到模擬 *HIV* 和免疫系統間的戰鬥都有。但以上所有例子都和某種變化有關，而這也是現代微積分最大宗的運用所在。與此相反，我們接下來要講的案例則源自於古老的彎曲之謎，只是被 *DNA* 的三維結構問題賦予了新的生命。

　　這個案例和 *DNA*（一種非常長的分子，其上包含了構成一個人所需的所有遺傳訊息）如何被包裝收納於細胞中有關。在你身上將近幾十兆個細胞內都存在著一條長度大約兩公尺的 *DNA*。若你將這些 *DNA* 全部頭尾相接，則其總長度足夠在地球和太陽之間往返好幾回。到此，有些人可能認為這沒什麼了不起的，不過是因為我們身上的細胞數量太多了而已。那就再來看另一組更有意義的比較吧：讓我們考慮一個細胞核(*nucleus*；裝載 *DNA* 的容器)有多大。一般來說，一個細胞核的直徑約莫為五百萬分之一公尺；也就是說，它比儲存在其中的 *DNA* 分子小了四十萬倍。以巨觀的東西來比喻，那就相當於將一條二十英里長的繩子塞到一顆網球的內部一樣。

除此之外，*DNA* 可不能被隨便亂塞到細胞核中。它不可以纏在一起，因為 *DNA* 必須被酵素讀取才能轉譯成維持細胞活動所需的蛋白質。與此同時，有規律的包裝也才能保證細胞在分裂時，*DNA* 能夠被順利地複製。

演化對於這個問題的答案是使用類似於線軸的結構，這和我們收藏長線段的方式很像。在細胞內，*DNA* 會被纏繞在一種由組織蛋白（*histones*）構成的分子線軸上。為了再進一步讓結構更緊密，這些分子線軸彼此之間也會相連，就像項鍊上的串珠一樣。然後，這條如項鍊一般的構造還會捲成一根類似於繩子的纖維，而這些纖維則再捲成被稱為染色體的結構。這種三重捲曲的收納方式能將 *DNA* 變得很小，小到足以被塞到細胞核中的某個角落裡頭。

然而，線軸結構其實並不是大自然對此一問題最初的解決方法。地球上最早的生命體是一群沒有細胞核和染色體的單細胞生物。正如今天的細菌和病毒一樣，它們也沒有之前提到過的線軸，其遺傳物質的壓縮是透過一個和幾何與彈性有關的機制來完成的。請想像一下，你將一條橡皮筋握於兩手手指之間並拉緊，接著從某一端開始扭轉它。一開始，橡皮筋每轉一圈就會產生一個交叉；這些交叉的數量會不斷累積，但橡皮筋本身還是保持一直線的，直到整個系統承受的扭力超過了一個閾值為止。一旦超過了閾值，該橡皮筋便會開始產生一些三維的扭結。它會自我收縮扭曲，就像在痛苦中掙扎一樣，由此產生的扭轉可以使橡皮筋最後縮成一顆緊密的球。而早期生命體的 *DNA* 便是以類似這樣的方式收納的。

以上現象被稱為超螺旋（*supercoiling*），它在環狀的 *DNA* 上很常發生。雖然我們平常都把 *DNA* 想成是一條筆直、具有兩個端點的螺旋結構，但在某些場合中它的兩端也會互相連接起來形成一個圓。當這種情形發生時，整條 *DNA* 的狀況就會像是你將皮帶從腰上解下來，扭個幾圈，然後再扣回去一樣。注意！一旦皮帶被重新繫回腰上，那麼它扭轉的圈數

也就固定無法改變。在這種狀態下如果你還想在皮帶某處多扭一圈，那麼另一處就勢必會產生一個相反方向的扭動來抵消這個新的改變，就好像有某種守恆定律在運作一樣。另外，當你把一條花園水管一圈疊一圈地盤繞在地上時，相同的事情也會發生：在把水管拉直的同時，它會在你的手中扭動。在上述現象中，螺旋化成了扭轉。而事實上，這種扭轉也有可能反過來化成螺旋，如同橡皮筋隨著被扭曲而不斷盤繞一樣。原始生物的 DNA 也利用了這種盤繞。在它們的體內有某種酵素可以切斷 DNA 分子，將其扭個幾圈，然後再把分子重新接上。隨後，當 DNA 試圖釋放身上的扭轉以降低自身的能量時，之前提過的守恆定律便會讓它產生超螺旋，並進而縮得更加緊密。最後，這些生物的 DNA 分子將不再是一個平面物體，而是纏繞成了一個三維的構造。

1970 年代初的時候，一位名為布羅克‧富勒（*Brock Fuller*）的美國數學家給出了第一個 DNA 三維扭曲的數學描述。他發明了一種命名為 DNA 纏繞數（*writhing number*）的指數。不僅如此，他還利用積分與導數推導出計算公式，同時證明了在纏繞數中存在著和扭轉與螺旋有關的守恆定律。自那以後，對於 DNA 分子的幾何與拓撲學研究開始興起。一些數學家使用了紐結理論（*knot theory*）與纏結微積分（*tangle calculus*）去解釋特定酵素切斷 DNA、或使其扭轉、又或者在其上製造紐結後再重新將其黏合起來的機制。由於這些酵素會改變 DNA 的拓撲構造，因此它們又被稱為拓撲異構酶（*topoisomerases*）。此類酵素可以將 DNA 的雙股切斷並再次接起，因此對於細胞的分裂和生長是很重要的。

與此同時，它們也被證實是癌症化療藥物的有效作用目標。雖然這背後的藥理機制還不是很明確，但根據猜想，這些被稱為拓撲異構酶抑制劑（*topoisomerase inhibitors*）的藥物，能藉由使拓撲異構酶失去活性來選擇性毀損癌細胞的 DNA，並進一步促使這些細胞自殺。這對於病患來說是一大福音，但對於腫瘤細胞來說則是一大噩耗。

在微積分對 *DNA* 超螺旋的應用中，*DNA* 分子的雙螺旋結構被假設成了一條連續的曲線。因為正如之前一樣，微積分還是比較擅長處理連續物體的。但在現實中，*DNA* 並非真的連續，而是一群離散原子的集合。只是在一定的程度上它可以被近似地當作一條連續曲線，如同一條理想的橡皮筋那樣。這麼做的好處是：如此一來，彈性理論（*elasticity theory*）和微分幾何（*differential geometry*）這兩門微積分分支就能被應用於 *DNA* 之上，進而計算出該分子如何因為蛋白質的外力、環境的影響、和與自己的互動而改變形狀。

從更宏觀的角度來說，在此問題上微積分採取了它慣用的作法，即透過將不連續的物體假定為連續來揭露它們的行為。這樣的模擬雖然只是趨近，但它很有用。或者說，它是我們唯一的選擇。因為要是沒有了這個連續性的假設，那無限原理就毫無用武之地，而一旦無限原理失效，微積分、微分幾何和彈性理論也就不復存在了。

預期未來我們將會看到微積分和以連續為前提的數學，被應用在更多離散的生物學實體上：基因、細胞、蛋白質、以及生命舞台上的其它成員。藉由這種連續性的假設，我們能獲得太多資訊了。因此，直到我們發展出一套對離散系統也同樣有效的微積分以前，無限原理仍會是我們以數學模擬生命現象時的指導原則。

11.2 決定論與它的極限

下兩個主題是非線性動力學的崛起，以及電腦對微積分的衝擊。之所以選擇討論它們，是因為這兩個主題蘊藏了非常耐人尋味的哲學意義。它們有可能永遠地改變預測的本質，致使微積分（或者更廣泛地說是使科學）進入一個新的時代：在此時代中，儘管科學本身仍將繼續發展，但人類的洞察力卻有可能開始減弱。為了更清楚的理解上面這個帶點末日情節的警告是什麼意思，我們必須先瞭解到底為什麼人們能做出預測、它在傳

統上的意義是什麼、而這個舊意義又是如何因為過去幾十年人們在非線性系統、混沌、和複雜性系統研究中做出的發現而改變。

在 1800 年代初期，法國的數學家兼天文學家皮耶 - 西蒙·拉普拉斯（*Pierre-Simon Laplace*）將牛頓的決定論宇宙觀念推向了邏輯上的極限。他想像有一個像上帝一樣全知全能的存在（如今被稱為『拉普拉斯的惡魔』），它有能力追蹤宇宙中一切原子的位置以及作用在這些原子身上的所有力。拉普拉斯寫道：『那麼根據牛頓力學，我們就能計算出所有原子未來任何時間的位置及速度，任何萬事萬物都將是確定的；在它的眼前，未來就像過去一樣展開。』

但就在二十世紀即將來臨之際，上面這種對宇宙的極端機械式看法在科學與哲學上似乎就站不住腳了。這和許多原因有關。其中第一個原因來自微積分，而這要感謝索菲婭·柯瓦列夫斯卡婭（*Sofya Kovalevskaya*）的研究。1850 年，柯瓦列夫斯卡婭出生於一個位於莫斯科的貴族家庭，她在十一歲時發現身邊充滿了微積分，因為在她臥室中的一面牆貼滿了父親年輕時上微積分課做的筆記。柯瓦列夫斯卡婭曾寫道自己會『在那面謎一般的牆前面待上數小時，企圖去理解哪怕只是一個式子，並且試著去推測這些筆記紙的順序為何。』而在那之後，她成為歷史上第一位得到數學博士學位的女性。

雖然柯瓦列夫斯卡婭在非常早期的時候便顯現出數學的天份，但當時俄國的法律卻禁止她進入大學就讀。隨後，她策略性地結了婚（譯註：這裡的策略婚姻（*marriage of convenience*）意指非基於愛情、而是因為家族或其它利益原因而導致的婚姻）。這段婚姻在接下來的幾年中給她帶來了許多傷害，但她也終於得以去到德國，並且憑著她過人的才華讓許多教授留下深刻的印象。但即使是在那裡，柯瓦列夫斯卡婭仍無法正式進入課堂上課。也因為如此，她只好私底下請著名的分析數學家卡爾·魏爾施特

拉斯（*Karl Weierstrass*，譯註：有現代分析數學之父稱呼）指導自己學習。也是在魏爾施特拉斯的推薦下，柯瓦列夫斯卡婭取得了博士學位，理由是她解決了數個分析、動力學、以及偏微分方程的重大問題。最終，柯瓦列夫斯卡婭成了斯德哥爾摩大學（*University of Stockholm*）的全職教授，並在該校任教八年，直到四十一歲死於流行性感冒為止。在 2009 年時，諾貝爾獎得獎作家艾麗斯‧孟若（*Alice Munro*）曾出版過一篇關於她的短篇故事，名為《幸福過了頭（*Too Much Happiness*）》。

在研究剛體（*rigid body*）動力學的過程中，柯瓦列夫斯卡婭察覺到決定論的極限。所謂剛體是一種數學上的抽象概念，指無法形變或不可被彎折的物體；也就是說，物體中的每個點都和其它點穩固地相連著。剛體的其中一個例子是陀螺，它不僅是一個完全的固體，還包含了無限多個點，也因此它的力學性質要比牛頓研究過的單點粒子來得複雜。在天文學和太空科學中，剛體運動是很重要的課題，從土衛七（*Hyperion*，土星的其中一顆衛星，外形像是馬鈴薯）混亂的旋轉軌道、到太空艙或人造衛星的規則旋轉，都是剛體運動。

在研究剛體動力學的過程中，柯瓦列夫斯卡婭得出了兩項主要成果。其中第一項是一種陀螺的剛體運動，這種陀螺的運動是完全可分析、可描述的，就像牛頓能夠描述雙體的運動一樣。事實上，我們還知道另外兩種具有上述特性的『可積（*integrable*）陀螺』系統，但柯瓦列夫斯卡婭發現的系統比另外兩者來得微妙且讓人意外（譯註：柯瓦列夫斯卡婭提出的旋轉剛體之後被稱為『柯瓦列夫斯卡婭陀螺』，另外兩種『可積陀螺』則分別由歐拉和拉格朗日提出。再補充一點，一個系統『可積』代表描述該系統的微分方程可以透過積分來求解。換句話說，只要知道了該系統的初始狀態，我們就能知道相應微分方程的行為。相對的，若一個系統不可積，則我們無法解它的微分方程，因此該系統的行為對我們而言將是混沌不可知的）。

柯瓦列夫斯卡婭還有另一項更重要的發現：她證明除了上面提到的三種陀螺以外，其餘的旋轉剛體系統都是不可積的，它們的動態還是由牛頓力學公式描述，只不過，這時牛頓方程式是非線性的，沒有亞純函數解！注意！這裡的意思並不是說人類還不夠聰明，因此沒辦法描述這些陀螺；而是根本就不存在任何一種公式（專業術語叫作時間的『亞純函數（*meromorphic function*）』）可以永久性地描述這些陀螺的運動。透過這種方式，柯瓦列夫斯卡婭證明了微積分的能力是有限制的。而要是連一個簡單的陀螺都能打敗拉普拉斯的惡魔，那要找到能預測整個宇宙命運的公式就更不可能了。

11.3 非線性

索菲婭·柯瓦列夫斯卡婭所發現的『不可解』特性和陀螺方程式的一項結構特徵有關：這些方程式是非線性的。在此，我們並不需要瞭解太多和非線性有關的技術細節。就我們的目的而言，我們只需要體會一下線性與非線性系統之間的差別就行了，而這可以透過思考一些生活中的例子來辦到。

為了說明線性系統是什麼，讓我們假設有兩個人為了取樂，同時站上同一個體重計量測體重。我們知道，如此量測出來的總重量會是兩人個別體重的和，而之所以會這樣是因為體重計是一個線性系統。也就是說，此二人的體重不會產生交互作用或產生什麼奇怪反應。例如，他們的身體不會聯合起來一起變輕、或者使對方變重；它們只會被加起來，如此而已。換言之，對於一個像體重計這樣的線性系統而言，它的整體即等於所有部份的和，此為線性的第一項特徵。

而線性系統的第二項特徵是因果之間呈比例（此處的因果是指作用及相對的反應）。想像一下，你正在拉一把弓上的弦。假設把弦往後拉某段

距離需要花費一定的力，且若想要把弦再往後拉一倍的距離，所施的力也必須增加一倍，那麼這把弓的因果便是成比例的。以上所說的兩項性質（即『整體等於部分的和』、以及『因果之間成比例』）便是『線性』這個詞所代表的意義。

然而，自然界中有許多東西都比以上所說的狀況複雜。每當一個系統中的各部分彼此間會產生干擾、合作或是競爭時，非線性的互動就會發生。事實上，生活中發生的事情大部分都非常的非線性。例如：同時聽兩首很喜歡的歌曲並不會讓你獲得雙倍的快樂。還有喝酒以及吃藥也是，有時它們還會產生複雜的反應。對某些人而言，花生醬和果醬加在一起倒是有相輔相成的作用；它們不只是相加在一起而已，它們還會互相增強。

非線性是這個世界如此多采多姿的一大原因。它創造了許多美麗、複雜的現象，但也經常使得我們無法理解這個世界。舉例來說，所有和生物學有關的東西都是非線性的，還有社會科學也是。這就是為什麼軟科學很困難、而且很慢才有數學介入的原因，因為非線性的特質，使得軟科學其實非常的『硬』。

這種線性與非線性的差別也適用於微分方程上，只不過看起來比較不那麼直觀而已。對此我們唯一想說的是：當一條微分方程是非線性的時候（就像在柯瓦列夫斯卡婭的陀螺研究一樣），它將變得極度難以分析。實際上，自牛頓開始，數學家們便盡可能避免去觸碰非線性的微分方程，因為它們簡直就是惡夢一場。

與之相對的是，線性微分方程既溫馴又可愛。由於它們非常容易處理，因此數學家們都愛與其打交道，並且還發展出專門處理線性微分方程的龐大理論體系。甚至，在 1980 年代以前，傳統應用數學的教育就只會介紹處理線性系統的方法，學生們會花好幾年的時間去掌握如傅立葉級數等專為線性方程式量身訂製的技巧。

線性系統還有一項巨大的優勢，那就是它允許我們以『化約論（reductionism）』的想法來處理問題。想要解決一個線性問題，我們可以將它分解成最簡單的幾個小部分，分別處理它們，然後再把所有小部分結合起來以獲得最終答案。傅立葉就是以這種化約技巧來解熱傳導方程式的（這是一種線性方程）。他先將一個複雜的溫度分佈模式拆解成許多的正弦波，找出每一個波獨立的改變行為，接著再把所有正弦波加起來以預測整體溫度如何延著加熱的鐵棒變化。這樣的方法可行，是因為熱傳導方程式是線性的，所以將它們切成小部分並不會改變它的本質。

柯瓦列夫斯卡婭讓我們知曉在面對非線性現象時，整個世界看起來是多麼不同。她意識到在非線性面前，人類再也傲慢不起來了。因為若一個系統是非線性的，那麼它的行為就不可能透過公式來預言，就算該系統的未來已經被決定了也一樣。換句話說，決定論並不能保證可預測性。藉由一個旋轉的陀螺，人們才對自己的認知能力有了更謙虛的看法。

11.4 混沌

從現在的角度往回看，我們能更清楚地知道為什麼三體問題（three-body problem）會讓牛頓感到頭疼。不像二體問題可以用一些技巧來使其變為線性，三體問題是不可避免地非線性。注意，這種非線性並不是由物體的數量從兩個上升至三個造成的，它和方程式本身的結構有關。對於兩個互相以重力吸引的物體而言，只要藉由適當選擇微分方程中的變數，非線性的性質就可以消除；然而在三體或更多物體的系統中，我們沒有辦法這麼做。

由非線性系統帶給我們的警示一直到很久以後才得到重視。幾個世紀以來，數學家們前撲後繼地想要解開三體運動之謎。雖然他們的確取得了一些進展，但卻沒有任何一個人能夠完全攻克這個問題。在 1800 年代末，法國的數學家亨利・龐加萊（*Henri Poincaré*）以為自己找到了答

案。但事實上他搞錯了，在<u>龐加萊</u>修正錯誤之後，三體問題仍然沒有解決。雖說如此，這卻讓他發現了一個更重要的現象：『混沌（*Chaos*）』。

混沌系統是非常挑剔的。只要稍微改變一下它初始的運作方式，最後的結果都會大相逕庭。究其原因，是因為那些初始狀態的改變會以指數形式被快速放大，而這些以滾雪球方式增大的誤差，將使得系統長期下來變得不可預測。注意，一個混沌系統並不是隨機的，它的命運是決定好的，也因此在短期內可以被預測；然而長久來說，它對干擾實在太過敏感了，以致於從許多層面看來它的表現都和隨機沒什麼區別。

在超過一個稱為『可預測界限（*predictability horizon*）』的時間點之前，混沌系統的行為可以被很好地掌握，因為系統的決定論性質會讓它的行為可以預期。舉例而言，有人計算過，整個太陽系的可預測界限大約是在四百萬年左右。對於一段比這短很多的時間區段來說（例如地球繞太陽一圈所需花費的一年），太陽系中的一切都像是機械鐘一樣精準。然而，要是我們再把時間推進個幾百萬年，那麼所有事情就都變成未知數了，太陽系中各天體間的細微重力擾動會不斷地累積，直到我們再也無法對該系統做出準確的預測為止。

可預測界限這個概念是從<u>龐加萊</u>的研究中浮現的。在他之前，人們認為誤差只會隨著時間以線性方式累積，而不會呈指數變化。換句話說，若我們觀察的時間增加一倍，則誤差也會增加一倍。假如誤差真的是呈線性累積的話，那麼測量上的改進就可以跟得上長時間預測的腳步。不過，要是一個系統內誤差增長的速度呈指數形式，它就會非常依賴初始條件，而長期對該系統進行預測將變得不可能。這就是混沌背後讓人感到不安的哲學訊息。

在此有必要弄清楚混沌到底帶來了什麼新的發現。我們早就知道一個複雜系統（如：天氣）是很難預測的。真正讓人感到驚訝的是，就連簡單如旋轉陀螺或三體運動等系統也能如此地捉摸不定。這項事實不僅令

人意外，同時也再次否定了拉普拉斯將決定論與可預測性混為一談的天真想法。

不過，從好的一面來看，由於混沌系統仍具有決定論的特性，因此它們依然受到規則支配。龐加萊發明了一套能夠分析非線性系統（其中就包括混沌系統）的新方法，並且成功抽取出一些非線性背後的規律；只是他用的方法並不是公式和代數，而是圖形和幾何。龐加萊的質性分析法為現代的拓撲學和動力系統等數學領域埋下了種子。因為有了他的早期研究，我們如今才對混沌與有序有了更深入的了解。

11.5 龐加萊的視覺化方法

為了展示龐加萊的方法是如何運作的，讓我們以伽利略研究過的單擺運動來舉例吧！透過牛頓運動定律的協助並記錄下擺錘搖晃時所受到的力，我們便能畫出一張顯示擺錘的角度與速度如何隨著時間改變的圖。在本質上，這樣的圖就是牛頓定律的圖示化版本；換句話說，圖中並不會顯示任何不包含於微分方程中的資訊，它只是對於相同訊息的另一種表達方式而已。

這種圖看起來就像一張鋒面通過某地的氣象圖。在圖上可看到每個區域傳播方向的箭頭，代表鋒面每時每刻將往何方移動。像這樣的訊息正是微分方程提供給我們的。它就像一份舞蹈動作的指示：告訴你左腳該往哪兒擺、右腳又該往哪兒擺。

該圖的名稱為『向量場（vector field）』，其上每個點的小箭頭代表當擺錘的角度與角速度處於該點時，下一刻的狀態將會如何變化。一個擺錘的向量場看起來就像下面這樣：

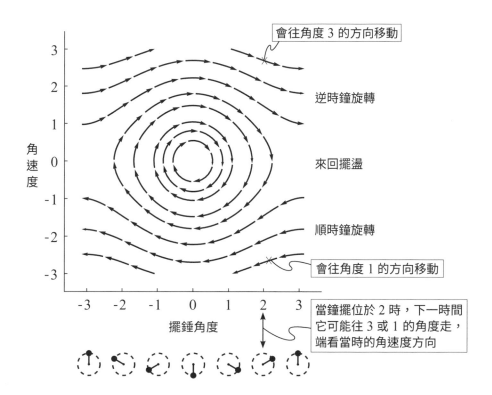

在我們解釋上圖之前,請先記住:這張圖所畫的東西並不是一個鐘擺的位置,而是它的角度與角速度。那些如旋渦一般的箭頭顯示一個擺錘的狀態,從某一瞬間過渡到下一瞬間時所發生的改變,圖上每一點都代表著某個時間點上某組特定的角度與角速度組合(位於下方有 7 個鐘擺的角度示意圖,分別對應橫軸的鐘擺角度 −3 ～ 3)。對於任一瞬間而言,角度與角速度這兩個數字定義了擺錘的運動狀態。有了這些訊息,我們便能預測擺錘下一秒的角度與角速度,然後是再下一秒的,以此類推。而做法也很簡單,只要跟著箭頭走就行了。

> 編註:這張圖要怎麼看呢?舉例來說,在橫軸的鐘擺角度等於 2 時(示意圖的鐘擺位置在右上方),此時鐘擺有兩種擺動方向的可能:第一種可能是逆時鐘往上擺動到角度等於 3 的位置,此時角速度會逐漸下降(右上方箭頭朝角速度 0 減速),第二種可能是順時鐘往下擺動到 1 的位置,此時角速度是朝負向增加(右下方箭頭往角速度 −3 加速)。

當一個擺錘被掛在一條下垂的線上時，其來回振盪的運動模式便會對應到靠近向量場中心的箭頭漩渦。而位於漩渦上方與下方、看起來像是波動的箭頭模式則對應到擺錘旋轉的狀況。牛頓和伽利略都沒有考慮過這種旋轉的運動模式，因為此種運動已經超出古典方法可以計算的範疇。但在龐加萊的圖示法中，這種旋轉運動顯而易見。如今，在所有與非線性動態有關的領域中（如：雷射物理學和神經科學），這種以質性角度觀察微分方程的方法已然成了主要的手段。

11.6 戰爭中的非線性

非線性運動的問題可以非常實際。例如，英國數學家瑪麗‧卡特萊特（*Mary Cartwright*）和約翰‧李特伍德（*John Littlewood*）就曾利用龐加萊的方法為英軍在戰時對抗納粹空襲方面做出了很大的貢獻。1938 年，隸屬於英國政府的科學與工業研究部（*Department of Scientific and Industrial research*）向倫敦數學學會（*London Mathematical Society*）尋求幫助，希望他們能解決一項列為最高機密的無線偵測與測距技術（即今天的雷達）的問題。當時參與此計劃的英國工程師們一直受到訊號放大器中的雜訊與不穩定振盪干擾，特別是當設備在高功率下運行、並發出高頻無線電波時更是如此。他們擔心或許這些設備發生了什麼問題。

這則來自政府的求助吸引了卡特萊特的注意。在她日後的敘述中，表示她對於由這種『醜陋微分方程』支配的振盪器已經研究很久了。於是，她便和李特伍德著手開始追查雷達系統中那些不穩定振盪的來源。這套系統中使用的訊號放大器是一個非線性系統；當它們運作的頻率過高或功率過猛時，其所產生的反應便可能極度混亂。

幾十年之後，物理學家弗里曼‧戴森（*Freeman Dyson*）回想起在 1942 年時卡特萊特曾在課堂上介紹過自己的研究。他寫道：

第二次世界大戰時，雷達的發展完全取決於高功率訊號放大器。事實上，讓這些放大器正常地發揮它們的功能是性命攸關的事情。通常當軍人們用到不好的放大器時，他們會責怪製造商；但<u>卡特萊特</u>與<u>李特伍德</u>發現製造商其實並非罪魁禍首，方程式本身才是。

他們兩人的洞見，使得工程師們得以將放大器的操作限制在可控的範圍，藉此克服雜訊及不穩定的問題。對於這一項成就，<u>卡特萊特</u>一直都保持著謙虛的態度。當她讀到<u>戴森</u>對她的研究所做的敘述時，<u>卡特萊特</u>甚至還說<u>戴森</u>寫得太誇張了。

<u>卡特萊特</u>女士於 1998 年時去世，享年九十七歲。她是第一位被選入皇家學會的女性數學家。在她離世之前曾嚴格指示，在葬禮上不需要任何的悼詞。

11.7　微積分和電腦結盟

在戰時對於解微分方程的需求促進了電腦的發展。在那個年代經常被稱為機械或電子腦的電腦，可以處理如空氣阻力以及風向等複雜因素，進而計算出真實情況下的火箭和砲彈軌道。這些資訊對於在戰場上作戰的砲兵而言很重要，因為這能幫助他們順利擊中目標。當時人們會預先對必要的彈道資料進行運算，並把結果匯編成圖表，而高速電腦對於這樣的應用來說至關重要。經由數學模擬，只要使用適當的微分方程來提供砲彈的位置與速度訊息，電腦便能推算出導彈在軌道上的飛行軌跡，然後通過大量的運算，暴力破解出所需要的答案。事實上，只有機器可以如此穩定地持續工作，並快速、正確、且不眠不休地執行所有必要的加法與乘法。

微積分對計算機領域的影響可以從一些早期電腦的名字中清楚地看出來。例如，有一種機器被稱為微分分析器（*Differential Analyzer*），它的功能就是計算和彈道表格有關的微分方程。而另一個例子則是 *ENIAC*，其全名為電子數值積分計算機（*Electronic Numerical Integrator and Computer*）。此處的積分正是指微積分中的積分，因為在解微分方程的時候會需要用到積分程序。*ENIAC* 於 1945 年完工，是世界上第一台可重複編程的通用計算機。除了被用於彈道表格的計算外，它也被用來評估氫彈的技術可行性。

雖然微積分和非線性運動在軍事上的應用加速了電腦的發展，但實際上電腦與相關的數學也被應用到許多與戰爭無關的用途上。在 1950 年代，許多物理學領域之外的科學家也開始運用電腦來解決他們碰到的問題。舉例而言，英國的生物學家艾倫・霍奇金（*Alan Hodgkin*）與安德魯・赫胥黎（*Andrew Huxley*）便是藉由電腦的輔助，才得以了解神經細胞是如何彼此溝通的；或者，說得更精確一點，電訊號如何沿著神經纖維傳遞。

他們先利用實驗上非常方便的神經纖維 — 烏賊的巨大神經索 — 仔細進行了許多實驗，以測得細胞膜內外兩側的鈉離子與鉀離子流，並根據觀測到的資料推論出那些離子流如何受到膜內外電位差的影響、而膜電位差又是如何被離子流改變。然而，當他們想要計算神經衝動在軸突（*axon*）上傳遞的速度與形狀時，就不得不依靠電腦了。對於此種運動的計算，牽涉到處理電位對時間以及空間的非線性偏微分方程。藉由一台手動式機械計算機，安德魯・赫胥黎共花了三週的時間解決了這個問題。

1963 年，霍奇金和赫胥黎因為發現了以離子為基礎的神經細胞運作機制，共同獲得了諾貝爾獎，而他們所用的方法，給所有想將數學運用在生物學中的人巨大的啟發。毫無疑問地，此類微積分應用正在蓬勃成長。生物數學大量的使用非線性微分方程，結合牛頓的分析法、龐加萊的幾何

方法、以及對電腦的信賴，生物數學家們開始探索能夠描述心跳節律、流行病傳播、免疫系統功能、基因的協調作用、癌症的進程、以及其它生命之謎的微分方程，並且成功取得進展。以上所有事情全都必須仰賴微積分才能夠辦到。

11.8 複雜系統與高維度的詛咒

不過，人類的大腦為龐加萊的方法施加了一個非常大的限制：我們無法想像超過三維的空間。天擇使我們的神經系統只能認知到上下、前後、與左右的訊息，也就是一個正常空間中的三個方位。即使再努力，我們也無法描繪出第四個維度，或至少無法看到它長什麼樣子。然而，透過抽象的符號，我們卻可以嘗試處理任何維度。事實上，費馬和笛卡兒已經為我們展示過方法了，他們的 xy 平面告訴我們數字能被綁定在不同的維度上。左右可以用數字 x 來代表；上下則用 y 來表示。對於一個三維的空間而言，x、y、z 就已經足夠了。那麼為什麼不來個四維、或甚至五維呢？畢竟我們還有很多英文字母可以使用。

你可能曾經聽過時間是第四個維度吧。的確，在愛因斯坦的狹義與廣義相對論中，空間和時間實際上是融為一體的，它被稱為時空（*space-time*），並且可以被放在一個四維的數學舞台上。粗略地說，我們可以將正常的空間畫在前三個座標軸上，然後把時間畫成第四軸。這樣的結構可以被當成是費馬與笛卡兒 xy 平面的一種推廣。

但我們在此討論的並不是時空。龐加萊的方法受到的限制與一個更加抽象的舞台有關，該舞台是之前研究擺錘向量場時見到的狀態空間（*state space*）的延伸（譯註：在真實的物理空間中，每一個座標軸對應的東西即實際的物理位置。而在一個狀態空間或稱為相空間中，每一個軸對應的東西則是某種抽象的狀態）。

在鐘擺向量場的例子中，我們以一個表示擺錘角度的軸與另一個表示角速度的軸建構了一個虛擬的空間。由於對每一個時間點而言，一個鐘擺的角度與角速度一定都會有一個值，也因此該時間點的鐘擺將會對應到角度 — 角速度平面上的某一點。而位於平面上、由牛頓的單擺微分方程所決定的箭頭（即那些看起來像舞步指示的東西）則告訴我們系統的狀態如何隨著時間改變。只要跟隨箭頭的方向前進，我們便能預測鐘擺的運動。雖然根據初始狀態的不同，這個擺錘可能會來回振盪、也有可能如同旋渦一般旋轉，但無論怎麼樣，所有的狀況都被掌握在這一張圖之中了。

此處的關鍵在於認知到擺錘的狀態空間共有兩個維度，因為我們只需要兩個變數（即擺錘的角度與角速度）便能預測該系統的未來。只要有了這兩項資訊，我們便能推測擺錘下一刻的角度與角速度，以及再下一刻的…，一直持續到遙遠的將來。從這個觀點來說，一個擺錘是一個二維系統，它具有一個二維的狀態空間。

而當我們面對比擺錘更為複雜的系統時，高維度的詛咒便會開始出現。讓我們以那個讓牛頓頭疼的問題來舉例，即三個以重力互相吸引的物體如何運動。在此問題中，狀態空間一共有 18 個維度。為了瞭解背後的原因，讓我們把注意力放在其中一個物體上。對於任何一個時間點而言，該物體都存在於正常三維物理空間的某一點上，也因此它的位置可以用三個數字來描述，即：x、y、z。同時，該物體可以朝這三個方向移動，所以會產生三個速度值。也就是說，想要描述一個物體就需要六項資訊：包括三個代表位置的座標值，外加三個相對應的速度值。這六個數字將決定該物體位於何處、並且怎麼運動。

又由於我們有三個物體，所以把六乘三倍可得到狀態空間中總共有 18 個維度。基於以上原因，在龐加萊的方法中，由三個受彼此引力影響的物體所構成的系統，可以用一個在 18 維度空間中移動的抽象點來表示。隨著時間流逝，這個抽象點會留下一條行走軌跡，就像一顆真實的彗星或加農砲所走的軌道一樣，只不過這條非實際的軌跡只存在於龐加萊的

想像國度裡，在屬於三體運動的 18 維狀態空間中。

在把非線性動力學應用於生物學上時，我們經常必須想像更高維度的空間。以神經生物學為例，當我們處理霍奇金和赫胥黎的神經細胞膜方程式時，就必須同時追蹤與其相關的鈉離子、鉀離子、鈣離子、氯離子和其它所有離子的濃度變化。實際上，此方程式的現代版本和數百個變數相關，這些變數分別代表在神經細胞中不斷變動的離子濃度、細胞膜兩側的電壓、以及細胞膜傳導不同離子並允許它們進出細胞的能力。

因此，在此例中抽象的狀態空間共有上百個維度，每一個維度都對應著一個變數 — 其中一個代表鉀離子濃度、另一個是鈉離子濃度、第三個代表電壓、第四個代表鈉離子傳導率、第五個代表鉀離子的傳導率，以此類推。在任一個時間點上，這些變數都具有一個確定的值。而霍奇金—赫胥黎方程式（或者它的推廣型式）就是變數的舞蹈老師，指導它們如何在自己的軌道中移動。透過這種方式，再加上使用電腦來推進變數在狀態空間中的位置，一個神經細胞、腦細胞、以及心臟細胞的行為都可以被預測出來，而且有時準確度令人驚訝。這樣的技術已被用於神經病理與心律不整的研究、以及改進除顫器的設計上。

時至今日，數學家們經常處理擁有任意維度的抽象空間。這些空間通常被稱為 n 維空間；同時，我們也已經發展出適用於任何維度的幾何和微積分工具。正如在第 10 章中看到的，*CT* 掃瞄理論的發明人阿蘭・科馬克因為純粹的好奇心而研究 *CT* 如何在四維空間中運作。很多時候，好東西就是從這種單純的冒險精神而來的。當愛因斯坦需要四維幾何學來研究廣義相對論中的彎曲時空時，他很高興這樣的理論已經存在了；伯恩哈德・黎曼（*Bernhard Riemann*）早在幾十年前就出於純數學的原因將其發展出來了。

因此，在數學研究中跟著自己的好奇心走是有很多好處的，這往往會在科學領域或現實中產生無法預期的收穫。除此之外，這麼做也能讓數學

家們獲得一種純粹的快樂，同時可以揭露不同數學分支背後的隱藏聯結。由於以上原因，在過去的兩百年裡，對於高維度空間的探索一直是數學界中非常活躍的一個主題。

不過，雖然我們已經有一個在高維度空間中處理數學問題的抽象系統了，數學家們仍不知道該如何將結果視覺化。事實上，讓我實話實說吧 —— 我們是不可能把它們視覺化的。人類的大腦並沒有這個功能，它並沒有所需的迴路。

這個認知上的極限給了龐加萊的方法一記重擊，至少對於維度數量高過三個的狀況來說是如此。由於龐加萊的非線性動態研究方法必須仰賴視覺直覺，因此若我們無法將四維、十八維、或一百維空間中發生的事情用圖表示出來，那麼這個方法就沒辦法給我們太多幫助。這已經變成研究複雜系統時的一項重大障礙了。

當人們想要瞭解正常細胞中上千種的化學反應、並且解釋癌細胞如何扭曲這些反應時，我們需要的東西正是這種高維度的空間。假如我們真的想以微分方程來說明細胞生物學，那就勢必得找到方法以公式處理那些方程式（但索菲婭·柯瓦列夫斯卡婭已經說明那不可能了），或者將其圖像化才行（人類受限的大腦不允許我們這麼做）。

複雜非線性系統的數學研究讓人洩氣。就算能夠研究出來，人類想要解釋一些當代最為艱深的問題（從經濟、社會或細胞的行為，到免疫系統、基因、大腦與意識的運作）也是非常難以實現的事。

更糟的是，我們甚至無法確定這些系統是否具有類似於克卜勒和伽利略等人所發現的固定模式。神經細胞顯然是有的，但經濟和社會行為呢？實際上在很多領域中，人類的知識水平仍處於伽利略與克卜勒之前的時代。我們根本還未發現任何規律，更何況想要找到可以說明這些規律的深層理論呢！生物學、心理學與經濟學，這些學科都還未進入牛頓時代

（譯註：指可以被公式化描述），而這是因為它們根本就還沒有進入伽利略與克卜勒的時代（譯註：以觀察發現現象背後的規律與模式）。我們前方的道路還很漫長呢！

11.9 電腦、人工智慧與認知之謎

到此，電腦勝利主義者（*computer triumphalists*）有話要說了。根據這些人的看法，只要有了電腦與人工智慧，以上所有問題都不成問題。事實上這是有可能的。長久以來，電腦一直在協助我們研究微分方程、非線性變化與複雜性系統。1950 年代霍奇金和赫胥黎在研究神經細胞運作時開創了先河，那時他們以手動式機械計算機來解偏微分方程。到了 2011年，當波音公司的工程師設計 787 夢幻客機時，他們使用超級電腦來計算飛機的升力與阻力、並且找出能去除機翼顫振的方法。

電腦一開始就只是計算用的機器 — 是貨真價實的計算機，但現在它們早已遠超於此了。甚至，它們已經具有某種程度的人工智慧。舉例而言，今日的 *Google* 翻譯已經在日常用語的翻譯上取得讓人驚訝的優異表現。同時，醫療 *AI* 系統對某些疾病的診斷率也已經超過了最訓練有素的人類專家。

但即使如此，我不認為有人會主張 *Google* 翻譯已經瞭解了語言、或者那些醫用 *AI* 明白疾病是什麼。到底電腦可不可能具有認知能力呢？而如果答案是肯定的，那麼它們是否能在一些人們感興趣的主題上（如：複雜性系統 — 這是許多科學未解之謎的核心）與我們分享它的洞察呢？

為了進一步探索電腦可能以及不可能具有認知能力的論點，讓我們來看看電腦西洋棋系統是如何演進的吧！1997 年，*IBM* 的西洋棋程式深藍（*Deep Blue*）成功在一場六盤棋的比賽中擊敗了人類西洋棋冠軍加里・卡斯帕洛夫（*Garry Kasparov*）。雖然這樣的結果出人意料，但其實這背後並

沒有什麼太大的謎。深藍每秒鐘可以針對兩億個位置進行分析評估；換句話說，它有的並非洞察力，而是速度、以及永不疲倦、不會運算失誤、與永不遺忘先前計算結果的特性。然而深藍下起棋來卻非常的電腦、機械、沒有靈魂。它能夠比卡斯帕洛夫多算幾步，卻無法比對方更瞭解西洋棋。

如今世界上最強一代西洋棋程式雖然都取了有點嚇人的名字，例如：*Stockfish* 和 *Komodo*，但它們仍是以這種非人類的方式下棋。這些電腦擅長捕捉模式，它們的守備有如銅牆鐵壁。不過，即使它們已經遠遠強過任何人類棋手，卻仍然缺乏創意和洞察力。

但隨著機器學習（*machine learning*）的出現，情況改變了。2017 年 12 月 5 日，*Google* 的 *DeepMind* 團隊推出了一支名為 *AlphaZero* 的深度學習程式，並以此震撼了棋壇。透過和自己下數百萬場棋並從中記取錯誤，這支程式能夠自我學習如何下西洋棋。就這樣，在幾個小時以內，該程式就變成了有史以來最好的一名棋手。它不僅能夠輕鬆碾壓所有人類好手（簡直易如反掌），還擊敗了當時的冠軍西洋棋電腦。在某次和 *Stockfish* 進行的一百場西洋棋對決中，*AlphaZero* 這個恐怖的程式贏了二十八場、平手七十二場。它一局也沒有輸過。

AlphaZero 最讓人覺得毛骨悚然的地方就在於它展現出了洞察力。它的下棋方法完全不像之前的電腦，而是以一種直覺、優雅、並且帶點浪漫和攻擊性的風格下棋。它會為了獲勝而犧牲棋子，也會嘗試冒險。*AlphaZero* 似乎還具有特別殘酷的性格。在某幾場對決中，它就像是在戲弄 *Stockfish* 一樣，甚至還把對方的系統弄當掉了。與此同時，它也非常具有創意，能下出任何人類或電腦大師都不曾想過的下法。換句話說，*AlphaZero* 結合了人類的精神與機器的能力。在它身上，人類首次看到了一種全新且駭人的智慧系統。

我們理應能把 *AlphaZero* ─ 或者其它類似的東西，就稱它為 *AlphaInfinity* 吧 ─ 應用於最為困難的幾項理論問題上，如：免疫學與癌

症之謎、意識等。另外，讓我們進一步假定伽利略式或克卜勒式的模式存在於上述這些問題中，並且可以被比我們還聰明的東西挖掘出來。那麼，在這樣的前提下，這個超越人類智慧的系統是否能將問題背後的定律給找出來呢？我沒有答案。事實上，沒有人有答案。又或者，以上問題可能一點兒意義也沒有，因為我們想要尋找的定律可能根本就不存在。

不過，要是定律真的存在，而且 *AlphaInfinity* 也能夠把它們找出來的話，那麼這個系統對我們而言就是如同先知一般的存在了。也許人類會聚在它的腳邊聽它說話。雖然我們可能不瞭解為什麼它總是對的、甚至聽不懂它在說什麼，但我們可以將它所做的計算和實驗或觀測數據對比，而這將證明這個系統知道一切。在它面前，我們被削弱成了旁觀者，因為困惑而目瞪口呆，而且就算它能解釋自己做出的判斷，人們也不一定能跟得上它的邏輯。當那一刻降臨時，自牛頓開始的啟蒙時代將迎來尾聲，至少對人類來說是如此。相對的，一個新的啟蒙時代將會開啟。

聽起來很像科幻小說嗎？或許是的。然而，我認為這樣的情形並非完全不可能。在某一些數學或科學領域裡，我們已經遭遇到了這種認知能力的極限。在這些領域中，有些定理是透過電腦證明出來的，但人類卻無法理解這些證明。我們只知道這些定理是正確的，卻看不透其中的原因。而在目前這個時間點，機器還沒辦法解釋它們為什麼這麼想。

讓我們以一個存在已久且相當有名的數學問題為例，它被稱為四色定理（*four-color map theorem*）。根據該定理，在合理的限制條件下，用四種顏色來為任何一張由多個國家組成的地圖上色，將可以使地圖上任兩個比鄰國家的顏色不相同。四色定理是在 1977 年藉由一台電腦的輔助而被證明出來的，但卻沒有人可以對證明中的所有論述進行驗證。雖然日後該證明又經過了檢驗與簡化，但其中總有一些部分必須用上暴力破解，就像在 *AlphaZero* 之前的電腦下西洋棋那樣。當此證明被提出時，其實有很多數學家很不滿意。他們早就確信四色定理是真的，根本就不需要再多找一項證據來支持這件事。數學家們真正想知道的是為什麼四色定理是正確

的，但這個電腦輔助的證明卻沒辦法提供解答。

　　同樣的，來看一個由約翰尼斯・克卜勒提出、已經有四百年歷史的幾何問題吧！該問題討論的是要如何在三維空間中堆疊一堆大小相同的球體，才能使球體間的密度達到最高；這和食品雜貨商將橘子裝進箱子時會遇到的問題類似。將球體一層層的堆疊起來、其中每一顆都存在於另一顆球的正上方，這樣會最有效率嗎？又或者，我們應該將這一層層的球體搖晃一下，讓每一顆球都落到由下方另外四個球體所組成的凹槽中，和雜貨商堆疊橘子的方法一樣？還有更好的方式嗎？或許某種不規則的堆法會讓球聚集得更緊密？克卜勒猜想：雜貨商所用的方式應該就是最好的，但這個猜測一直到 1998 年之前都未得到證明。

　　托馬斯・黑爾斯（*Thomas Hales*）在學生薩繆爾・費格遜（*Samuel Ferguson*）以及 180,000 行程式碼的幫助下，將證明克卜勒猜想轉換成一個龐大但有限數量的計算。接著，憑藉著聰明的演算法和暴力破解，他的程式成功地證明了克卜勒的猜想。對於此結果，數學界感到不以為然。我們現在的確知道克卜勒是對的，但卻仍舊不明白背後的原因到底是什麼。在這個問題上，我們沒有得到洞察，而黑爾斯的電腦也沒辦法向我們進行說明。

　　但如果我們讓 *AlphaInfinity* 去處理這些問題呢？也許這樣的機器可以推導出一個漂亮的證明，就像 *AlphaZero* 打敗 *Stockfish* 那樣俐落。它的論證會既直覺又優雅，以匈牙利（*Hungary*）數學家保羅・艾狄胥（*Paul Erdös*）的話來說就是：來自於那本『書』的證明。保羅・艾狄胥相信上帝有一本書，裡面記錄了所有數學定理的最佳證明法。因此，將一個證明描述為直接來自於『書』等於是對其最崇高的讚美。此類證明能夠告訴我們為什麼某個定理是正確的，而不是以一種醜陋、難懂的論述強迫讀者接受定理的正確性。我可以想像，在不遠的將來，也許人工智慧能夠為人類帶來『書』中的證明。到了那個時候，微積分會變成怎樣呢？我們的醫學、社會學和政治又會變成怎樣呢？

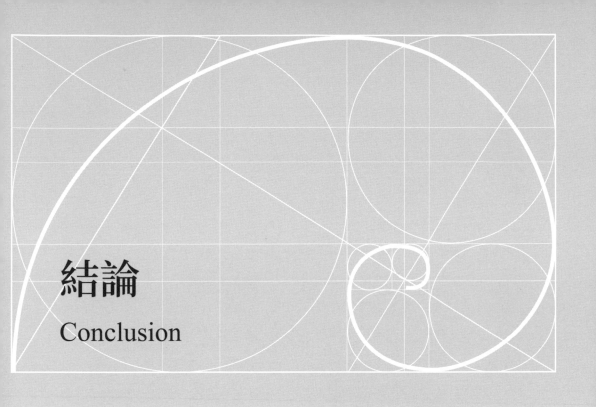

結論
Conclusion

　　透過正確使用無限，微積分可以揭開宇宙的奧祕。在過去，我們一而再，再而三地碰到這樣的案例。但即便如此，這件事看起來仍是那麼的神奇：一種由人類發明的推理系統，居然與大自然的脈動如此合拍。它不僅能夠解釋日常生活中發生的事物（這也是微積分一開始被發明出來的源頭）— 從旋轉的陀螺到一碗熱湯，也適用於如原子般渺小、以及如宇宙般宏大的尺度。也因為如此，微積分可不僅僅是一種循環論證（*circular reasoning*）的把戲。這和我們把已知的訊息輸入，然後微積分又將其吐還給我們不同；它是真的可以告訴我們一些不曾見過、甚至永遠也無法發現的事情。在某些例子中，它還能指出一些有可能存在但實際上還未存在的東西 — 只要我們有足夠的智慧，便可以將它們化為現實。

　　以上的現象對我而言，最大的一個謎團是：為什麼我們能夠理解宇宙？又為什麼宇宙和微積分如此地同步？對此，我並沒有答案，但我希望你能同意這是一個值得思考的問題。懷著這樣的心情，現在就讓我帶領你

進入《陰陽魔界》，一起來看看能顯示出微積分那驚人預測力的最後三個例子吧！

結一　小數點後八位

第一個例子帶我們回到了理查‧費曼在本書開頭所做的巧妙比喻：微積分是上帝的語言。這個例子和費曼對電動力學量子化所產生的一門新學問有關，即量子電動力學（*quantum electrodynamics*），簡稱 *QED*。這是一套解釋光和物質如何交互作用的量子理論。它將馬克士威的電磁原理、海森堡與薛丁格的量子物理、和愛因斯坦的狹義相對論融合到了一起。

費曼是 *QED* 最主要的奠基人之一，而在看過他的理論架構以後，我開始明白為什麼他對微積分有如此高的評價。費曼的理論中到處都充斥著微積分，無論是在解題策略還是思考邏輯上。冪級數、積分、微分方程等在其中大量出現，有好幾處看起來更像是一場場『無限』概念的狂歡。

更重要的是，*QED* 比史上任何人、在任何領域所提出的理論都還要來得精確。藉由電腦的協助，今天的物理學家仍不斷的在利用所謂的費曼圖（*Feynman diagrams*）來處理 *QED* 中的各種級數，並以此預測諸如電子等粒子的行為。而透過比較理論預測值與高精度實驗的測量值，科學家們發現此理論計算出來的值，竟然精準到小數點以下第八位，準確度高達億分之一。

以上說法很有力地表達了 *QED* 在本質上是正確的。我們很難為這麼準確的數字找到一個類比，但我想我可以這麼解釋：一億秒大約等於 3.17 年，因此讓一件事情準確到一億分之一的意思就相當於：你能在沒有時鐘或計時器的情況下，在距離此刻 3.17 年整之後的時間點打一次響指，而且誤差不得超過一秒鐘。

從哲學角度來說，以上現象具有非凡的意義。*QED* 中的微分方程與積分都是人類思想的產物。雖然說它們的基礎建立在觀察與實驗上，因此勢必和現實是相關連的，但這仍無法改變它們是虛構的這一事實。微積分並不是對現實的盲目模擬；相反地，它們是一項發明，而這項發明最讓人感到驚訝的地方就在於：藉由運用類似於牛頓與萊布尼茲發展出來的方法（只不過是二十一世紀的強化版本）用紙筆和草圖進行計算，我們便能預測出潛藏於自然界最深層的特性，同時計算結果能精準到小數點後八位。在所有人類做過的預測中，沒有任何一項的準確度能與 *QED* 相媲美。

對我而言，上面這個例子非常值得一提，因為它很好地反駁了一個你或許聽過的論點：科學就像宗教或其它以信仰為基礎的系統一樣，其中不包含任何事實。拜託！任何能夠達到億分之一精準度的理論都不可能只是單純的信仰或個人意見而已。在物理學當中是有許多理論已經被證明是錯誤的，但這個不是，或至少還不是。的確，*QED* 和真實測量值之間還是存在著差異，就像其它所有的理論一樣，但有一點我們可以肯定，那就是它已經非常接近事實了。

結二　召喚正子

第二個能展現出微積分驚人預言力的例子與量子力學的早期發展有關。1928 年，英國物理學家保羅・狄拉克（*Paul Dirac*）試圖找到一種方法來整合愛因斯坦的狹義相對論和量子力學，好讓該原理能順利應用於以光速運動的電子行為。最後，他發展出一套很漂亮的理論。狄拉克是出於美學的觀點而選擇了這套理論的。當時並沒有任何實際證據可以支持他的想法，但狄拉克的藝術直覺告訴他：優美的東西應該就是正確的。

事實上，如果光憑『能夠與相對論和量子力學兩者相容』、和『符合數學上的美感』兩項限制條件，狄拉克手中有許多可能的理論可供選擇。在一番掙扎過後，他發現其中有一項理論能夠完全滿足他所有的審美觀。換句話說，該理論的出現是追求和諧的產物。接下來，和許多優秀的科學家一樣，為了證明自己的理論，狄拉克以該理論為基礎提出了許多預測。而對於像他這樣的理論物理學家而言，這就意味著他必須得和微積分打交道。

　　在解開他的微分方程（如今被稱為狄拉克方程式）、並且進行了幾年的分析研究後，狄拉克發現他的理論衍生出幾項令人吃驚的預言。其中之一是反物質（antimatter）應該存在（譯註：一個物質的反物質就是所有物理特性都和原物質相同，唯獨電荷相反的物理實體）。也就是說，世界上應該存在著一種和電子一模一樣的粒子，只不過它所帶的電荷是正電。起先，狄拉克以為這個粒子就是質子（proton）。然而，質子的質量實在太大了，他預測的粒子質量要比質子小上約兩千倍。實際上，當時的人從來就沒有觀察到過那麼小的帶正電粒子。不過狄拉克用方程式預測了它們的存在，同時把它們稱為反電子。

　　1931 年時，狄拉克發表了一篇論文，並且推測當這個還未被發現的反電子與電子相撞時，兩粒子將會互相煙滅（annihilate）。他寫道：「當寫成抽象符號時，我們不需要對理論的形式進行任何修改便可以得到這個新的現象。」隨後又附上一句：「在這種情況下，我們很難想像大自然不會對這個結果加以利用。」

　　隔年，一位實驗物理學家卡爾‧安德森（Carl Anderson）在研究宇宙射線（cosmic rays）時，意外地在雲霧室（cloud chamber）中看到了幾條異常的軌跡。這些螺旋軌跡的盤繞方式和電子相似，然而旋轉的方向卻是相反的，好像它們帶有正電荷一樣。事實上，安德森那時並不曉得狄拉克的預測，不過他大概明白自己觀察到了什麼。當安德森於 1932 年發表這

項發現時，他的編輯建議他將這種粒子命名為正子（*positron*），於是這個名稱便一直延用到了今日。再隔一年，<u>狄拉克</u>因為他的方程式而獲得了諾貝爾獎，而<u>安德森</u>則由於正子的發現於 1936 年獲獎。

在那之後，正子被應用到拯救生命的用途上。它們是 *PET* 掃瞄的基礎（*PET* 是正子斷層掃瞄 *positron emission tomography* 的縮寫）；透過此種醫學造影技術，醫生可以看到大腦或其它器官軟組織中的異常代謝活動。在毋須手術或任何危險的顱骨侵入行為下，正子斷層掃瞄能找出全身腫瘤的位置，並且偵測與阿茲海默症有關的澱粉體斑塊（*amyloid plaques*）。

此處，我們再次看到微積分為一個實際且重要的問題做出貢獻的例子。正因為微積分是宇宙通用的語言、並且可以被當做揭露祕密的邏輯引擎，所以<u>狄拉克</u>可以寫出一條和電子有關的微分方程，並且從中得知大自然的美以及一些新的事實。這條方程式引導他創造出了一種新粒子，並且告訴他因為邏輯和美學的需要，這些粒子必須存在。不過當然，它們也不能自成一格 — 這些粒子必須符合已知的事實並且遵守既有的定律。而當上述條件都齊備以後，整個過程就像是抽象符號召喚出了正子一樣。

結三　為什麼我們可以理解宇宙

關於第三個展現微積分驚人預言力的例子，我想用<u>亞伯特‧愛因斯坦</u>來做為這趟旅行的結尾應該會很合適。在他身上我們看到許多之前涉及到的態度，包括：對於自然和諧的崇敬、相信數學是想像力的勝利、以及對於我們為什麼能理解宇宙的好奇心。

以上這些態度在愛因斯坦的廣義相對論中發揮得最為明顯。在這個代表作裡，<u>愛因斯坦</u>推翻了<u>牛頓</u>的時空觀，並且重新定義了物質和重力之間

的關係。對他而言，重力已經不再是一種能瞬間作用到遠方的力了。反之，它是一種非常實際的東西，是宇宙纖維的扭曲、時空曲率的一種展現。在愛因斯坦的手上，曲率（這個概念可以回溯到微積分誕生之初、古人對曲線和曲面的迷戀上）不再只和形狀有關，而是空間本身的一項性質。就好像費馬與笛卡兒的 xy 平面突然活過來了一樣，從本來的舞台搖身一變成了演員。在愛因斯坦的理論裡，物質會告訴時空該如何彎曲，而時空的彎曲則會告訴物質該如何運動。這樣的共舞關係也使得整個理論實際上是非線性的。

我們知道這代表什麼意思：要理解方程式背後隱含的訊息非常不容易。直到今天，廣義相對論的非線性方程式仍然藏有許多的祕密。但憑藉著自身的數學能力與頑強性格，愛因斯坦還是從中挖掘出了一點東西。比如說，他預測：當星光經過太陽旁邊時會發生偏折。這個現象隨後在 1919 年的一次日蝕觀測中得到了證實，愛因斯坦因此成為家喻戶曉的人物，還登上了當年的《紐約時報》封面。

該理論還預言了重力會對時間產生奇怪的作用：當一個物體在重力場中移動時，其上的時間可能會變快或變慢。雖然這聽上去很詭異，但這個現象卻是千真萬確的。當全球定位系統（GPS）的衛星在遠離地表的軌道中運動時，此項因素就必須被考慮進來；那裡的重力場比較小，這表示時空的曲率較低，而時鐘的走速也會比在地面上來得快。如果我們不針對這個現象進行修正，那麼 GPS 衛星上的時鐘就無法準確計時：每一天，它們都會比地面上的時鐘快大約 45 微秒。或許這聽起來並不多，但我們必須知道 GPS 上的時間必須精準到奈秒等級才能正常運作，而 45 微秒實際上等於 45,000 奈秒。少了廣義相對論修正，GPS 的定位每天都會增加約十公里的誤差。如此一來，只消數分鐘的時間，整個系統就會失去導航的能力。

廣義相對論的微分方程還產生了許多其它的預測，例如：宇宙的膨脹以及黑洞的存在等。這些預測或許看起來都很奇怪，但它們最終都已證明是真的。

事實上，2017 年的諾貝爾物理學獎和廣義相對論的另一項預測有關：重力波（gravitational waves）。根據該理論，當一對黑洞互相繞著對方旋轉時，它們會有節律地拉動周圍的時空；而這種對時空纖維的擾動將會以類似漣漪的方式傳播出去，而且速度等於光速。愛因斯坦曾經懷疑我們是否能夠偵測到這種波動，他擔心這一切只是由數學產生的幻象。

不過獲得本次諾貝爾獎的團隊成功設計並打造了一台史上最靈敏的偵測器。在 2015 年 9 月 14 日的時候，該設備捕捉到一個直徑只有質子千分之一的時空震顫。為了讓各位對這樣的精準度有一個概念，這個震顫的大小就相當於我們到最近恆星之間的距離變動了一根頭髮的寬度。

在我寫下這一段結尾時，剛好碰上一個晴朗的冬夜，於是我走到戶外並抬頭仰望天空。面對著高掛於天空的繁星以及那漆黑的空間，我的內心不由得升起了一絲敬畏。

我們這些智人（Homo sapiens），這些在一個中等銀河系中漂浮、居住在一個不起眼星球上的不起眼種族，為什麼能夠預測出由十億光年之外兩個黑洞相撞所產生的時空震顫呢？在這些波動到來之前，我們已經知道它聽起來應該是什麼樣子了。並且，就像在對微積分、電腦科學和愛因斯坦致敬一樣，這個預期最終被證明是正確的。

那個被我們捕捉到的重力波是宇宙中最細微的耳語。事實上，遠在我們還未成為靈長類、還未成為哺乳動物、甚至還未脫離微生物狀態的那段時期，這些波就已經開始朝著我們前進了。而當它在 2015 年的那一天到達地球時，由於我們敞開耳朵傾聽 — 同時也因為對微積分的瞭解，人類才得以聽懂這陣耳語背後的真義。

Memo

致謝

　　向普羅大眾介紹微積分是一項很美好、也很有趣的挑戰。我對於這門學問的熱愛打從中學的第一堂微積分課便開始了。同時，我也一直夢想著能和廣大讀者們分享這份熱愛。只是出於許多原因，我一直沒有把這件事付諸行動。干擾似乎無時無刻都在發生。有時，我有好幾篇研究論文必須完成，還得指導研究生、備課，另外我還有小孩要養、而狗也必須得遛。然而，就在大約兩年前，我突然意識到自己的年紀正在以一年一歲的速度增長（可能你也跟我一樣吧！），也是時候該和大家分享微積分的樂趣了。因此，我的第一個致謝對象就是你們 ─ 我親愛的讀者。你們已經存在於我的夢想中幾十年了，對於你們的出現我由衷地表示感謝。

　　當我著手撰寫這本書時，才發現這比我預期中的要困難許多。或許這看起來並不是什麼值得驚訝的事，但我的確對此感到十分吃驚。我已經在微積分領域裡待得太久了，以致於沒辦法用初學者的角度來看待這門學問。但很幸運地，有幾位聰明、慷慨、且具有耐心的人願意在此事上幫我一把（他們與微積分完全不熟、還未認知到這門科目的重要性、並且不像我和同事那樣，每分每秒都在思考數學問題）。

　　感謝我的作家經紀人卡堅卡‧馬遜（*Katinka Matson*）。許多年前，在聽到我不經意地說出『微積分是人類歷史上最偉大的點子』時，妳對我說：那聽起來像是一本妳會想去看的書。謝謝妳對於我以及這個企劃抱有信心。

另外，我很榮幸能與兩位出色的編輯一起工作 — 伊蒙‧多蘭（*Eamon Dolan*）與亞歷克斯‧利特菲爾德（*Alex Littlefield*），我要感謝你們的事情實在太多了。從開始到結束，我都非常享受和兩位共事的過程。你們是我夢寐以求的讀者：敏銳、好奇、對於事情總抱有一定的懷疑、而且總是對新鮮的事物充滿了期待。更棒的是，你們為我整理了故事大綱，並且在寫作時循序漸進地引導我。對於你們不斷地要求重寫草稿這件事，我沒有一丁點兒怨言，因為這本書的品質的確因此而提升了。要是沒有了你們，這一切都不可能發生。特別感謝亞歷克斯，是你將這份稿子護送到了終點線；無論在任何方面，與你合作都相當愉快。

提到愉快，能讓崔西‧羅伊（*Tracy Roe*）為我審稿真是我的一大福氣。崔西，每一次和妳一起工作我都能學到一些事情，我甚至都迫不及待地想要開始寫下一本書了。

還有編輯助理羅斯瑪麗‧麥堅尼斯（*Rosemary McGuinness*），謝謝妳總是如此有朝氣、有效率、並且注重細節。同時，感謝所有在霍頓‧米夫林‧哈考特（*Houghton Mifflin Harcourt*）出版社工作的人，謝謝你們的努力以及團隊精神。能和你們共事我感到相當幸運。

一如既往，瑪格‧尼爾森（*Margy Nelson*）再次為我的書繪製插圖。我必須向妳的想像力和合作精神致敬。

我要感謝同事邁克爾‧巴拉尼（*Michael Barany*）、比爾‧鄧納姆（*Bill Dunham*）、保羅‧金斯帕格（*Paul Ginsparg*）、以及馬尼爾‧蘇里（*Manil Suri*）。他們閱讀了這本書的一部分、或甚至全部內容，改進了我的用詞、糾正了我的錯誤、並且以友善的態度向我提供許多身為學者最需要的尖銳建議。邁克爾，你的評論真的讓我受益匪淺，要是我早一些把書拿給你看就好了。比爾，你是我的英雄。保羅，你還是和以前一樣（而且一直都那麼優秀）。馬尼爾，感謝妳仔細看完了本書的初稿，同時也祝你

新書寫作順利，我已經等不及想讀了。

湯姆‧吉洛維奇（*Tom Gilovich*）、赫伯特‧惠（*Herbert Hui*）、和琳達‧伍達德（*Linda Woodard*）：你們是最好的朋友。在將近兩年的構思期裡，你們容忍我喋喋不休地談論和這本書有關的事，並堅定地支持我，從來不曾在我面前表現出不耐。艾倫‧佩雷森（*Alan Perelson*）和約翰‧史迪威（*John Stillwell*）：我很欣賞你們的成就，也感謝你們願意和我分享對這本書的看法。此外，我也必須要感謝羅迪戈‧哲夫‧阿金頓（*Rodrigo Tetsuo Argenton*）、托尼‧德羅斯（*Tony DeRose*）、彼得‧施羅德（*Peter Schröder*）、湯區‧泰澤爾（*Tunç Tezel*）、以及斯蒂芬‧扎喬（*Stefan Zachow*），謝謝你們允許我討論你們的研究、並且對出版品上的圖片進行重製。

致默里（*Murray*，譯註：作者家的狗）：誰是我的好孩子？你就是。你已經聽我這麼說上百萬次了。我相信就算你無法完全理解我在說什麼，也能大致猜得到意思。

最後，感謝我的老婆卡羅爾（*Carole*）、以及我的女兒喬（*Jo*）和利亞（*Leah*）。謝謝你們的愛和支持，並且容忍我對妳們的冷落，我想在這段期間中這種情況一定比平時更加嚴重。當我手上的企劃看似快要完成了、但卻一直完成不了時，季諾悖論裡那道永遠到達不了的牆，對於我們一家人而言似乎有了新的意義。感謝你們所付出的耐心，我愛妳們。

Steven Strogatz

史蒂芬‧斯托加茨

紐約州 綺色佳市

作者簡介

史蒂芬‧斯托加茨 (Steven Strogatz)

是康乃爾大學 (*Cornell University*) 應用數學系的雅各布‧古爾德‧舒爾曼教授 (編註：此為康乃爾大學最崇高的教職頭銜，名稱來自於第三任校長雅各布‧古爾德‧舒爾曼)。他是一名知名的教育工作者以及被引用次數最高的幾名數學家之一，曾為《紐約時報》(*New York Times*) 及《紐約客》(*The New Yorker*) 雜誌撰寫數學專題的文章，同時也是電台節目《廣播實驗室》(*Radiolab*) 和《科學星期五》(*Science Friday*) 的常客。其著作還有《同步》(*Sync*) 以及《x 的奇幻旅程》(*The Joy of x*)。作者目前居住於美國紐約州的綺色佳 (*Ithaca*) 市。

infinite powers

infinite
powers